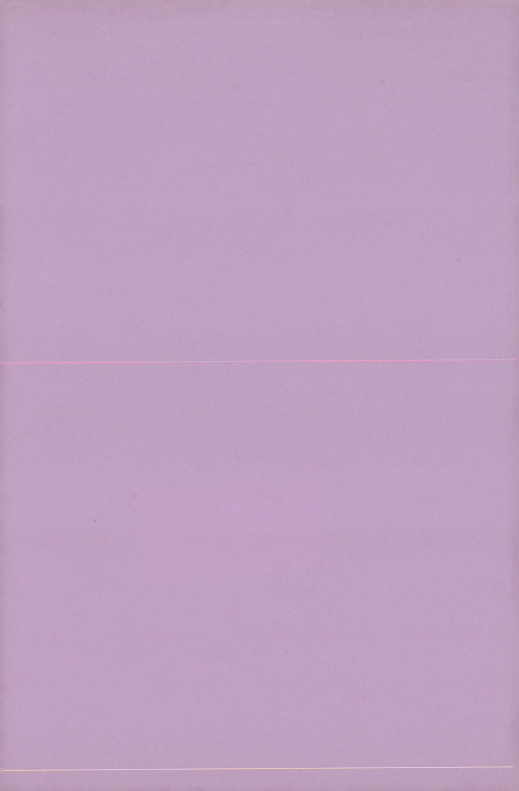

図解
IATF 16949の完全理解

自動車産業の要求事項からコアツールまで

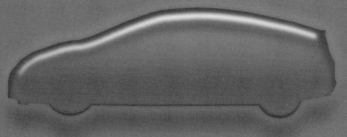

岩波好夫 著

日科技連

まえがき

　自動車産業の品質マネジメントシステム規格 ISO/TS 16949 が広く取得されるようになり、最近では、今までの金属関係の自動車部品メーカーに加えて、電子部品や化学素材関係企業の認証取得が多くなっています。その ISO/TS 16949 が 2016 年 10 月に IATF 16949 に生まれ変わりました。

　IATF 16949 では、品質マネジメントシステム規格 ISO 9001 の目的である、品質保証と顧客満足に加えて、製造工程、生産性、コストなどの、企業のパフォーマンスの改善を対象としています。IATF 16949 のねらいは、不適合の検出ではなく、不適合の予防と製造工程におけるばらつきと無駄の削減です。

　IATF 16949 規格の基本規格である ISO 9001 が改訂され、リスクを考慮した品質マネジメントシステム規格になりましたが、IATF 16949 規格は、旧規格の ISO/TS 16949 のときから、リスクを考慮した規格になっています。したがって IATF 16949 規格は、自動車産業のみならず、あらゆる製造業における経営パフォーマンス改善のために活用できる規格といえます。

　IATF 16949 ではまた、いわゆる規格要求事項以外に顧客固有の要求事項があり、その中にはコアツール(core tool)と呼ばれる技術的な手法があります。本書では、これらの IATF 16949 で準備されているコアツールのうち、先行製品品質計画(APQP)、生産部品承認プロセス(PPAP、サービス PPAP を含む)、故障モード影響解析(FMEA)、統計的工程管理(SPC)および測定システム解析(MSA)について、それらの内容を理解するだけでなく、読者のみなさん自身がこれらのコアツールを実施できるように、実施事例を含めて解説しています。

　本書は、IATF 16949 認証制度、自動車産業の顧客志向にもとづくプロセスアプローチ、IATF 16949 規格要求事項、ならびにコアツールについて、図解によりわかりやすく解説することを目的としています。IATF 16949 のすべてがわかる決定版といえます。

　本書は、第Ⅰ部　IATF 16949 認証制度とプロセスアプローチ、第Ⅱ部

まえがき

IATF 16949 要求事項の解説、および第Ⅲ部　IATF 16949 のコアツールの3部で構成されています。

　第Ⅰ部は、次の第1章から第3章で構成されています。
　第1章　IATF 16949 の認証制度と要求事項の概要
　この章では、IATF 16949 のねらいと適用範囲、IATF 16949 認証プロセス、およびIATF 16949 規格 2016 年版の概要などについて解説しています。
　第2章　自動車産業のプロセスアプローチ
　この章では、ISO 9001 でも述べているプロセスアプローチの基本、およびIATF 16949 で求められている自動車産業のプロセスアプローチについて解説しています。
　第3章　プロセスアプローチ内部監査
　この章では、内部監査プログラム、プロセスアプローチ内部監査および内部監査員の力量について解説しています。

　第Ⅱ部は、次の第4章から第10章で構成されています。
　第4章　組織の状況
　この章では、IATF 16949 規格箇条4の要求事項について解説しています。
　第5章　リーダーシップ
　この章では、IATF 16949 規格箇条5の要求事項について解説しています。
　第6章　計画
　この章では、IATF 16949 規格箇条6の要求事項について解説しています。
　第7章　支援
　この章では、IATF 16949 規格箇条7の要求事項について解説しています。
　第8章　運用
　この章では、IATF 16949 規格箇条8の要求事項について解説しています。
　第9章　パフォーマンス評価
　この章では、IATF 16949 規格箇条9の要求事項について解説しています。
　第10章　改善
　この章では、IATF 16949 規格箇条10の要求事項について解説しています。

第Ⅲ部は、次の第 11 章から第 15 章で構成されています。

第 11 章　APQP：先行製品品質計画

この章では、IATF 16949 において、プロジェクトマネジメントとして要求されている、APQP（先行製品品質計画）およびコントロールプランについて、AIAG の APQP 参照マニュアルの内容に沿って説明しています。

第 12 章　PPAP：生産部品承認プロセス

この章では、IATF 16949 の製品承認プロセスに相当する、PPAP（生産部品承認プロセス）およびサービス PPAP（サービス生産部品承認プロセス）について、AIAG の PPAP 参照マニュアルおよびサービス PPAP 参照マニュアルの内容に沿って説明しています。

第 13 章　FMEA：故障モード影響解析

この章では、IATF 16949 で要求されている FMEA（故障モード影響解析）に関して、AIAG の FMEA 参照マニュアルの内容、ならびに設計 FMEA およびプロセス FMEA の実施手順について、事例を含めて説明しています。

第 14 章　SPC：統計的工程管理

この章では、IATF 16949 で要求されている SPC（統計的工程管理）に関して、AIAG の SPC 参照マニュアルの内容、ならびに管理図や工程能力指数の算出・評価方法について、事例を含めて説明しています。

第 15 章　MSA：測定システム解析

この章では、IATF 16949 で要求されている MSA（測定システム解析）に関して、AIAG の MSA 参照マニュアルの内容、ならびに安定性、偏り、直線性および繰返し性・再現性（ゲージ R&R）、および計数値の測定システム解析手法であるクロスタブ法について、事例を含めて説明しています。

本書は、次のような方々に読んでいただき、活用されることを目的としています。

① 自動車産業の品質マネジメントシステム規格 IATF 16949 認証取得を検討中の企業の方々
② ISO/TS 16949：2009 認証から IATF 16949：2016 認証への移行を行う企業の方々

③ IATF 16949認証制度、IATF 16949要求事項、および自動車産業のプロセスアプローチを理解し、習得したいと考えておられる方々
④ ISO 9001にも活用できる、経営パフォーマンスの改善に有効な、自動車産業のプロセスアプローチ内部監査手法を理解したいと考えておられる方々
⑤ IATF 16949のAPQP、PPAP、FMEA、SPCおよびMSAの各コアツールについて理解し、自らそれらを実施できるようになりたいと考えておられる方々
⑥ ISO 9001の品質保証と顧客満足だけでなく、製造工程、生産性、コストなどの経営パフォーマンスの改善のために、現在の品質マネジメントシステムをレベルアップさせたいと考えておられる企業の方々

読者のみなさんの会社のIATF 16949認証取得、ISO/TS 16949認証からIATF 16949認証への移行、ISO 9001およびIATF 16949システムのレベルアップのために、本書がお役に立つことを期待しています。

謝　辞

本書の執筆にあたっては、巻末にあげた文献を参考にしました。とくに、IATF 16949規格、ISO 9001規格、IATF承認取得ルール、およびAIAG発行のAPQP、PPAP（サービスPPAPを含む）、FMEA、SPCおよびMSAの各参照マニュアルを参考にしました。それらの和訳版は、（一財）日本規格協会または㈱ジャパン・プレクサスから発行されています。それぞれの内容の詳細については、これらの参考文献を参照ください。

最後に本書の出版にあたり、多大のご指導をいただいた日科技連出版社出版部長戸羽節文氏ならびに石田新氏に心から感謝いたします。

2017年3月

岩　波　好　夫

まえがき

［第4刷発刊にあたって］

　2017年10月に、IATF 16949の公式解釈集(sanctioned interpretations、SIs)が発行されました。SIは、IATF 16949規格を補足するものですが、要求事項として扱われます。本書の第4刷では、これらのSIを取り入れ、従来のIATF 16949規格からの変更箇所に下線を引いて示しています。

［第6刷発刊にあたって］

　2018年4月および6月に、追加のIATF 16949の公式解釈集(sanctioned interpretations、SIs)が発行されました。本書の第6刷では、これらのSIを取り入れ、従来のIATF 16949規格からの変更箇所に下線を引いて示しています。

［第7刷発刊にあたって］

　2018年11月に、追加のIATF 16949の公式解釈集(sanctioned interpretations、SIs)が発行されました。本書の第7刷では、これらのSIを取り入れ、従来のIATF 16949規格からの変更箇所に下線を引いて示しています。

目 次

まえがき　3

第Ⅰ部　IATF 16949 認証制度とプロセスアプローチ ‥ 13

第1章　IATF 16949 の認証制度と要求事項の概要 ‥ 15

1.1　IATF 16949 のねらいと適用範囲　16
1.2　IATF 16949 の認証プロセス　22
1.3　IATF 16949 関連規格　29
1.4　IATF 16949 規格 2016 年版の概要　31

第2章　自動車産業のプロセスアプローチ ……… 45

2.1　プロセスアプローチ　46
2.2　自動車産業のプロセスアプローチ　50

第3章　プロセスアプローチ内部監査 …………… 57

3.1　監査プログラム　58
3.2　プロセスアプローチ内部監査　64
3.3　内部監査員の力量　68

第Ⅱ部　IATF 16949 要求事項の解説 ………… 71

第4章　組織の状況 ……………………………………… 73

4.1　組織およびその状況の理解　74
4.2　利害関係者のニーズおよび期待の理解　74
4.3　品質マネジメントシステムの適用範囲の決定　76
4.4　品質マネジメントシステムおよびそのプロセス　78

目　次

第5章　リーダーシップ……………………………………81
5.1　リーダーシップおよびコミットメント　82
5.2　方　針　85
5.3　組織の役割、責任および権限　85

第6章　計　画………………………………………………89
6.1　リスクおよび機会への取組み　90
6.2　品質目標およびそれを達成するための計画策定　96
6.3　変更の計画　96

第7章　支　援………………………………………………99
7.1　資　源　100
7.2　力　量　110
7.3　認　識　114
7.4　コミュニケーション　114
7.5　文書化した情報　116

第8章　運　用………………………………………………121
8.1　運用の計画および管理　122
8.2　製品およびサービスに関する要求事項　124
8.3　製品およびサービスの設計・開発　129
8.4　外部から提供されるプロセス、製品およびサービスの管理　145
8.5　製造およびサービス提供　156
8.6　製品およびサービスのリリース　176
8.7　不適合なアウトプットの管理　181

第9章　パフォーマンス評価………………………………187
9.1　監視、測定、分析および評価　188
9.2　内部監査　193

9.3　マネジメントレビュー　198

第10章　改　善 …………………………………… 201

　　10.1　一　般　202
　　10.2　不適合および是正処置　202
　　10.3　継続的改善　206

第Ⅲ部　IATF 16949 のコアツール ……………… 209

第11章　APQP：先行製品品質計画 …………… 211

　　11.1　APQPとは　212
　　11.2　APQPの各フェーズ　215
　　11.3　コントロールプラン　229
　　11.4　APQPの様式　234
　　11.5　APQPとIATF 16949要求事項　235

第12章　PPAP：生産部品承認プロセス ……… 239

　　12.1　PPAP要求事項　240
　　12.2　PPAPの提出・承認　246
　　12.3　バルク材料のPPAP　249
　　12.4　PPAPの様式　251
　　12.5　サービスPPAP　251
　　12.6　PPAPとIATF 16949およびコアツールとの関係　254

第13章　FMEA：故障モード影響解析 ………… 257

　　13.1　FMEAの基礎　258
　　13.2　FMEAの実施　269
　　13.3　IATF 16949におけるFMEAの特徴　278
　　13.4　FMEAとIATF 16949要求事項　280

目　次

第14章　SPC：統計的工程管理 ……………………… 283

14.1　SPC の基礎　　284

14.2　管理図の基本　　290

14.3　種々の管理図　　295

14.4　工程能力　　299

14.5　IATF 16949 における SPC の特徴　　309

14.6　SPC と IATF 16949 要求事項　　310

第15章　MSA：測定システム解析 ……………… 313

15.1　MSA の基礎　　314

15.2　種々の測定システム解析　　320

15.3　計数値の測定システム解析（クロスタブ法）　　342

15.4　MSA と IATF 16949 要求事項　　344

参考文献　　346

索　引　　347

第Ⅰ部

IATF 16949
認証制度と
プロセスアプローチ

第Ⅰ部では、IATF 16949 の認証制度と要求事項の概要、自動車産業のプロセスアプローチ、および IATF 16949 で求められているプロセスアプローチ内部監査について説明します。

第Ⅰ部は、次の章で構成されています。
第 1 章　IATF 16949 の認証制度と要求事項の概要
第 2 章　自動車産業のプロセスアプローチ
第 3 章　プロセスアプローチ内部監査

なお詳細については、下記の参考文献を参照ください。
・自動車産業認証スキーム IATF 16949 – IATF 承認取得および維持のためのルール
・IATF 16949 規格
・ISO 9001 規格
・ISO 19011（マネジメントシステム監査のための指針）

第1章
IATF 16949 の認証制度と要求事項の概要

　本章では、IATF 16949 のねらいと適用範囲、IATF 16949 の認証プロセス、IATF 16949 関連規格およびIATF 16949 規格 2016 年版の概要について説明します。

　この章の項目は、次のようになります。

　　　　　　　1.1　　IATF 16949 のねらいと適用範囲
　　　　　　　1.1.1　品質マネジメントシステムの目的
　　　　　　　1.1.2　品質マネジメントの原則
　　　　　　　1.1.3　IATF 16949 のねらい
　　　　　　　1.1.4　適用範囲
　　　　　　　1.1.5　IATF 16949 要求事項の適用除外
　　　　　　　1.1.6　IATF 16949 規格制定の経緯
　　　　　　　1.1.7　IATF の役割
　　　　　　　1.1.8　IATF 16949 の要求事項
　　　　　　　1.2　　IATF 16949 の認証プロセス
　　　　　　　1.2.1　認証申請から第一段階審査まで
　　　　　　　1.2.2　第二段階審査から認証取得まで
　　　　　　　1.2.3　コーポレート審査スキーム（全社認証制度）
　　　　　　　1.3　　IATF 16949 関連規格
　　　　　　　1.3.1　IATF 16949 関連規格
　　　　　　　1.3.2　顧客固有の要求事項
　　　　　　　1.4　　IATF 16949 規格 2016 年版の概要
　　　　　　　1.4.1　ISO 9001 規格 2015 年版の概要
　　　　　　　1.4.1.1　ISO 9001：2015 改訂の背景と目的
　　　　　　　1.4.1.2　ISO 9001：2015 の主な変更点
　　　　　　　1.4.2　IATF 16949 規格 2016 年版の概要
　　　　　　　1.4.2.1　IATF 16949：2016 改訂の背景
　　　　　　　1.4.2.2　IATF 16949：2016 の主な変更点

1.1　IATF 16949 のねらいと適用範囲

1.1.1　品質マネジメントシステムの目的

　自動車産業の品質マネジメントシステム規格 IATF 16949 の基本を構成する品質マネジメントシステム規格 ISO 9001 では、品質マネジメントシステムの実施による期待される効果（すなわち目的）として、次の 4 項目を挙げています。

① 顧客要求事項および法令・規制要求事項を満たした製品・サービスの提供
② 顧客満足の向上
③ 組織の状況および目標に関連した、リスクおよび機会への取組み
④ 品質マネジメントシステム要求事項への適合の実証

1.1.2　品質マネジメントの原則

　IATF 16949 規格では、品質マネジメントシステムを運用する際の原則（品質マネジメントの原則）として、次の 7 項目について述べています。

① 顧客重視　　　　② リーダーシップ
③ 人々の積極的参加　④ プロセスアプローチ
⑤ 改善　　　　　　⑥ 客観的事実にもとづく意思決定
⑦ 関係性管理

　IATF 16949 規格はこの原則にもとづいて作成されています。品質マネジメントの原則の内容と、IATF 16949 規格の要求事項との関係を図 1.1 に示します。なお、ISO 9000 規格（品質マネジメントシステム－基本および用語）では、品質マネジメントの原則の各項目について、内容の説明、その根拠、および主な便益と取りうる行動について説明しています。

1.1.3　IATF 16949 のねらい

　IATF 16949 規格では、その到達目標として、"この自動車産業品質マネジメントシステム規格の到達目標（goal）は、不具合の予防、ならびにサプライチェーンにおけるばらつき（variation）と無駄（waste）の削減を強調した、継続的改善をもたらす品質マネジメントシステムを開発することである"と述べてい

ます。すなわち、IATF 16949 のねらいは、不適合の検出ではなく、不適合の予防と製造工程のばらつきと無駄の削減にあります(図 1.2 参照)。

また IATF 16949 では、IATF 16949 認証組織だけでなく、サプライチェーン(supply chain、顧客 - 組織 - 供給者のつながり)全体を対象としており、供給者(supplier)の製造工程を含めた管理と改善が求められています(図 1.2 参照)。

原則	説明	主な IATF 16949 規格項目
① 顧客重視	・品質マネジメントの主眼は顧客の要求事項を満たすことおよび顧客の期待を超える努力をすることにある。	4.3.2 顧客固有要求事項 5.1.2 顧客重視 9.1.2 顧客満足
② リーダーシップ	・すべての階層のリーダーは、目的と目指す方向を一致させ、人々が組織の品質目標の達成に積極的に参加している状況を作り出す。	5.1 リーダーシップおよびコミットメント 5.2 方針 9.3 マネジメントレビュー
③ 人々の積極的参加	・組織内のすべての階層の、力量があり、権限を与えられ、積極的に参加する人々が、価値を創造し提供する組織の実現能力を強化するために必須である。	7.2 力量 7.3 認識 7.4 コミュニケーション
④ プロセスアプローチ	・活動を、首尾一貫したシステムとして機能する相互に関連するプロセスであると理解し、マネジメントすることによって、矛盾のない予測可能な結果が、より効果かつ効率的に達成できる。	4.4 品質マネジメントシステムおよびそのプロセス 9.1.1 監視・測定・分析・評価・一般 9.2 内部監査
⑤ 改善	・成功する組織は、改善に対して、継続して焦点を当てている。	10 改善
⑥ 客観的事実にもとづく意思決定	・データと情報の分析および評価にもとづく意思決定によって、望む結果が得られる可能性が高まる。	9.1.3 分析・評価
⑦ 関係性管理	・持続的成功のために、組織は、例えば提供者のような、密接に関連する利害関係者との関係をマネジメントする。	4.2 利害関係者のニーズ・期待の理解 8.4 外部提供プロセス・製品・サービスの管理

図 1.1　品質マネジメントの原則

1.1.4 適用範囲

(1) 対象組織

　IATF 16949 認証は、顧客が規定する生産部品(production part)、サービス部品(survice part)、およびアクセサリー部品(accessory part)を製造する、組織のサイト(site)に対して与えられます。

　サイトとは、製造工程のある生産事業所、すなわち工場のことです。また製造とは、次のものを製作または仕上げるプロセス(製造工程)をいいます。

① 生産材料、生産部品、サービス部品または組立製品の生産
② 熱処理、溶接、塗装、めっきなどの自動車関係部品の仕上げサービス
　（熱処理、溶接、塗装、めっきなども、サービスと呼んでいます）

　設計センター、本社および配送センターのような、製造サイトを支援する業務を行っている部門を支援部門(支援機能、support function)といいます。支援部門は、IATF 16949 認証を単独で取得することはできませんが、サイトの認証の範囲に含めることが必要です。このことは、支援部門がサイト内にある場合も、サイトから離れた場所にある場合(遠隔地の支援事業所、remote location)も同じです(図4.3、p.76 参照)。日本の本社に設計機能があり、その海外生産拠点(サイト)がIATF 16949 認証を取得する場合には、日本の設計部門が海外サイトの支援部門という扱いになります。なお、組織に自動車部品を製造するサイトが複数(サイトA、サイトBなど)あって、そのうちサイトBで製造している自動車部品の顧客がIATF 16949 認証を要求していない場合は、サイトBは、IATF 16949 認証範囲から除外してもよいことになります。

ISO 9001 のねらい		IATF 16949 のねらい	
顧客満足	品質保証	組織の製造工程パフォーマンスの改善	供給者の製造工程パフォーマンスの改善
・品質の改善 ・納期の改善	・不良品の出荷防止 ・不適合の再発防止 ・不適合の予防	・製造工程のばらつきと無駄の削減 ・生産性の向上	・供給者の製造工程の改善

図 1.2　ISO 9001 と IATF 16949 のねらい

(2) 対象顧客と対象製品

IATF 16949 対象製品のうち、生産部品は、自動車メーカーが自動車の生産用に使用する部品、サービス部品は、自動車メーカーが保守サービス用に使用する部品、そしてアクセサリー部品は、自動車メーカー用のアクセサリー部品です。

また、アフターマーケット部品(aftermarket part)は、サービス用部品として自動車メーカーが調達・リリースするものではない交換部品で、自動車メーカーの仕様どおり製造されるものとそうでないものがあります。アフターマーケット部品だけを製造するサイトは、IATF 16949 認証の対象にはなりません。

IATF 16949 認証対象の自動車には、乗用車、小型商用車、大型トラック、バスおよび自動二輪車が含まれます。一方、産業用車両、農業用車両、オフハイウェイ車両(鉱業用、林業用、建設業用など)は、IATF 16949 認証の対象から除外されます。なお、特殊車(レースカー、ダンプトラック、トレーラー、セミトレーラー、現金輸送車、救急車、RV など)は、IATF の OEM(original equipment manufacturer、自動車メーカー)によって装着される場合を除き、IATF 16949 認証対象から除外されます。

サイトが、IATF 16949 の第三者認証を要求する自動車産業顧客に顧客規定の生産部品を供給している場合、そのサイトのすべての自動車産業顧客を審査範囲に含めることが必要です。IATF 16949 の第三者認証を要求しない顧客向けの製品を除外することはできません。そのサイトは、一部の製品に限定して IATF 16949 認証を取得することはできません。

1.1.5 IATF 16949 要求事項の適用除外

IATF 16949 の要求事項の中で適用を除外されるのは、製品の設計・開発責任のない組織の場合の、製品の設計・開発に限られます。すなわち、顧客が製品の設計・開発を行っている場合のみ、IATF 16949 規格箇条 8.3 の製品に関する設計・開発の要求事項は適用除外となります。

本社や関係会社で製品の設計・開発を行っている場合や、製品の設計・開発をアウトソースしている場合は、それらの部門が支援事業所に相当します。

1.1.6　IATF 16949 規格制定の経緯

　品質マネジメントシステム規格 ISO 9001 が 1987 年に制定され、1994 年にその第 2 版が発行されましたが、それを受けて欧米各国において、自動車産業用の品質マネジメントシステム規格が、相次いで制定されました。QS-9000（アメリカ）、VDA6.1（ドイツ）、EAQF（フランス）、AVSQ（イタリア）などです。これらのなかで最も普及したのは、米国自動車メーカーのビッグスリーによって 1994 年に制定された、QS-9000 です。

　これらの欧米各国の自動車産業の品質マネジメントシステム規格を統合した国際規格として、1999 年に ISO/TS 16949 規格の第 1 版が制定されました。これは ISO 9001：1994 を基本規格としています。その後 ISO 9001 規格が 2000 年に改訂されたのを受けて、ISO/TS 16949 規格も 2002 年に改訂されて第 2 版が発行されました。そして ISO 9001 が 2008 年に改訂されたのを受けて、ISO/TS 16949 規格も 2009 年に改訂されて第 3 版が発行されました。

　そして、ISO 9001 が 2015 年に改訂されたのを受けて、名称も変わって、IATF 16949 規格の第 1 版が 2016 年に制定されました。"IATF 16949：2016 自動車産業品質マネジメントシステム規格－自動車産業の生産部品および関連するサービス部品の組織に対する品質マネジメントシステム要求事項"は、ISO 9001：2015 を基本規格として、それに自動車産業固有の要求事項を追加した、品質マネジメントシステムに関する自動車産業のセクター規格です。

1.1.7　IATF の役割

　IATF 16949 は、IATF（international automotive task force、国際自動車業界特別委員会）によって制定されました。IATF は、米国の FCA US（旧クライスラー）、フォードおよびゼネラルモーターズ、ならびにヨーロッパの BMW、ダイムラー、FCA イタリア（旧フィアット）、PSA、ルノーおよびフォルクスワーゲンの欧米自動車メーカー 9 社と、これらの自動車メーカーの本社がある、AIAG（アメリカ）、ANFIA（イタリア）、IATF France（フランス）、SMMT（イギリス）および VDA（ドイツ）の欧米 5 か国の自動車業界団体で構成されています（図 1.3 参照）。

ISO 9001とIATF 16949の認証制度を比較すると、ISO 9001では、各国の認定機関が認証機関（審査会社）の認定を行っていますが、IATF 16949では、認証機関の認定をIATFが行うシステムになっています。そして、IATF 16949認証の管理は、IATFの監督機関（オーバーサイトオフィス、oversight office）によって、"自動車産業認証スキームIATF 16949 – IATF承認取得および維持のためのルール（IATF承認取得ルール）"に従って行われています。IATF監督機関は、IATFメンバーのある5か国に設置されています。日本を含むアジア地区は、IAOB（international automotive oversight bureau、米国国際自動車監督機関）が管理しています。

1.1.8　IATF 16949の要求事項

IATF 16949規格は、ISO 9001規格を基本規格とし、これに自動車産業固有の要求事項を追加した、品質マネジメントシステムの規格です。またIATF 16949認証審査の際の基準としては、図1.4に示すように、IATF 16949規格要求事項以外に、顧客（自動車メーカー）固有の要求事項（CSR、customer-specific requirements）が含まれます。

		アメリカ	ヨーロッパ
IATFメンバー	自動車メーカー（9社）	FCA US、フォード、ゼネラルモーターズ	BMW、ダイムラー、FCAイタリア、PSA、ルノー、フォルクスワーゲン
	自動車業界団体（5カ国）	AIAG	ANFIA（イタリア）、IATF France（フランス）、SMMT（イギリス）、VDA（ドイツ）
IATF監督機関		IAOB	ANFIA（イタリア）、IATF France（フランス）、SMMT（イギリス）、VDA QMC（ドイツ）

図1.3　IATFメンバー

IATF 16949要求事項（認証審査の基準）		
IATF 16949規格要求事項		顧客（自動車メーカー）固有の要求事項（CSR）
ISO 9001規格要求事項	自動車産業固有の要求事項	

図1.4　IATF 16949の要求事項

1.2 IATF 16949 の認証プロセス

1.2.1 認証申請から第一段階審査まで

(1) 事前準備

　IATF 16949 の認証申請から認証取得までのフローは、図 1.6 のようになります。IATF 16949 認証取得を希望する組織から、認証機関(certification body)への認証申請の際に、図 1.5 に示す情報を提出します。ここで、"製品設計責任"とは、製品の設計を顧客が行っているかどうかということです。

(2) 予備審査

　ISO 9001 では、予備審査(pre-audit)は認められていませんが、IATF 16949 では組織の希望で予備審査を受けることができます。予備審査は次のように行われます。

項目	内容
a) 希望する認証適用範囲	・対象顧客、対象製品など
b) 希望する認証構造 （申請依頼者の概要）	・サイトの名称・住所 ・追加の拡張製造サイト、遠隔地支援事業所の住所 ・プロセスマップ、品質マニュアル、製品、関連法規制など
c) アウトソースの情報	・アウトソースプロセスに関する情報
d) コンサルティングに関する情報	・コンサルティング利用に関する情報
e) 製品設計責任に関する情報	・顧客責任か ・依頼者責任か(アウトソースを含む)
f) 顧客の情報	・自動車産業顧客の情報(IATF OEM のサプライヤーコードを含む)
g) 従業員数	・常勤、パートタイム、臨時、契約社員を含む。
h) IATF 16949 認証の情報	・現行または以前の IATF 16949 認証の情報

図 1.5　認証機関への申請時提出情報

第1章 IATF 16949の認証制度と要求事項の概要

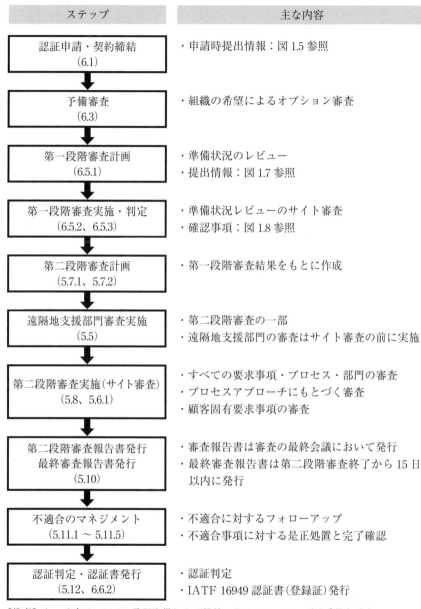

図 1.6　IATF 16949 初回認証審査のフロー

① 第一段階審査の前に、各サイトに対して1回だけ行うことができる。
② 予備審査の審査工数は、第二段階審査工数の80％未満となる。
③ 予備審査に割り当てられた審査員は、初回認証審査に参加できない。
④ 予備審査の所見は拘束力がない。すなわち審査員は、予備審査の所見に対して、是正処置を要求してはならない。

（3） 第一段階審査

IATF 16949 の初回認証審査は、ISO 9001 と同様、第一段階審査（ステージ1準備状況のレビュー、stage 1 audit）と第二段階審査（ステージ2審査、stage 2 audit）の2段階で、次のように行われます。

① 品質マニュアルや第一段階審査前に提出した資料の確認を含めて、適用範囲の決定と第二段階審査に進んでよいかどうかの判断が行われる。
② 原則として製造サイトで1～2日間行われる。遠隔地の支援部門も含まれる。

項　目	内　容
a） 支援事業所の情報	・遠隔地支援事業所およびその提供する支援の情報
b） 品質マネジメントシステムのプロセス	・プロセスの順序と相互作用 ・遠隔地支援部門およびアウトソースプロセスを含む。
c） 主要指標およびパフォーマンスの傾向	・直近12カ月間の主要指標およびパフォーマンスの傾向
d） IATF 16949 の要求事項への対応	・プロセスと IATF 16949 要求事項との対応状況
e） 品質マニュアル	・各生産事業所のもの ・サイト内または遠隔地支援部門との相互作用を含む。
f） 内部監査およびマネジメントレビュー	・IATF 16949 に対する完全な1サイクル分の内部監査、およびそれに続くマネジメントレビューの証拠
g） 内部監査員のリスト	・適格性確認された内部監査員のリストおよび適格性確認基準
h） 顧客および顧客固有要求事項のリスト	・自動車産業顧客およびその顧客固有要求事項のリスト（該当する場合）
i） 顧客満足度情報	・顧客苦情の概要と対応状況 ・スコアカードおよび特別状態（該当する場合）

図1.7　認証機関への認証審査のための提出情報

③ 第一段階審査の前に認証機関に提出する主な情報は、図1.7のようになる。
④ 第一段階審査における実施事項(確認事項)は、図1.8に示すようになる。
⑤ 第一段階審査報告書には、第二段階審査で不適合となる可能性のある懸念事項と第一段階審査の結果が含まれる。不適合報告書は発行されない。
⑥ 第二段階審査に進むための"準備ができていない"と、審査チームが判断した場合は、再度第一段階審査を受けることになる。

1.2.2　第二段階審査から認証取得まで

(1)　第二段階審査
第二段階審査は次のように行われます。

項　目	内　容
a)　マネジメントシステム文書の評価	・遠隔地支援部門およびアウトソースプロセスとの関係を含む。
b)　第二段階審査の準備状況の確認	・第二段階審査の準備状況を判定するために依頼者と協議する。
c)　主要パフォーマンスの評価	・マネジメントシステムの主要なパフォーマンスまたは重要な側面、プロセス、目的および運用の特定に関して評価する。
d)　マネジメントシステムに関する情報の収集	・マネジメントシステムの適用範囲、プロセス、所在地および関連法規制などに関して、必要な情報を収集する。
e)　第二段階審査の詳細について依頼者と合意	・第二段階審査のための資源の割当てをレビューし、第二段階審査の詳細について依頼者と合意する。
f)　第二段階審査を計画する上での焦点の明確化	・依頼者のマネジメントシステムおよびサイトの運用を理解することによって、第二段階審査計画の焦点を明確にする。
g)　内部監査・マネジメントレビューの計画・実施状況の評価	・内部監査およびマネジメントレビューが計画され実施されているかどうかについて評価する。 ・マネジメントシステム実施の程度が第二段階審査のための準備が整っていることを実証するものであることを評価する。
h)　設計・開発能力の検証	・依頼者および設計のアウトソースが、箇条8.3"設計・開発"の実現能力をもっていることを検証する。

[備考]　依頼者＝組織

図1.8　第一段階審査における確認事項

① 第二段階審査は、第一段階審査(第一段階準備状況のレビュー)の承認から90暦日以内に開始される。
② 第二段階審査の目的は、有効性を含む、依頼者(組織)のマネジメントシステムの実施を、プロセスベースで評価することである。
③ 第二段階審査では、すべてのサイト(生産事業所)、すべての支援部門、およびシフト(交代勤務)が審査の対象となる。
　第二段階審査はまた、すべてのプロセス、すべてのIATF 16949要求事項および顧客固有の要求事項(CSR)を含めて行われる。
④ 第二段階審査は、自動車産業のプロセスアプローチにもとづき、組織の各プロセスに対して実施される。部門ごとの審査ではなく、各プロセスに対する審査となる。

なお、自動車産業のプロセスアプローチおよびプロセスアプローチ監査については、本書の第2章および第3章参照。

(2) 支援部門の審査

第二段階審査では、遠隔地の支援部門の審査は、サイト(生産事業所)よりも先に実施されます。遠隔地の支援部門が、他の認証機関からIATF 16949認証を取得しているサイトの支援部門に含まれている場合は、認証機関の判断で、他の認証機関による遠隔地の支援部門の審査が受け入れられることがあります。

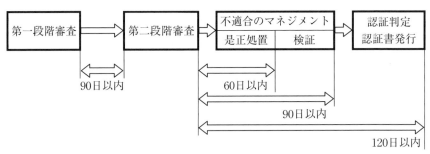

図 1.9　IATF 16949 初回認証審査のスケジュール

(3) 審査所見および審査報告書

審査所見(audit findings)では、審査基準に対する適合または不適合のいずれかが示され、不適合は、メジャー不適合(重大な不適合、major nonconformity)とマイナー不適合(軽微な不適合、minor nonconformity)に区分されます(図1.10参照)。最終審査報告書は、第二段階審査から15日以内に発行されます。

(4) 不適合のマネジメント

第二段階審査で不適合が検出された場合、組織は不適合に対する是正処置を行い、審査員がその内容と完了の確認を行います。

第二段階審査の結果、メジャー不適合や多くのマイナー不適合が発見された場合は、現地特別審査(フォローアップ審査)が行われます。不適合事項に対する是正処置が完了すると、認証機関において認証可否の判定が行われ、認証が決定されると認証証(登録証)が発行されます。

メジャー不適合は、90日以内に現地での検証が必要となります。また、マイナー不適合の現地検証については、認証機関によって判断されます。

(5) 認証可否の判定

認証機関による認証判定は、第二段階審査の最終日から120日以内に行われます。認証書(登録証、certificate)は、要求事項に100%適合し、審査中に発見された不適合が100%解決している場合に発行されます。なお、IATF 16949の審査に関しては、図1.9に示すような期限が設けられています。

(6) 適合書簡(適合証明書)

次のような場合には、認証証は発行されませんが、認証機関から適合書簡(適合証明書、letter of conformance)が発行されます。

a) 組織は、第一段階審査に必要な情報を提供している。この情報には内部・外部パフォーマンスデータ、ならびに完全な1サイクルの内部監査およびマネジメントレビューが含まれるが、内部監査およびパフォーマンスデータが12カ月分に満たない。

b) 該当するサイトは、初回認証審査（第一段階準備状況レビューおよび第二段階）を完了し、不適合は100%解決されている。

1.2.3　コーポレート審査スキーム（全社認証制度）

複数の製造サイトが、コーポレート審査スキーム（全社認証制度、corporate certification scheme）の条件を満たしている場合は、複数のサイトが共通の支援部門とともに審査を受け、コーポレート審査スキームを適用することができます。その場合は、各サイトごとに審査を受ける場合に比べて、合計審査工数（審査日数）が削減されます。

等　級	基　準
メジャー不適合 (重大な不適合)	次のいずれかの不適合： ① IATF 16949の要求事項に対する不適合で、次のいずれかの場合： 　a) システム（仕組み）ができていない場合 　b) 仕組みはあるが、ほとんど機能していない場合 　c) ある要求事項に対する軽微な不適合が多数あり、仕組みが機能していない場合 ② 不適合製品が出荷される可能性があり、製品・サービスの目的を達成できない場合 ③ 審査員の経験から判断される不適合で、次のいずれかの場合： 　a) 品質マネジメントシステムの失敗となる場合 　b) プロセス・製品の管理能力が大きく低下する場合
マイナー不適合 (軽微な不適合)	① 審査員の経験から判断される、IATF 16949の要求事項に対する不適合で、次のいずれかの場合： 　a) 品質マネジメントシステムの失敗にはならない場合 　b) プロセス・製品の管理能力が大きく低下しない場合 ② 上記の例： 　a) IATF 16949規格要求事項に対する、品質マネジメントシステムの部分的な失敗 　b) 品質マネジメントシステムの1項目に対する単独の遵守違反
改善の機会	① 要求事項に対する不適合ではないが、審査員の経験・知識から判断して、手順などを変えることによって、システムの有効性の向上が期待できる場合

図 1.10　IATF 16949 の審査所見の区分

1.3　IATF 16949 関連規格

1.3.1　IATF 16949 関連規格

　IATF 16949 には、いわゆる IATF 16949 規格以外に、図 1.11 に示すような、各種関連規格があります。また本書では、AIAG（アメリカ）から発行されているコアツール（core tool）について説明していますが、IATF 16949 規格では、VDA（ドイツ）、ANFIA（イタリア）などから発行されている各手法についても、IATF 16949 規格の附属書 B で紹介しています（図 1.12 参照）。

分類	規格名称・コメント
IATF 16949 規格	・『対訳 IATF 16949：2016　自動車産業品質マネジメントシステム規格－自動車産業の生産部品および関連するサービス部品の組織に対する品質マネジメントシステム要求事項』 ・IATF 16949：2016 は、ISO 9001：2015 の要求事項を基本規格として採用し、それに自動車産業共通の要求事項を加えたもの
ISO 9001 規格	・『ISO 9001：2015（JIS Q 9001：2015）　品質マネジメントシステム－要求事項』
顧客固有の参照マニュアル	・顧客固有のレファレンスマニュアル（参照マニュアル、reference manual）で、コアツールと呼ばれており、AIAG（全米自動車産業協会）などから発行されている（図 1.12 参照）。
顧客固有の要求事項	・IATF 16949 規格に記載された自動車産業共通の要求事項以外に、顧客固有の要求事項（CSR）として、各自動車メーカー個別の要求事項がある。
IATF 承認取得ルール	・『自動車産業認証スキーム IATF 16949 － IATF 承認取得および維持のためのルール』（automotive certification scheme for IATF 16949 － rules for achieving and maintaining IATF recognition） ・IATF 16949 認証に対する IATF の承認取得のルールを示した、IATF 16949 認証機関（審査機関）に対する要求事項の規格
IATF 16949 の SI、および FAQ	・SI（公式解釈集、sanctioned interpretations） ・FAQ（よくある質問、frequently asked questions） －IATF 16949 規格および IATF 承認取得および維持のためのルールに対する解説をしたもの
IATF 16949 審査員ガイド	・IATF 16949 の審査員に対するガイド

図 1.11　IATF 16949 の関連規格

1.3.2 顧客固有要求事項

自動車メーカー各社では、顧客固有要求事項(CSR、customer-specific requirements)として、IATF 16949規格に対する追加要求事項と、生産部品承認プロセス(PPAP)に対する追加要求事項を、それぞれ規定しています。IATF 16949規格ではまた、顧客スコアカード・顧客ポータルの使用(箇条5.3.1)、顧客指定の特殊特性(箇条8.2.3.1.2)、顧客指定のレイアウト検査の頻度(箇条8.6.2)、顧客指定の不適合製品管理のプロセス(箇条8.7.1.2)、顧客指定の製造工程監査の方法(箇条9.2.2.3)、顧客指定の製品監査の方法(箇条9.2.2.4)など、顧客固有の要求事項について述べている箇所が数多くあります。

また、IATF 16949規格には、図1.12にその一部を示したように、附属書Bにおいて、コアツールなどの種々の技法が紹介されています。これらは参考文献ですが、顧客から要求された場合は要求事項となります。

区分	発行	名称
製品設計	AIAG	APQP and Control Plan
	AIAG	CQI-24 DRBFM
	VDA	Volume VDA-RGA − Maturity Level Assurance for New Parts
製品承認	AIAG	Production Part Approval Process(PPAP)
	VDA	Volume 2 Production Process and Product Approval (PPA)
FMEA	AIAG	Potential Failure Mode & Effect Analysis(FMEA)
	VDA	Volume 4 Chapter Product and Process FMEA
	ANFIA	AQ 009 FMEA
統計的ツール	AIAG	Statistical Process Control(SPC)
	ANFIA	AQ 011 SPC
測定システム解析	AIAG	Measurement Systems Analysis (MSA)
	VDA	Volume 5 Capability of Measuring Systems
	ANFIA	AQ 024 Measurement Systems Analysis
リスク分析	VDA	Volume 4 Ring-binder
ソフトウェア評価	SEI	Capability Maturity Mode Integration(CMMI)
	VDA	Automotive SPICE
内部監査	AIAG	CQI-8 Layered Process Audit
	VDA	Volume 6 part 3 Process Audit
	VDA	Volume 6 part 5 Product Audit

図 1.12　IATF 16949 規格附属書 B で紹介されている参考文献(例)

1.4 IATF 16949 規格 2016 年版の概要

1.4.1 ISO 9001 規格 2015 年版の概要

1.4.1.1 ISO 9001：2015 改訂の背景と目的

　IATF 16949：2016 規格の基本を構成している、品質マネジメントシステム規格 ISO 9001：2015 改訂の背景、方針および目的について、ISO 専門委員会 TC176 によって作成された「設計仕様書」では、図 1.13 に示すように述べています。

　また、ISO 9001 規格の"performance"に対する JIS Q 9001 規格における和訳が、時代とともに変化してきました。最初は"実施状況"（2000 年）でしたが、その後"成果を含む実施状況（2008 年）"となり、そして 2015 年版では、"結果"が重要であるとの観点から、"パフォーマンス（すなわち測定可能な結果）"と、ようやく適切に訳されるようになりました。

項　目	内　容
適合製品に関する信頼性の向上	・アウトプットマター（output matters）といわれる、結果重視への対応です。
あらゆる組織に適用可能な規格	・要求レベルの内容や表現が、サービス業にも使用しやすいように配慮する。
ISO 9001 の適用範囲	・次の 2 つの ISO 9001 規格の目的は変更しない。 　a）　顧客要求事項、法令・規制要求事項への適合 　b）　顧客満足の向上
事業プロセスへの統合	・品質マネジメントシステムを組織の事業プロセスに統合させる。
他のマネジメントシステム規格との整合化	・ISO/TMB（ISO 技術管理評議会）によって開発された、「ISO/IEC 専門業務用指針補足指針」の附属書 SL（共通テキスト）を適用する。 ・ISO 9001 規格だけでなく ISO 14001 規格など、すべてのマネジメントシステム規格と共通の規格構成（共通項目、共通用語、共通順序）として、組織が使いやすい規格構成とする。
プロセスアプローチの理解向上	・組織の業務に直結、プロセスを重視、パフォーマンス改善のために、プロセスアプローチの理解向上を図る。 ・プロセスアプローチは ISO 9001：2000 規格から含まれていたが、必ずしも適切に理解されていなかったため。

図 1.13　ISO 9001：2015 改訂の背景と目的

1.4.1.2　ISO 9001：2015 の主な変更点

ISO 9001：2015 の主な変更点は、図 1.14 に示すようになります。なお、ISO 9001：2015 規格改訂の詳細については、本書の第 4 章～第 10 章を参照ください。

項　目	内　容
事業プロセスとの統合	①　箇条 5.1 リーダーシップおよびコミットメントにおいて、経営者の責務として、事業プロセスへの品質マネジメントシステム要求事項の統合を確実にすること、すなわち経営システムと品質マネジメントシステムを整合させることが、要求事項となった。
リスク(risk)にもとづく考え方の採用	①　箇条 4.1 ～ 4.3 にもとづいて、リスクにもとづく考え方に従って、組織が抱えるリスクおよび機会への取組み(箇条 6.1)の計画を策定して運用することにより、リスクを未然に防止する仕組みを取り入れた品質マネジメントシステムとすることが求められている。 ②　予防処置の要求事項がなくなったが、これは、リスクと予防処置を全面的に考慮した品質マネジメントシステム規格に変わり、予防処置の要求はむしろ強化されたと考えるとよい。
トップマネジメントのリーダーシップ強化	①　リーダーシップおよびコミットメント(箇条 5.1)では、経営者に対する要求事項が強化された。 ②　特に、経営者のリーダーシップとコミットメントの実証、品質マネジメントシステムの有効性の説明責任、事業プロセスへの品質マネジメントシステム要求事項の統合の確実化、プロセスアプローチおよびリスクにもとづく考え方の利用の促進を要求している。
プロセスアプローチ(process approach)採用の強化	①　ISO 9001：2015 規格の序文 0.3 "プロセスアプローチ"では、次のように述べている。 　a) プロセスアプローチの採用に不可欠と考えられる特定の要求事項を箇条 4.4 に規定する。 　b) PDCA サイクルを、機会の利用および望ましくない結果の防止を目指すリスクにもとづく考え方に全体的な焦点を当てて用いることで、プロセスおよびシステム全体をマネジメントすることができる。 　c) プロセスアプローチによって、プロセスパフォーマンスの達成、およびプロセスの改善が可能になる。

図 1.14　ISO 9001：2015 の主な変更点(1/2)

項　目	内　容
プロセスアプローチ採用の強化(続き)	②　上記①a)は、プロセスアプローチの具体的な手順は、ISO 9001：2015規格の箇条4.4に示すと述べている。またb)および箇条4.4において、プロセスアプローチとは、各プロセスをPDCAの改善サイクルで運用することであることが明確になった。 ③　箇条4.4は、附属書SL(図1.13参照)に従って追加されたリスクおよび機会への取組み以外は、旧規格の箇条4.1と同じである。プロセスアプローチが要求事項となったことにより、有効性だけでなく、上記c)のパフォーマンスの改善につながることが期待される。
パフォーマンス重視、結果重視 (手順・文書化要求の削減、規範的な要求事項の削減を含む)	①　パフォーマンス、結果重視 ・プロセスアプローチの採用により、プロセスパフォーマンスの達成が求められている。 ②　改善の強調 ・改善(箇条10)の箇条が設けられ、従来の不適合の修正・防止、および品質マネジメントシステムの有効性の改善に加えて、製品・サービスの改善、品質マネジメントシステムのパフォーマンスの改善などが含まれた。 ③　変更管理の強化 ・変更の計画(箇条6.3)、運用の計画および管理(箇条8.1)、変更の管理(箇条8.5.6)など、変更管理の要求事項が追加された。 ④　文書化要求の削減 ・品質マニュアルの作成および文書管理手順など、6つの手順書の作成の要求事項はなくなった。 ⑤　アウトソース管理の明確化と強化 ・外部から提供されるプロセス・製品・サービスの管理(箇条8.4)として、アウトソースも含まれることが明確になった。
サービス業への配慮	①　次のような用語の変更が行われ、サービス業にもわかりやすい表現になった。また用語の定義の見直しも行われた。 ・製品　→　製品・サービス(規格全般) ・作業環境　→　プロセスの運用に関する環境(箇条7.1.4) ・監視機器・測定機器の管理　→　監視・測定のための資源(箇条7.1.5)など

図 1.14　ISO 9001：2015 の主な変更点(2/2)

1.4.2　IATF 16949 規格 2016 年版の概要

1.4.2.1　IATF 16949：2016 改訂の背景

　ISO/TS 16949 規格の基本規格である ISO 9001 規格が改訂されたことに伴い、ISO/TS 16949 規格は、IATF 16949 規格として生まれ変わりました。

　ISO/TS 16949：2009 規格から IATF 16949：2016 規格への改訂内容を分類すると次のようになります。

　　・基本規格である ISO 9001 規格の変更
　　・自動車産業の追加要求事項の変更

　IATF 16949 では、そのまえがきにおいて、"IATF 16949：2016（第 1 版）は、以前の顧客固有要求事項を取り入れてまとめた、強い顧客志向を与えられた革新的文書を示している" と述べています。

　すなわち、新しく発行された IATF 16949 規格は、自動車産業の顧客（OEM）全般の要求事項だけでなく、今までの顧客固有の要求事項（CSR）を取り入れた、顧客志向の強いセクター規格となりました。このことが、規格の名称が、ISO/TS 16949 から IATF 16949 に変わった理由の一つです。

　また附属書 B が追加され、アメリカ、ドイツなどの各国の自動車産業で使われている、コアツールなどの各種技法が、参考文書として紹介されています。

1.4.2.2　IATF 16949：2016 の主な変更点

　IATF 16949：2016 規格の新規要求項目を図 1.15 に示します。

　ISO 9001 の改訂を受けて、組織およびその状況の理解（箇条 4.1）、利害関係者のニーズおよび期待の理解（箇条 4.2）およびリスクおよび機会への取組み（箇条 6.1）が追加されました。IATF 16949 固有の要求事項としては、多くの項目が新規に追加または内容が強化されています。主な追加・変更箇所を図 1.16 に、文書化したプロセス（いわゆる手順書の作成）の要求箇所を図 1.17 に、IATF 16949 と ISO/TS 16949 の新旧対比表を図 1.18 に示します。また、IATF 16949 では、顧客要求事項を図 1.19（p.44）に示すように定義しています。

　なお、IATF 16949：2016 規格改訂の詳細については、本書の第 4 章～第 10 章を参照ください。

第 1 章　IATF 16949 の認証制度と要求事項の概要

箇条番号	項　目	箇条番号	項　目
序文 0.3.3	リスクにもとづく考え方	8.3.2.3	組込みソフトウェアをもつ製品の開発
4.1	組織およびその状況の理解		
4.2	利害関係者のニーズおよび期待の理解	8.4.1.2	供給者選定プロセス
		8.4.2.3.1	自動車製品に関係するソフトウェアまたは組込みソフトウェアをもつ製品
4.3	品質マネジメントシステムの適用範囲の決定		
4.4.1.2	製品安全	8.4.2.4.1	第二者監査
5.1.1.1	企業責任	8.4.2.5	供給者の開発
5.1.1.3	プロセスオーナー	8.5.1.4	シャットダウン後の検証
6.1	リスクおよび機会への取組み	8.5.6.1.1	工程管理の一時的変更
6.1.2.1	リスク分析	8.7.1.5	修理製品の管理
7.1.6	組織の知識	8.7.1.7	不適合製品の廃棄
7.2.3	内部監査員の力量	10.2.5	補償管理システム
7.2.4	第二者監査員の力量	附属書 B	参考文献－自動車産業補足

・［区分］明朝体：ISO 9001 要求事項、ゴシック体：IATF 16949 要求事項

図 1.15　IATF 16949：2016（ISO 9001：2015）の主な新規要求項目

項　目	内　容
リスクへの対応	・ISO 9001 におけるリスクおよび機会への取組み（6.1）の要求事項の追加を受けて、IATF 16949 では、リスク管理に関して、下記を含む計約 30 カ所の要求事項において、リスク管理が求められている。 －リスク分析（6.1.2.1） －緊急事態対応計画（6.1.2.3）
品質保証の強化	・次のような品質保証の強化に関する要求事項が、新規に追加されている。 －製品安全（4.4.1.2） －企業責任（5.1.1.1） －修理製品の管理（8.7.1.5） －不適合製品の廃棄（8.7.1.7） －補償管理システム（10.2.5）

図 1.16　IATF 16949 の主な要求事項の追加・変更（1/2）

項　目	内　容
ソフトウェアの管理	・ソフトウェアに対する管理に関して、下記を含む計約10カ所の要求事項が追加されている。 ―組込みソフトウェアを持つ製品の開発(8.3.2.3) ―自動車製品に関係するソフトウェアまたは組込みソフトウェアをもつ製品(8.4.2.3.1)
顧客固有要求事項	・顧客固有要求事項(4.3.2)という項目以外に、次のような多くの顧客指定の管理がある。 ―顧客スコアカード・顧客ポータルの使用(5.3.1) ―顧客指定の特殊特性(8.2.3.1.2) ―顧客指定の供給者(8.4.1.3) ―顧客指定のレイアウト検査の頻度(8.6.2) ―特別採用に対する顧客の正式許可(8.7.1.1) ―顧客指定の不適合製品管理のプロセス(8.7.1.2) ―顧客指定の製造工程監査の方法(9.2.2.3) ―顧客指定の製品監査の方法(9.2.2.4) ―顧客指定の問題解決方法(10.2.3)
変更管理	・次のような計20カ所余の要求事項において、工程管理・変更管理の重要性が強調されている。 ―変更の計画(6.3) ―製品・サービスに関する要求事項の変更(8.2.4) ―設計・開発の変更(8.3.6) ―作業の段取替え検証(8.5.1.3) ―シャットダウン後の検証(8.5.1.4) ―変更の管理(8.5.6) ―工程管理の一時的変更(8.5.6.1.1)
供給者の管理	・次のような供給者の管理が追加・強化されている。 ―第二者監査員の力量(7.2.4) ―供給者選定プロセス(8.4.1.2) ―供給者の品質マネジメントシステム開発(8.4.2.3) ―第二者監査(8.4.2.4.1) ―供給者の開発(8.4.2.5) ―サイト内供給者の管理(7.1.3.1、7.1.5.2.1)
文書化したプロセス	・文書化したプロセスの構築、すなわち手順書の作成が、計20カ所余で要求されている(図1.17参照)。

図1.16　IATF 16949の主な要求事項の追加・変更(2/2)

項番	文書化したプロセスの内容
4.4.1.2	・製品安全に関係する製品・製造工程の運用管理に対する文書化したプロセス
7.1.5.2.1	・校正・検証の記録を管理する文書化したプロセス
7.2.1	・製品・プロセス要求事項への適合に影響する活動に従事する要員の、教育訓練のニーズと達成すべき力量を明確にする文書化したプロセス
7.2.3	・顧客固有の要求事項を考慮に入れて、内部監査員が力量をもつことを検証する文書化したプロセス
7.3.2	・品質目標を達成し、継続的改善を行い、革新を促進する環境を創り出す、従業員を動機づける文書化したプロセス
7.5.3.2.2	・顧客の技術規格・仕様書および改訂に対して、顧客スケジュールにもとづいて、レビュー・配付・実施する文書化したプロセス
8.3.1.1	・設計・開発の文書化したプロセス
8.3.3.3	・特殊特性を特定する文書化したプロセス
8.4.1.2	・供給者選定の文書化したプロセス
8.4.2.1	・次のための文書化したプロセス： ーアウトソースしたプロセスを特定する。 ー外部提供製品・プロセス・サービスに対し、顧客の要求事項への適合を検証するための管理の方式と程度を選定する。
8.4.2.2	・購入製品・プロセス・サービスの、受入国・出荷国・仕向国の法令・規制要求事項に適合することを確実にする文書化したプロセス
8.4.2.4	・供給者のパフォーマンスを評価する文書化したプロセス
8.5.1.5	・文書化した TPM システム
8.5.6.1	・製品実現に影響する変更を管理・対応する文書化したプロセス
8.5.6.1.1	・代替管理方法の使用を運用管理する文書化したプロセス
8.7.1.4	・コントロールプランまたは関連する文書化した情報に従って、原仕様への適合を検証する、手直し確認の文書化したプロセス
8.7.1.5	・コントロールプランまたは関連する文書化した情報に従って、修理確認の文書化したプロセス
8.7.1.7	・手直しまたは修理できない不適合製品の廃棄に関する文書化したプロセス
9.2.2.1	・内部監査に関する文書化したプロセス
10.2.3	・問題解決の方法に関する文書化したプロセス
10.2.4	・ポカヨケ手法の活用を決定する文書化したプロセス
10.3.1	・継続的改善の文書化したプロセス

図1.17　文書化したプロセスの要求事項

	IATF 16949：2016		ISO/TS 16949：2009	程度
	まえがき－自動車産業 QMS 規格		まえがき	△
	歴史		－	△
	到達目標	0.5	この TS の到達目標	△
	認証に対する注意点		認証に対する参考	△
	序文		序文	△
0.1	一般	0.1	一般	△
0.2	品質マネジメントの原則	0.1	一般	○
0.3	プロセスアプローチ	0.2	プロセスアプローチ	－
0.3.1	一般	0.2	プロセスアプローチ	△
0.3.2	PDCAサイクル	0.2	プロセスアプローチ	△
0.3.3	リスクにもとづく考え方		－	◎
0.4	他のマネジメントシステム規格との関係	0.3	ISO 9004との関係	△
		0.4	他のマネジメントシステムとの両立性	
1	適用範囲	1	適用範囲	△
1.1	適用範囲－ISO 9001：2015 に対する自動車産業補足	1.1	一般	○
2	引用規格	2	引用規格	△
2.1	規定および参考の引用		まえがき	△
3	用語および定義	3	用語および定義	△
3.1	自動車産業の用語および定義	3.1	自動車業界の用語および定義	◎
4	組織の状況	4	品質マネジメントシステム	－
4.1	組織およびその状況の理解		－	◆
4.2	利害関係者のニーズおよび期待の理解		－	◆
4.3	品質マネジメントシステムの適用範囲の決定	1.1	一般	◆
		1.2	適用	
4.3.1	品質マネジメントシステムの適用範囲の決定－補足		－	◆
4.3.2	顧客固有要求事項		－	◆
4.4	品質マネジメントシステムおよびそのプロセス	4	品質マネジメントシステム	－
4.4.1	(一般)	4.1	一般要求事項	○
4.4.1.1	製品およびプロセスの適合		－	◆
4.4.1.2	製品安全		－	◆
4.4.2	(文書化)	4.2.1	文書化に関する要求事項/一般	△
5	リーダーシップ	5	経営者の責任	－
5.1	リーダーシップおよびコミットメント	5.1	経営者のコミットメント	－
5.1.1	一般	5.1	経営者のコミットメント	○
5.1.1.1	企業責任		－	◆
5.1.1.2	プロセスの有効性および効率	5.1.1	プロセスの効率	△
5.1.1.3	プロセスオーナー		－	◆
5.1.2	顧客重視	5.2	顧客重視	○

［備考］
・［区分］ 明朝体：ISO 9001 要求事項、ゴシック体：IATF 16949 要求事項、(　　)は筆者がつけた項目名
・［変更の程度］ ◆：新規追加、◎：大きな変更、○：中程度の変更、△：小さな変更またはほとんど変更なし

図 1.18　IATF 16949 と ISO/TS 16949 との新旧対比表(1/6)

IATF 16949：2016		ISO/TS 16949：2009		程度
5.2	方針	5.3	品質方針	－
5.2.1	品質方針の確立	5.3	品質方針	△
5.2.2	品質方針の伝達	5.3	品質方針	△
5.3	組織の役割、責任および権限	5.5.1	責任および権限	△
		5.5.2	管理責任者	△
5.3.1	組織の役割、責任および権限－補足	5.5.2.1	顧客要求への対応責任者	△
5.3.2	製品要求事項および是正処置に対する責任および権限	5.5.1.1	品質責任	△
6	計画	5.4	計画	－
6.1	リスクおよび機会への取組み		－	－
6.1.1	（リスクおよび機会の決定）		－	◆
6.1.2	（取組み計画の策定）		－	◆
6.1.2.1	リスク分析		－	◆
6.1.2.2	予防処置	8.5.3	予防処置	△
6.1.2.3	緊急事態対応計画	6.3.2	緊急事態対応計画	◎
6.2	品質目標およびそれを達成するための計画策定	5.4.1	品質目標	－
6.2.1	（品質目標の策定）	5.4.1	品質目標	○
6.2.2	（品質目標達成計画の策定）	5.4.2	品質マネジメントシステムの計画	○
6.2.2.1	品質目標およびそれを達成するための計画策定－補足	5.4.1.1	品質目標－補足	○
6.3	変更の計画	5.4.2	品質マネジメントシステムの計画	△
7	支援	6	資源の運用管理	－
7.1	資源	6.1	資源の提供	－
7.1.1	一般	6.1	資源の提供	△
7.1.2	人々	6.2	人的資源	△
7.1.3	インフラストラクチャ	6.3	インフラストラクチャ	△
7.1.3.1	工場、施設および設備の計画	6.3.1	工場、施設および設備の計画	○
7.1.4	プロセスの運用に関する環境	6.4	作業環境	△
	注記	6.4.1	製品要求事項への適合を達成するための要員の安全	△
7.1.4.1	プロセスの運用に関する環境－補足	6.4.2	事業所の清潔さ	△
7.1.5	監視および測定のための資源	7.6	監視機器および測定機器の管理	－
7.1.5.1	一般	7.6	監視機器および測定機器の管理	△
7.1.5.1.1	測定システム解析	7.6.1	測定システム解析	△
7.1.5.2	測定のトレーサビリティ	7.6	監視機器および測定機器の管理	△
	注記	7.6	監視機器および測定機器の管理	△
7.1.5.2.1	校正・検証の記録	7.6.2	校正／検証の記録	○
7.1.5.3	試験所要求事項	7.6.3	試験所要求事項	－
7.1.5.3.1	内部試験所	7.6.3.1	内部試験所	△
7.1.5.3.2	外部試験所	7.6.3.2	外部試験所	△
7.1.6	組織の知識		－	◆
7.2	力量	6.2.2	力量、教育・訓練および認識	△
7.2.1	力量－補足	6.2.2.2	教育・訓練	△

図 1.18　IATF 16949 と ISO/TS 16949 との新旧対比表（2/6）

第Ⅰ部　IATF 16949 認証制度とプロセスアプローチ

IATF 16949：2016		ISO/TS 16949：2009		程度
7.2.2	力量-業務を通じた教育訓練（OJT）	6.2.2.3	業務を通じた教育・訓練（OJT）	△
7.2.3	内部監査員の力量	8.2.2.5	内部監査員の適格性確認	◆
7.2.4	第二者監査員の力量		-	◆
7.3	認識	6.2.2	力量、教育・訓練および認識	△
7.3.1	認識-補足	6.2.2.4	従業員の動機付けおよびエンパワーメント	○
7.3.2	従業員の動機付けおよびエンパワーメント	6.2.2.4	従業員の動機付けおよびエンパワーメント	△
7.4	コミュニケーション	5.5.3	内部コミュニケーション	△
		7.2.3	顧客とのコミュニケーション	
7.5	文書化した情報	4.2	文書化に関する要求事項	-
7.5.1	一般	4.2.1	文書化に関する要求事項／一般	△
7.5.1.1	品質マネジメントシステムの文書類	4.2.2	品質マニュアル	△
7.5.2	作成および更新	4.2.3	文書管理	△
7.5.3	文書化した情報の管理	4.2	文書化に関する要求事項	-
7.5.3.1	（一般）	4.2.3	文書管理	△
7.5.3.2	文書・記録の管理	4.2.4	記録の管理	△
7.5.3.2.1	記録の保管	4.2.4.1	記録の保管	△
7.5.3.2.2	技術仕様書	4.2.3.1	技術仕様書	△
8	運用	7	製品実現	-
8.1	運用の計画および管理	7.1	製品実現の計画	○
8.1.1	運用の計画および管理-補足	7.1.1	製品実現の計画-補足	○
8.1.2	機密保持	7.1.3	機密保持	△
8.2	製品およびサービスに関する要求事項	7.2	顧客関連のプロセス	-
8.2.1	顧客とのコミュニケーション	7.2.3	顧客とのコミュニケーション	△
8.2.1.1	顧客とのコミュニケーション-補足	7.2.3.1	顧客とのコミュニケーション-補足	△
8.2.2	製品およびサービスに関する要求事項の明確化	7.2.1	製品に関連する要求事項の明確化	△
8.2.2.1	製品およびサービスに関する要求事項の明確化-補足	7.2.1	製品に関連する要求事項の明確化	△
8.2.3	製品およびサービスに関する要求事項のレビュー	7.2.2	製品に関連する要求事項のレビュー	-
8.2.3.1	（一般）	7.2.2	製品に関連する要求事項のレビュー	△
8.2.3.1.1	製品およびサービスに関する要求事項のレビュー-補足	7.2.2.1	製品に関連する要求事項のレビュー-補足	△
8.2.3.1.2	顧客指定の特殊特性	7.2.1.1	顧客指定の特殊特性	△
8.2.3.1.3	組織の製造フィージビリティ	7.2.2.2	組織の製造フィージビリティ	○
8.2.3.2	（文書化）	7.2.2	製品に関連する要求事項のレビュー	△
8.2.4	製品およびサービスに関する要求事項の変更	7.2.2	製品に関連する要求事項のレビュー	△
8.3	製品およびサービスの設計・開発	7.3	設計・開発	-
8.3.1	一般	7.3.1	設計・開発の計画	○
8.3.1.1	製品およびサービスの設計・開発-補足	7.3	設計・開発（注記）	○
8.3.2	設計・開発の計画	7.3.1	設計・開発の計画	○

図 1.18　IATF 16949 と ISO/TS 16949 との新旧対比表（3/6）

第1章 IATF 16949 の認証制度と要求事項の概要

IATF 16949:2016		ISO/TS 16949:2009		程度
8.3.2.1	設計・開発の計画ー補足	7.3.1.1	部門横断的アプローチ	○
8.3.2.2	製品設計の技能	6.2.2.1	製品設計の技能	△
8.3.2.3	組込みソフトウェアを持つ製品の開発	-	-	◆
8.3.3	設計・開発へのインプット	7.3.2	設計・開発へのインプット	△
8.3.3.1	製品設計へのインプット	7.3.2.1	製品設計へのインプット	○
8.3.3.2	製造工程設計へのインプット	7.3.2.2	製造工程設計へのインプット	○
8.3.3.3	特殊特性	7.3.2.3	特殊特性	○
8.3.4	設計・開発の管理	7.3.4	設計・開発のレビュー	△
		7.3.5	設計・開発の検証	
		7.3.6	設計・開発の妥当性確認	
8.3.4.1	監視	7.3.4.1	監視	△
8.3.4.2	設計・開発の妥当性確認	7.3.6 .1	設計・開発の妥当性確認ー補足	△
8.3.4.3	試作プログラム	7.3.6.2	試作プログラム	△
8.3.4.4	製品承認プロセス	7.3.6.3	製品承認プロセス	△
8.3.5	設計・開発からのアウトプット	7.3.3	設計・開発からのアウトプット	△
8.3.5.1	製品設計からのアウトプット	7.3.3.1	製品設計からのアウトプットー補足	△
8.3.5.2	製造工程設計からのアウトプット	7.3.3.2	製造工程設計からのアウトプット	△
8.3.6	設計・開発の変更	7.3.7	設計・開発の変更管理	△
8.3.6.1	設計・開発の変更ー補足	7.3.7	設計・開発の変更管理	○
8.4	外部から提供されるプロセス、製品およびサービスの管理	7.4	購買	-
8.4.1	一般	7.4.1	購買プロセス	△
8.4.1.1	一般ー補足	-	-	△
8.4.1.2	供給者選定プロセス	-	-	◆
8.4.1.3	顧客指定の供給者(指定購買)	7.4.1.3	顧客に承認された供給者	△
8.4.2	管理の方式および程度	7.4.1	購買プロセス	△
		7.4.3	購買製品の検証	
8.4.2.1	管理の方式および程度ー補足	4.1	品質マネジメントシステム	○
		7.4.1	購買プロセス	
8.4.2.2	法令・規制要求事項	7.4.1.1	法令・規制への適合	○
8.4.2.3	供給者の品質マネジメントシステム開発	7.4.1.2	供給者の品質マネジメントシステムの開発	◎
8.4.2.3.1	自動車製品に関係するソフトウェアまたは組込みソフトウェアをもつ製品	-	-	◆
8.4.2.4	供給者の監視	7.4.3.2	供給者の監視	○
8.4.2.4.1	第二者監査	-	-	◆
8.4.2.5	供給者の開発	-	-	◆
8.4.3	外部提供者に対する情報	7.4.2	購買情報	△
8.4.3.1	外部提供者に対する情報ー補足	7.4.2	購買情報	○
8.5	製造およびサービス提供	7.5	製造およびサービス提供	-
8.5.1	製造およびサービス提供の管理	7.5.1	製造およびサービス提供の管理	○
	注記	6.3	インフラストラクチャ	△
8.5.1.1	コントロールプラン	7.5.1.1	コントロールプラン	○

図 1.18 IATF 16949 と ISO/TS 16949 との新旧対比表 (4/6)

IATF 16949：2016		ISO/TS 16949：2009		程度
8.5.1.2	標準作業－作業者指示書および目視標準	7.5.1.2	作業指示書	△
8.5.1.3	作業の段取り替え検証	7.5.1.3	作業の段取り替えの検証	○
8.5.1.4	シャットダウン後の検証		－	◆
8.5.1.5	TPM	7.5.1.4	予防保全および予知保全	○
8.5.1.6	生産治工具並びに製造、試験、検査の治工具および設備の運用管理	7.5.1.5	生産治工具の運用管理	△
8.5.1.7	生産計画	7.5.1.6	生産計画	△
8.5.2	識別およびトレーサビリティ	7.5.3	識別およびトレーサビリティ	△
	注記	7.5.3	識別およびトレーサビリティ（注記）	△
8.5.2.1	識別およびトレーサビリティ－補足	7.5.3	識別およびトレーサビリティ	○
8.5.3	顧客または外部提供者の所有物	7.5.4	顧客の所有物	△
8.5.4	保存	7.5.5	製品野保存	△
8.5.4.1	保存－補足	7.5.5.1	保管および在庫管理	△
8.5.5	引渡し後の活動	7.5.1	製造およびサービス提供の管理	○
8.5.5.1	サービスからの情報のフィードバック	7.5.1.7	サービスからの情報のフィードバック	△
8.5.5.2	顧客とのサービス契約	7.5.1.8	サービスに関する顧客との合意契約	△
8.5.6	変更の管理	7.1.4	変更管理	○
8.5.6.1	変更の管理－補足	7.1.4	変更管理	○
8.5.6.1.1	工程管理の一時的変更		－	◆
8.6	製品およびサービスのリリース	8.2.4	製品の監視および測定	△
8.6.1	製品およびサービスのリリース－補足	8.2.4	製品の監視および測定	△
8.6.2	レイアウト検査および機能試験	8.2.4.1	寸法検査および機能試験	○
8.6.3	外観品目	8.2.4.2	外観品目	○
8.6.4	外部から提供される製品およびサービスの検証および受入れ	7.4.3.1	要求事項への購買製品の適合	△
8.6.5	法令・規制への適合	7.4.1.1	法令・規制への適合	△
8.6.6	合否判定基準	7.1.2	合否判定基準	△
8.7	不適合なアウトプットの管理	8.3	不適合製品の管理	－
8.7.1	（一般）	8.3	不適合製品の管理	◆
8.7.1.1	特別採用に対する顧客の正式許可	8.3.4	顧客の特別採用	○
8.7.1.2	不適合製品の管理－顧客規定のプロセス	8.3	不適合製品の管理	○
8.7.1.3	疑わしい製品の管理	8.3.1	不適合製品の管理－補足	△
8.7.1.4	手直し製品の管理	8.3.2	手直し製品の管理	○
8.7.1.5	修理製品の管理		－	◆
8.7.1.6	顧客への通知	8.3.3	顧客への情報	○
8.7.1.7	不適合製品の廃棄		－	◆
8.7.2	（文書化）	8.3	不適合製品の管理	△
9	パフォーマンス評価	8	測定、分析および改善	－
9.1	監視、測定、分析および評価	8	測定、分析および改善	－
9.1.	一般	8.1	一般	○
9.1.1.1	製造工程の監視および測定	8.2.3.1	製造工程の監視および測定	△
9.1.1.2	統計的ツールの特定	8.1.1	統計的ツールの明確化	△

図 1.18　IATF 16949 と ISO/TS 16949 との新旧対比表(5/6)

IATF 16949：2016		ISO/TS 16949：2009		程度
9.1.1.3	統計概念の適用	8.1.2	基本的統計概念の知識	△
9.1.2	顧客満足	8.2.1	顧客満足	△
9.1.2.1	顧客満足－補足	8.2.1.1	顧客満足－補足	△
9.1.3	分析および評価	8.4	データの分析	○
9.1.3.1	優先順位付け	8.4.1	データの分析および使用	○
9.2	内部監査	8.2.2	内部監査	－
9.2.1	(内部監査の目的)	8.2.2	内部監査	△
9.2.2.	(内部監査の実施)	8.2.2	内部監査	△
9.2.2.1	内部監査プログラム	8.2.2.4	内部監査の計画	◎
9.2.2.2	品質マネジメントシステム監査	8.2.2.1	品質マネジメントシステム監査	○
9.2.2.3	製造工程監査	8.2.2.2	製造工程監査	○
9.2.2.4	製品監査	8.2.2.3	製品監査	△
9.3	マネジメントレビュー	5.6	マネジメントレビュー	－
9.3.1	一般	5.6.1	一般	△
9.3.1.1	マネジメントレビュー－補足	5.6.1	一般	△
9.3.2	マネジメントレビューへのインプット	5.6.2	マネジメントレビューへのインプット	○
9.3.2.1	マネジメントレビューへのインプット－補足	5.6.1.1	品質マネジメントシステムの成果を含む実施状況	○
		5.6.2.1	マネジメントレビューへのインプット－補足	
9.3.3	マネジメントレビューからのアウトプット	5.6.3	マネジメントレビューからのアウトプット	△
9.3.3.1	マネジメントレビューからのアウトプット－補足	－		△
10	改善	8.5	改善	－
10.1	一般	8.5.1	継続的改善	○
10.2	不適合および是正処置	8.3	不適合製品の管理	－
		8.5.2	是正処置	
10.2.1	(一般)	8.3	不適合製品の管理	△
		8.5.2	是正処置	
		8.5.2.3	是正処置の水平展開	
10.2.2	(文書化)	8.3	不適合製品の管理	△
		8.5.2	是正処置	
10.2.3	問題解決	8.5.2.1	問題解決	○
10.2.4	ポカヨケ	8.5.2.2	ポカヨケ	○
10.2.5	補償管理システム	－		◆
10.2.6	顧客苦情および市場不具合の試験・分析	8.5.2.4	受入拒絶製品の試験／分析	○
10.3	継続的改善	8.5.1	継続的改善	△
10.3.1	継続的改善－補足	8.5.1.1	組織の継続的改善	○
		8.5.1.2	製造工程改善	
附属書A	コントロールプラン	附属書A	コントロールプラン	△
附属書B	参考文献－自動車産業補足	－		◎

図 1.18　IATF 16949 と ISO/TS 16949 との新旧対比表 (6/6)

項　目	実施事項
顧客要求事項（customer requirements）	① 顧客に規定されたすべての要求事項（例　技術、商流、製品及び製造工程に関係する要求事項、一般の契約条件、顧客固有要求事項など） ② <u>被審査組織が自動車メーカー（子会社、合弁会社を含む）の場合は、関連する顧客は、自動車メーカー（子会社、合弁会社を含む）によって規定される。</u>

［備考］　②の下線を引いた箇所は、2017年10月に発行されたIATF 16949の公式解釈（sanctioned interpretations、SI）の内容を示す。

図 1.19　顧客要求事項

第2章
自動車産業のプロセスアプローチ

　本章では、IATF 16949で求められている、自動車産業のプロセスアプローチについて説明します。

　この章の項目は、次のようになります。

- 2.1　　プロセスアプローチ
- 2.1.1　品質マネジメントシステムとプロセス
- 2.1.2　リスクにもとづく考え方
- 2.1.3　プロセスアプローチ
- 2.2　　自動車産業のプロセスアプローチ
- 2.2.1　IATF 16949のプロセス
- 2.2.2　プロセスと要求事項
- 2.2.3　タートル図(プロセス分析図)
- 2.2.4　自動車産業のプロセスのタートル図

2.1 プロセスアプローチ

2.1.1 品質マネジメントシステムとプロセス

IATF 16949 の基本規格である ISO 9001 規格では、プロセス（組織内の各活動）の要素（インプットおよびアウトプット）について、図2.1 のように示しています。

また図2.2 は、ISO 9001 規格の構造を示しています。中央の大きな円が、組織の品質マネジメントシステムを示しています。この図のリーダーシップ（箇条 5）、計画（箇条 6）、支援（箇条 7）、運用（箇条 8）、パフォーマンス評価（箇条 9）および改善（箇条 10）は、PDCA（Plan 計画 − Do 実行 − Check 検証 − Act 改善）の改善サイクルで構成されていることを示しています。この図は、組織の品質マネジメントシステムのインプットは、組織およびその状況と、利害関係者のニーズおよび期待にもとづいた顧客要求事項（箇条4）であり、アウトプットは、品質マネジメントシステムの結果としての製品・サービスと顧客の満足であることを示しています。プロセスの PDCA サイクルにおいて、計画（plan）は、リスクを考慮することが必要です。また改善（act）は、パフォーマンス（プロセスの結果）を改善することになります。

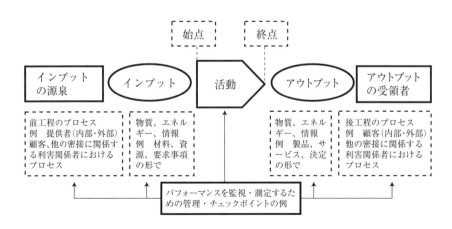

図 2.1 単一プロセスの要素の図示

2.1.2　リスクにもとづく考え方

IATF 16949 の基本規格である ISO 9001 規格では、プロセスアプローチについて、次のように述べています。

① ISO 9001 の目的は、顧客要求事項を満たすことによる、顧客満足の向上である。そのために、品質マネジメントシステムを構築し、実施し、その有効性を改善する。

② 品質マネジメントシステムの有効性改善のために、プロセスアプローチを採用する。プロセスアプローチに不可欠な要求事項を箇条 4.4 に規定している。

上記②で述べているように、プロセスアプローチは箇条 4.4 に規定されているということが明確になりました。すなわち、組織の各プロセスを PDCA 改善サイクルで運用することがプロセスアプローチと考えることができます。

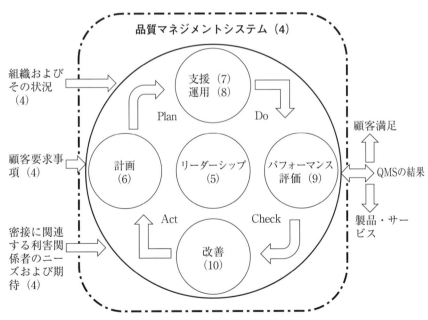

［備考］（　）内の数字は ISO 9001 規格の箇条番号を示す。

図 2.2　PDCA サイクルを使った、ISO 9001 規格の構造の説明

ISO 9001 が有効性(effectiveness)の改善を目的としているのに対して、IATF 16949 では、有効性と効率(efficiency)の両方の改善を目的としています。効率とは、投入した資源(設備・要員・資金)に対する結果の程度を表します。適合性、有効性および効率を図示すると、図2.3 のようになります。

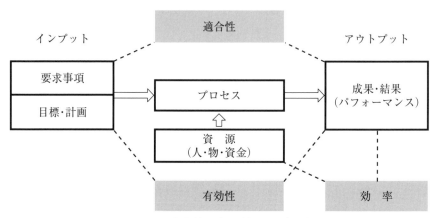

図 2.3　適合性、有効性および効率

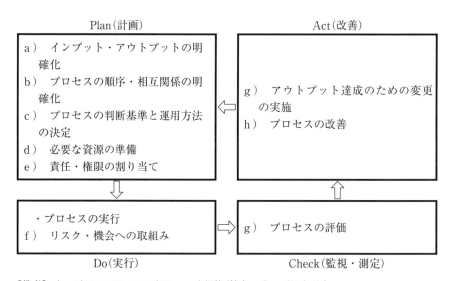

［備考］a)〜h)は IATF 16949(ISO 9001)規格(箇条 4.4)の項目を示す。

図 2.4　プロセスアプローチにおける PDCA 改善サイクル

2.1.3 プロセスアプローチ

2.1.2項で述べたように、IATF 16949(ISO 9001)規格では、プロセスアプローチについて、"プロセスアプローチに不可欠な要求事項を箇条4.4に規定している"と述べています。品質マネジメントシステムとそのプロセスに関して、箇条4.4では、a)〜h)に示す事項を実施することを求めています(図4.7、p.79参照)。これらのa)〜h)を図示すると、図2.4のようなPDCAの改善サイクル(管理サイクル)の図として表すことができます。

またこれらを図示すると、図2.5に示すようなプロセス分析図(タートル図)として表すことができます。

図2.5のプロセス分析図のインプットには、プロセスの要求事項(プロセスの目標・計画など)があり、アウトプットには、プロセスの成果(プロセスの目標・計画の結果)があります。このプロセスのアウトプットをインプットで割り算したものが、プロセスの有効性となります。

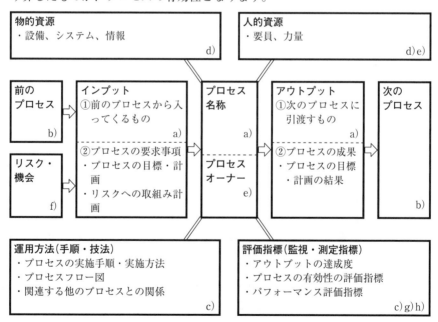

[備考] a)〜h)はISO 9001:2015規格箇条4.4のa)〜h)項を表す。

図2.5 プロセス分析図(タートル図)（例）

2.2 自動車産業のプロセスアプローチ

2.2.1 IATF 16949のプロセス

　IATF 16949では、品質マネジメントシステムのプロセスを、顧客志向プロセス(COP、customer oriented process)、支援プロセス(SP、support process)およびマネジメントプロセス(MP、management process)の3つに分類しています。顧客志向プロセスは、顧客から直接インプットがあり、顧客に直接アウトプットする、顧客満足のために顧客とのつながりが強いプロセスです。そして支援プロセスは、顧客志向プロセスを支援するプロセス、マネジメントプロセスは、品質マネジメントシステム全体を管理するプロセスです(図2.6参照)。

　IATF 16949では、これらの3種類のプロセスのうち、特に顧客志向プロセス(COP)を重視しています。顧客志向プロセスについて、組織を中心、顧客を外側に図示すると図2.7のようになります。この図は、蛸のような形をしていることから、オクトパス図(octopus model)と呼ばれています。

　品質マネジメントシステムのプロセスは、組織自身が決めることが必要です。品質マネジメントシステムの各プロセスのつながりを図示すると、図2.8のプロセス関連図(プロセスマップ、process mapping)のようになります。

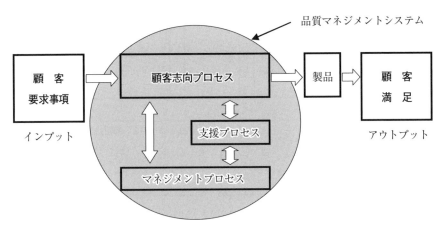

図2.6　自動車産業の品質マネジメントシステムのプロセス

2.2.2 プロセスと要求事項

IATF 16949(ISO 9001)規格(箇条4.4)では、"組織は、品質マネジメントシステムに必要なプロセスおよびそれらの組織への適用を明確にしなければならない"と述べています。

品質マネジメントシステムのプロセスと関連部門との関係の例を図2.9に、プロセスとIATF 16949規格要求事項との関係の例を図2.10に示します。

2.2.3 タートル図(プロセス分析図)

IATF 16949(ISO 9001)(箇条4.4)では、基本的な要求事項として、本書の4.1節のa)〜h)に述べたように、プロセスアプローチによって品質マネジメントシステムを確立して運用することを求めています。図2.5を少し簡単に表すと、図2.11のようになります。この図は、亀のような形をしていることから、タートル図(タートルチャート、turtle chart、turtle model)と呼ばれています。

タートル図は、プロセス名称とプロセスオーナー、インプット、アウトプット、プロセスの運用のための物的資源(設備・システム・情報)、人的資源(要員・力量)、プロセスの運用方法(手順・技法)、およびプロセスの評価指標(監視・測定項目と目標値)の各要素で構成されています(図2.11参照)。

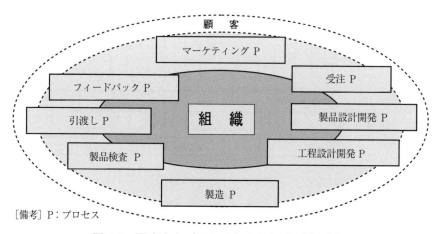

[備考] P：プロセス

図2.7　顧客志向プロセスとオクトパス図の例

このプロセスの評価指標は、主要プロセス指標（KPI、key process index）として知られています。

タートル図は、プロセスアプローチ監査で有効なツールとなります。その具体的な方法については、第3章で説明します。また、タートル図の各要素は、図2.12に示すようなプロセスフロー図の形式で表すこともできます。

2.2.4　自動車産業のプロセスのタートル図

製造プロセスのタートル図の例を図2.13に示します。

また、図2.12に示したプロセスフロー図の様式のものを事前に作成しておくと、容易にタートル図を作成することができます。

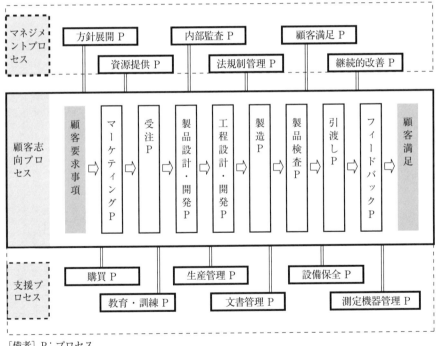

［備考］P：プロセス

図2.8　品質マネジメントシステムのプロセス関連図（プロセスマップ）の例

第2章　自動車産業のプロセスアプローチ

部門＼プロセス	顧客志向P							支援P			マネジメントP		
	マーケティングP	受注P	製品設計・開発P	工程設計・開発P	製造P	製品検査P	引渡しP	フィードバックP	購買P	教育・訓練P	…	測定機器管理P	方針展開P	内部監査P	…	顧客満足P
経営者	○	○	○	○	○	○	○	○	○	○	…	○	◎	○	…	○
管理責任者	○	○	○	○	○	○	○	○	○	○	…	○	○	◎	…	○
営業部	◎	◎	○	○	○	○	○	○					○	○	…	◎
設計部	○	○	◎	○	○	○							○	○		○
生産技術部			○	◎	○	○							○	○		○
生産管理部		○	○	○	◎	○	○						○	○		○
︙																
製造部		○	○	○	◎	○	○						○	○		○
総務部										◎			○	○		○
物流センター		○			○	○	◎	○					○	○		○

［備考］P：プロセス、◎：主管部門、○：関係部門

図 2.9　プロセス-部門関連図（プロセスオーナー表）の例

要求事項＼プロセス	顧客志向P							支援P			マネジメントP		
	マーケティングP	受注P	製品設計・開発P	工程設計・開発P	製造P	製品検査P	引渡しP	フィードバックP	購買P	教育・訓練P	…	測定機器管理P	方針管理P	内部監査P	…	顧客満足P
︙																
8.1 運用の計画・管理		○	◎	○	○	○	○		○		…		○	○	…	○
8.2 製品・サービス要求事項	◎	○							○		…					
8.3 製品・サービスの設計・開発			◎	○							…					
8.4 外部提供プロセス・製品管理									◎							
8.5 製造・サービス提供				○	◎	○										
8.6 製品・サービスのリリース		○				○										
︙																
10.2 不適合および是正処置																
10.3 継続的改善		○	○													
顧客固有の要求事項																

［備考］P：プロセス、◎：主管部門、○：関係部門

図 2.10　プロセス-要求事項関連図の例

第Ⅰ部　IATF 16949 認証制度とプロセスアプローチ

物的資源（設備・システム・情報）
―何を用いて（What）？―
プロセスで使われる
・資源（設備・資材）
・情報
　　　　　　　　　　　　d)

人的資源（要員・力量）
―誰が（Who）？―
・責任・権限
・プロセスを実行する要員
・要員に必要な力量
　　　　　　　　　　　d) e)

インプット
①前のプロセスから入ってくるもの
・材料、文書など
　　　　　　　　　　　　b)

②このプロセスの要求事項
・プロセスの顧客の要求・期待
・プロセスの目標・計画
・リスクへの取組み計画
　　　　　　　　　　　c) f)

プロセス名称
・顧客・組織の要求を満たすための活動・例えば、製造プロセス
　　　　　　　　　　　　a)

プロセスオーナー
・プロセスの責任者
・例えば製造部長
　　　　　　　　　　　　e)

アウトプット
①次のプロセス（顧客、次工程）に引渡すもの
・製品、文書など
　　　　　　　　　　　　b)

②プロセスの成果
・プロセスの顧客の満足
・プロセスの目標・計画の結果
　　　　　　　　　　　　c)

運用方法（手順・技法）
―どのように（How）？―
・プロセスの実施手順・実施方法
・プロセスフロー図
・関連する他のプロセスとの関係
　　　　　　　　　　　　c)

評価指標（監視・測定項目と目標値）
―どのくらいに（Measures）？―
・プロセスのアウトプットの達成度
・プロセスの有効性の評価指標
・プロセスのパフォーマンス評価指標
　　　　　　　　　　　c) g) h)

［備考］a)～h)は IATF 16949：2016（ISO 9001：2015）規格箇条 4.4 の a)～h)を表す。

図 2.11　タートル図

プロセスフロー図							
プロセス名称：				作成日：			
プロセスの目標：				責任者：			
プロセスステップ	インプット	アウトプット	使用設備	管理方法	評価指標	責任部門	
⇕	⇕	⇕	⇕	⇕	⇕	⇕	⇕
運用方法	インプット	アウトプット	物的資源	運用方法	評価指標	人的資源	
タートル図の要素							

図 2.12　タートル図の要素とプロセスフロー図の例

第 2 章　自動車産業のプロセスアプローチ

物的資源(設備・システム・情報)	人的資源(要員・力量)
・製造設備 ・監視機器 ・生産管理システム、出荷管理システム ・資材発注システム、在庫管理システム ・試験所 ・製造場所・作業環境の管理	・資格認定作業者 ・生産管理担当者 ・要員の力量 　－製造設備使用者 　－特殊工程作業者 　－SPC技法(工程能力、管理図)

インプット	プロセス名称	アウトプット
① 前のプロセスから ・材料・部品 ・製造仕様書 ・加工図面、組立図面 ・設備保全計画 ・工程特殊特性 ・工程FMEA ② このプロセスの要求事項 ・顧客要求事項 ・生産計画 ・製造コスト計画	製造プロセス プロセスオーナー 製造部長	① 次のプロセスへ ・完成品 ・生産実績記録、 ・加工・組立作業記録 ・設備保全記録 ・工程の出来事の記録 ② プロセスの成果 ・顧客要求事項の結果 ・生産実績 ・製造コスト実績 ・生産性実績

運用方法(手順・技法)	評価指標(監視・測定項目と目標値)
・製造工程フロー図 ・コントロールプラン ・作業指示書 ・生産管理規定、製造管理規定 ・設備の予防保全・予知保全規定 ・段取り検証規定、治工具管理規定 ・監視機器・測定機器管理規定 ・識別・取扱い・包装・保管・保護規定 ・検査基準書 ・加工作業標準、組立作業標準 ・包装・梱包作業標準 ・出荷管理規定 ・設備保全規定	・プロセスの各アウトプットの達成度 ・不良品質コスト、生産歩留率 ・工程能力指数(製品特性、工程パラメータ) ・機械チョコ停時間、直行率 ・段取り替え、金型変更回数 ・生産進捗予定達成率 ・生産リードタイム ・納期達成率、特別輸送費、在庫回転率 ・顧客の返品数、特別採用件数 ・製造コスト ・設備稼働率 ・不安定・能力不足に対する処置

図 2.13　製造プロセスのタートル図の例

第3章 プロセスアプローチ内部監査

　本章では、内部監査プログラム、プロセスアプローチ内部監査、および内部監査員の力量について説明します。

　なお、内部監査プログラムの詳細については、マネジメントシステム監査のための指針 ISO 19011 規格を参照ください。

　この章の項目は、次のようになります。

- 3.1 　　監査プログラム
- 3.1.1 　内部監査プログラム
- 3.1.2 　内部監査の実施
- 3.2 　　プロセスアプローチ内部監査
- 3.2.1 　適合性の監査と有効性の監査
- 3.2.2 　自動車産業のプロセスアプローチ監査の手順
- 3.3 　　内部監査員の力量
- 3.3.1 　品質マネジメントシステム監査員の力量
- 3.3.2 　IATF 16949 の内部監査員の力量

3.1 監査プログラム

3.1.1 内部監査プログラム

　IATF 16949(ISO 9001)規格(箇条9.2.2)では、内部監査に関して監査プログラムを作成すること、そして内部監査についての詳細は、マネジメントシステム監査のための指針 ISO 19011 規格を参照することを述べています。

　ISO 19011 規格で述べている監査プログラムのフローを図3.1に示します。監査プログラムのフローの各ステップが、PDCA改善サイクルに対応しています。監査プログラムに含める項目は、ISO 19011 規格に規定されています。「内部監査プログラム」の例を図3.2に示します。

　図3.1からわかるように、内部監査プログラムのフローにおける監査プログラムの実施(ISO 19011 規格箇条5.4)に対応する機能として、監査員の力量・評価(箇条7)とともに監査の実施(箇条6)があります。これは監査の実施手順に相当します。監査の実施のフロー、すなわち監査の詳細については、本書の3.1.2項で説明します。

　図3.1の監査プログラムのフローを見ると、監査プログラムの実施(箇条5.4)の後に、監査プログラムの監視(箇条5.5)と監査プログラムのレビュー・改善(箇条5.6)があります。監査プログラムを監視・レビュー・改善する目的を、下記に示します。

a)　内部監査プログラムの目的が達成されたかどうかの評価
b)　内部監査プログラムに対する是正処置の必要性の評価
c)　品質マネジメントシステムの改善の機会の明確化

　例えば、次のような場合は、内部監査が有効でなかったことになります。

a)　監査所見は、"決めたとおりに仕事を行っていない"というような適合性に関するものばかりである。
b)　不適合事項に対して適切な是正処置がとられていない。
c)　顧客クレームが多いにもかかわらず、内部監査での所見がない。

　この監査プログラムの監視・レビュー・改善は、いわゆる監査のフォローアップとは異なります。この違いを理解することが必要です。

3.1.2 内部監査の実施

ISO 19011規格箇条6で述べている、内部監査の実施のフローを図3.3に示します。監査の開始、監査活動の準備、監査活動の実施、監査報告書の作成・配付、監査の完了、および監査のフォローアップの実施のそれぞれのステップからなります。これらの各ステップの詳細については、ISO 19011規格をご参照ください。

(1) 内部監査の計画

内部監査計画は、内部監査プログラムにもとづいた、個々の内部監査の計画です。内部監査計画に含める項目は、ISO 19011規格に規定されています。「内部監査計画書」の例を図3.4に示します。

内部監査プログラムと内部監査計画は異なります。これらの違いについて理解することが必要です(図3.1〜図3.4参照)。

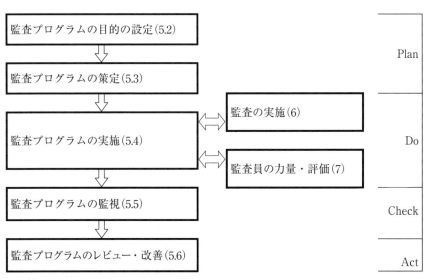

[備考]（　）内は、ISO 19011規格の箇条番号を示す。

図3.1　監査プログラムのフロー

内部監査プログラム

対象期間	20xx年度～20xx年度(3年間)	発行日	20xx年xx月xx日
		作成者	管理責任者　〇〇〇〇

内部監査の種類・目的・範囲・方法・サンプリング・基準

監査種類	■品質マネジメントシステム監査　■製造工程監査　■製品監査
監査目的	・IATF 16949 規格要求事項への適合性および有効性の確認 ・顧客要求事項への適合性の確認 ・前回内部監査結果のフォロー
監査範囲	・全COP、全SP、および全MP　・全製品 ・全部門　・全製造工程 ・監査対象顧客：全顧客　・全勤務シフト(引継ぎを含む)
監査方法	・プロセスアプローチ監査　・製品監査：顧客指定の監査方式
サンプリング	下記の年度ごとのサンプリングは、各年度の監査計画策定時に決定する。 ・監査員、対象顧客、対象製品、対象勤務シフト(引継ぎを含む)
監査基準	・IATF 16949:2016 規格　・品質マニュアル ・顧客固有の要求事項　・各製品のコントロールプラン ・関連法規制　・各製品の製品規格および検査規格

内部監査年間スケジュール

ステップ	項　目	4	5	6	7	8	9	10	11	12	1	2	3	実施日
品質目標設定・プロセスの運用	年度品質目標設定	〇												
	プロセス評価指標設定	〇												
	プロセス評価指標監視	〇	〇	〇	〇	〇	〇	〇	〇	〇	〇	〇	〇	
	品質目標達成度評価			〇			〇			〇			〇	
監査実施	年度内部監査計画作成		〇											
	内部監査員力量評価		〇											
	内部監査実施				〇									
	内部監査のフォローアップ					〇								
監視・レビュー	内部監査員力量再評価						〇							
	内部監査結果レビュー						〇							
改　善	マネジメントレビュー*									〇				
備　考	＊：マネジメントレビューにおいて、内部監査プログラムの有効性を評価													

[備考] COP：顧客志向プロセス、SP：支援プロセス、MP：マネジメントプロセス

図3.2　内部監査プログラムの例

（2） 監査所見、監査結論および監査報告書

監査で見つかったことを監査所見（audit findings）といいます。監査所見は、監査基準に対して適合（conformity）または不適合（nonconformity）のいずれかを判定します。不適合が検出された場合は、「不適合報告書」（NCR、nonconformity report）を発行します。また監査所見には、改善の機会を含めることができます。

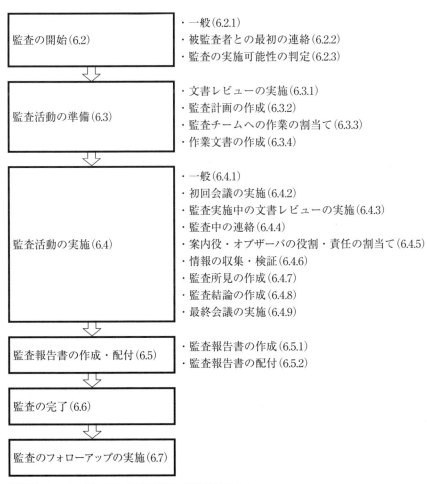

［備考］（　）内は、ISO 19011規格の箇条番号を示す。

図3.3　監査の実施のフロー

内部監査計画書

対象年度	20xx 年度	発行日	20xx 年 xx 月 xx 日
		作成者	○○○○

監査の名称	20xx 年度定期内部監査
監査プログラム	内部監査プログラム XXXX
監査の種類	■品質マネジメントシステム監査　　■製造工程監査　　■製品監査
監査実施日	20xx 年 xx 月 xx 日～ xx 月 xx 日
監査の目的	IATF 16949 要求事項への適合性および有効性の確認
監査の範囲	・全 COP、全 SP、および全 MP　　・全製品 ・全部門　　・全製造工程 ・監査対象顧客：A 社、B 社　　・全勤務シフト 1、2（引継ぎを含む）
監査の方法	・プロセスアプローチ監査　　・製品監査：顧客指定の監査方式
監査の基準	・IATF 16949：2016 規格　　・品質マニュアル ・顧客固有の要求事項　　・各製品のコントロールプラン ・関連法規制　　・各製品の製品規格および検査規格
監査チーム	チーム 1　監査員 A（監査チームリーダー）、監査員 B チーム 2　監査員 C（サブチームリーダー）、監査員 D

月日	時間	チーム1	チーム2
xx 月 xx 日	9:00～9:30	初回会議（経営者、各プロセスオーナー）	
	9:30～10:00	前回内部監査結果のフォロー（管理責任者他）	
	10:00～11:00	方針展開 P（経営者他）	マーケティング P（営業部他）
	11:00～12:00	資源の提供 P（経営他者）	受注 P（営業部他）
	12:00～12:45	（休　憩）	
	12:45～14:00	顧客満足 P（営業部他）	法規制管理 P（総務部他）
	14:00～16:00	製品設計 P（設計部他）	工程設計 P（生産技術部他）
	16:00～16:30	監査チームミーティング	
	16:30～17:00	レビューミーティング（管理責任者、各プロセスオーナー）	
	21:00～23:00	**製造工程監査－夜勤**（引継ぎを含む）（製造部他）	
xx 月 xx 日	9:00～10:30	製造 P（製造部他）	製品検査 P（品質保証部他）
	10:30～12:00	**製造工程監査**（製造部他）	**製品監査**（品質保証部他）
	12:00～12:45	（休　憩）	
	12:45～13:45	引渡し P（物流センター他）	フィードバック P（品質保証部他）
	13:45～15:00	内部監査 P（管理責任者他）	継続的改善 P（品質保証部他）
	15:00～16:00	監査チーム打合せ、監査結果のまとめ	
	16:00～16:30	レビューミーティング（管理責任者、各プロセスオーナー）	
	16:30～17:00	最終会議（経営者、各プロセスオーナー）	

参考文書	・「プロセス－部門関連図」、「プロセス－要求事項関連図」、「タートル図」

［備考］　COP：顧客志向プロセス、SP：支援プロセス、MP：マネジメントプロセス、P：プロセス

図 3.4　内部監査計画書の例

第 3 章 プロセスアプローチ内部監査

　IATF 16949 の第三者認証審査における所見の等級の例を図 1.10（p.28）に示しましたが、内部監査における等級については、それぞれの組織で決めることになります。

　不適合が検出された場合は「不適合報告書」を発行します。「不適合報告書」は、第三者や次回の監査員が読んでわかるように、具体的客観的な事実を記載します。「不適合報告書」では、次に示す不適合の 3 要素を明確にします。

① 監査基準（要求事項、すなわち IATF 16949 規格、品質マニュアル、コントロールプラン、顧客要求事項、関連法規制など）
② 監査証拠（監査で見つかった事実、客観的証拠）
③ 監査所見（適合、不適合、改善の機会の区別）

　内部監査で検出された監査所見をもとに、監査チームで検討して、監査の結論をまとめます。監査結論とは、内部監査の目的を達成したかどうかの、監査チームの見解です。内部監査が終了すると「内部監査報告書」を発行します。

(3) 内部監査のフォローアップ

　不適合が検出された場合、被監査部門の責任者は、不適合に対する修正（correction）と是正処置（corrective action）を実施する責任があります。そして内部監査員は、是正処置の内容と完了および有効性の検証を行います。

a) 次の事項に適合しているか？ ・組織が規定した要求事項 ・IATF 16949（ISO 9001）規格要求事項 ・顧客要求事項 ・関連法規制	b) 有効に実施され、維持されているか？
・a)の要求事項で行うべき事項が行われているかどうかを確認する。	・結果として、a)の要求事項を達成しているかどうかを確認する。
適合性の監査	有効性の監査

図 3.5　内部監査の目的―適合性の監査と有効性の監査

3.2 プロセスアプローチ内部監査

3.2.1 適合性の監査と有効性の監査

9.2.1項(p.193)に述べるように、IATF 16949(ISO 9001)では、内部監査の目的として、適合性の確認と有効性の確認の両方を要求しています。

従来から行われている内部監査の方法として、部門別監査があります(図3.6参照)。

部門別監査は、組織の部門ごとに行われる監査で、それぞれの部門に関係するISO 9001規格やIATF 16949規格要求事項、およびその部門の業務手順に対して行われます。この監査方法は、主として要求事項または業務手順に適合しているかどうかを確認するもので、適合性の監査といわれています。

	部門別監査	プロセスアプローチ監査
監査対象	・部門ごとに実施する。	・プロセスごとに実施する。
目的	・IATF 16949(ISO 9001)規格要求事項および業務の手順への適合性を確認する。	・プロセスの成果の達成状況、システムの有効性を確認する。
不適合となる場合	・IATF 16949(ISO 9001)規格の要求事項を満たしていない場合 ・業務の手順が守られていない場合	・プロセスの目標・計画を設定していない場合 ・プロセスの実施状況を監視していない場合 ・プロセスの結果、品質マネジメントシステムの有効性(目標の達成状況)を改善していない場合 ・プロセスアプローチ監査で、要求事項に対する不適合が発見された場合
メリット	・各部門に関係する要求事項への適合性をチェックできる。 ・各部門に関係する業務フローに従って確認できる。 ・標準的なチェックリストが利用できる。	・結果を確認することができ、有効性を判定することができるため、組織に役に立つ監査となる。 ・顧客満足重視の監査ができる。 ・有効性と効率性を監査できる。 ・部門間のつながりを監査できる。

図3.6 部門別監査とプロセスアプローチ監査

この従来方式の監査に対して、要求事項への適合性よりも、プロセスの目標と計画の達成状況(すなわち有効性)に視点を当てた監査方法があります。これがIATF 16949で要求しているプロセスアプローチ監査です。

3.2.2　自動車産業のプロセスアプローチ監査の手順
(1)　プロセスアプローチ監査の方法
　部門別監査では、手順どおりに実施しているかどうかをチェックすることに監査の視点がおかれるのに対して、プロセスアプローチ監査では、プロセスの結果が目標や計画を達成しているかどうかに視点をおきます。適合性の監査である部門別監査よりも、有効性の監査であるプロセスアプローチ監査の方が、結果につながる監査となり、監査の効果と効率がよいといえます。プロセスアプローチ監査によって、プロセスの有効性と効率性を評価することができます(図3.6参照)。

(2)　プロセスアプローチ監査のチェックリスト
　プロセスアプローチ監査では、タートル図をチェックリストとして使用することができます。しかしタートル図は、要求事項の箇条番号がわかりにくいのが欠点かもしれません。本書の第2章では、プロセス関連図(図2.8、p.52参照)、プロセス－部門関連図(図2.9、p.53参照)、プロセス－要求事項関連図(図2.10、p.53参照)、プロセスフロー図(図2.12、p.54参照)およびタートル図(図2.11、p.54参照)の例について説明してきました。これらの各文書にもとづいて作成した「内部監査チェックリスト」の例を図5.6(p.88)に示します。このチェックリストは、タートル図に比べて、要求事項がわかるようになっています。

(3)　自動車産業のプロセスアプローチ監査の進め方
　自動車産業のプロセスアプローチ監査は、図3.7に示すCAPDo(Check-Act-Plan-Do)ロジックに従って実施します。また、この方法によるプロセスアプローチ監査の一般的な監査のフローは図3.8に示すようになります。
　このように、CAPDoロジックによるプロセスアプローチ監査は、有効性だけでなく、適合性の不適合についても、より効率的に(短時間で)問題点を見つ

(4) 監査報告書の記載方法

IATF 16949 の内部監査では、次の事項を考慮するようにします。
① 監査する対象は、人ではなくシステムである。
② 内部監査は、システム(仕組み)の監査であり、人の行動や記録だけを見て判断し、現象のみを指摘することに留まる監査は適切ではない。
③ システム(仕組み)の問題点まで掘り下げて指摘することが重要である。

したがって、効果的な監査報告とするために、「内部監査報告書」を作成する際には、次の事項に留意することが必要です。
① (監査で見つかった個々の問題に限定した)現象報告ではなく、システムの改善点に言及した不適合の記述とする。
② 不適合としてクローズできないものも懸念事項としてもれなく報告し、改善の必要性を検討する機会を与える。

そして、監査所見には、不適合の記述(監査所見)、要求事項(監査基準)、および客観的証拠(監査証拠)の3項目を明記します。

ところで、不適合の記述は客観的証拠とよく混同されることがあります。図3.9 に示すように、不適合の記述はシステムの問題として表現することが重要です。

ステップ	確認事項
C(Check)	・パフォーマンスに対する質問から始める。 ・期待される指標とその目標値は何か？ ・実際のパフォーマンス(結果)はどうか？
A(Act)	・パフォーマンス改善のために、どのような活動が展開されたか？
P(Plan)	・計画は目標を達成できるようなものになっているか？ ・以前の活動結果は考慮されているか？ ・計画は IATF 16949 規格の要求事項を満足するか？ ・確実な手順・計画となっているか？
Do(Do)	・計画どおり実行されているか？ ・現場で適用されているか(現場確認)？

図 3.7　プロセスアプローチ監査における CAPDo ロジック

第3章　プロセスアプローチ内部監査

ステップ	質問内容
ステップ1	・目標とする結果（アウトプット）は何か？
ステップ2	・その結果（有効性と効率）をどのような指標で管理しているか？
ステップ3	・有効性と効率の目標は何か？
ステップ4	・目標の達成度はどのように監視するか？
ステップ5	・達成度はどうか？
ステップ6	・目標未達の原因または過達の原因はないか？
ステップ7	・目標達成のためにどのような人材が必要か？ ・そのためにどのような訓練の仕組みが必要か？
ステップ8	・目標達成のために必要なインフラストラクチャーは何か？ ・そのためにどのような管理の仕組みが必要か？
ステップ9	・目標達成のために必要な基準・手順・標準・計画は何か？ ・そのためにどのような標準化・文書化が必要か？ ・その文書類の管理の仕組みはどのようになっているか？
ステップ10	・どのような改善計画、是正処置が展開されたか？
ステップ11	・是正処置や改善計画はどのようにフォローされているか？

図3.8　プロセスアプローチ監査のフローの例

内部監査所見	
不適合の記述 （監査所見）	・測定機器の校正システムが有効に機能していない。
要求事項 （監査基準）	・IATF 16949規格箇条7.1.5.2では、測定機器は定められた間隔または使用前に校正または検証し、校正状態を識別することを要求している。 ・品質マニュアルでは、測定機器は毎年3月に校正すると規定している。
客観的証拠 （監査証拠）	・製造課のNo.007のマイクロメータは、校正期限切れであることが検出された。 ・今年6月に実施された内部監査で確認したところ、このマイクロメータに貼られていた校正ラベルの有効期限は、今年3月末となっていた。

図3.9　内部監査所見の記述例

3.3 内部監査員の力量

3.3.1 品質マネジメントシステム監査員の力量

マネジメントシステム監査の規格 ISO 19011 では、内部監査員に必要な力量（competence）として、監査員に求められる個人の行動（監査員としての資質）と、監査員に必要な知識と能力の両方が必要であると述べています。また、ISO 19011 規格では監査を効果的なものにするためには、監査員の力量を定期的に評価して、力量を継続的に向上させることが必要であると述べています。

監査員の評価の時期としては、次の2つの段階があります。
① 内部監査員になる前の最初の評価
② 内部監査員のパフォーマンスの継続的評価

すなわち内部監査員は、内部監査員教育を行って、一度資格認定すればよいというものではなく、監査員の力量を定期的に評価して、監査員としての力量を維持・向上させることが必要です。

項 目	内 容	フォード	GM
必要な力量	IATF 16949 の理解	○	
	ISO 19011 規格箇条 7.1 ～ 7.5 の監査員に求められる力量		○
	コアツールの理解 ・APQP、PPAP、FMEA、SPC、MSA	○	○
	フォード固有の要求事項の理解	○	
	GM 固有の要求事項の理解		○
	プロセスアプローチ監査（IATF 16949 規格箇条 0.3）の理解		○
	自動車産業プロセスアプローチ監査手法の力量	○	
1日監査と同等の実習セミナーへの参加	下記のいずれかに参加 ・監査のケーススタディ ・監査のロールプレイ ・現地監査への参加	○	

図 3.10　内部監査員資格認定要件（フォードおよびゼネラルモーターズ）

（1） IATF 16949 の内部監査員に対する要求事項

　IATF 16949 規格（箇条 7.2.3）では、内部監査員の力量に関して詳しく述べています（図 7.14、p.112 参照）。
　また、フォードおよびゼネラルモーターズでは、それぞれフォード固有の要求事項およびゼネラルモーターズ顧客固有の要求事項（CSR）において、内部監査員に対して、図 3.10 に示すような適格性確認要件を示しています。

（2） IATF 16949 の内部監査員に求められる力量

　図 3.10 および図 7.14（p.112）を考慮して、IATF 16949 の内部監査員を資格認定するために必要な力量をまとめると、図 3.11 のようになります。なお、品質マネジメントシステム監査、製造工程監査および製品監査については、図 9.8（p.195）を参照ください。

必要な力量 \ 内部監査	品質マネジメントシステム監査	製造工程監査	製品監査
① 監査員の行動（監査員の資質）	◎	◎	◎
② 品質マネジメントシステムの理解	◎	○	○
③ IATF 16949 規格要求事項の理解	◎	○	○
④ 顧客固有の要求事項の理解	◎	○	○
⑤ 製品・製品規格の知識	○	○	◎
⑥ 製造工程の知識	○	◎	○
⑦ ソフトウェアの知識	◎	○	○
⑧ 製品の検査・試験方法の知識	○	○	◎
⑨ 特殊特性（製品・工程）の理解	◎	◎	◎
⑩ コアツールの理解（APQP、PPAP）	◎	◎	○
⑪ コアツールの理解（SPC、FMEA、MSA）	◎	◎	○
⑫ ISO 19011 にもとづく監査手法の習得	◎	○	○
⑬ プロセスアプローチ式監査手法の習得	◎	◎	○
⑭ 内部監査実務の経験	◎	◎	◎

［備考］◎：必要な力量、　○：望ましい力量

図 3.11　IATF 16949 の内部監査員に求められる力量

第Ⅱ部

IATF 16949 要求事項の解説

第Ⅱ部の第4章から第10章までは、IATF 16949規格の箇条4から箇条10までの、いわゆる要求事項について解説しています。
　詳細については、IATF 16949規格およびISO 9001規格を参照ください。

　第Ⅱ部では、次のように記載しています。
① ［ISO 9001要求事項のポイント］および［IATF 16949追加要求事項のポイント］は、それぞれ、ISO 9001：2015規格要求事項のポイント、およびIATF 16949：2016規格追加要求事項のポイントについて述べています。
② ［旧規格からの変更点］は、それぞれ、ISO 9001：2008規格要求事項、およびISO/TS 16949：2009規格追加要求事項からの変更点について述べています。また変更の程度を、大・中・小の3段階のレベルに区分して表しています。
③ 　図は、ISO 9001規格要求事項およびIATF 16949規格追加要求事項をまとめて、それぞれ次のように字体を区別して表し、説明しています。
　・明朝体(細字)：ISO 9001：2015の要求事項
　・ゴシック体(太字)：IATF 16949：2016の追加要求事項
　また、IATF 16949規格において、"～しなければならない"(shall)と表現されている箇所(要求事項)は、本書では、"～する"と表しています。
　IATF 16949規格では、文書・記録の要求事項を次のように表現しています。
　・文書化した情報を維持する…文書の要求
　・文書化した情報を保持する…記録の要求
　なお、IATF 16949(ISO 9001)規格において、要求事項の項目名のない箇所については、筆者が( )で項目名をつけました。
　IATF 16949規格では、ISO 9001規格に合わせて、基本的には部品という用語は使用せずに、製品という用語が使われています。しかしIATF 16949規格では、製品承認プロセスに関して、生産部品承認プロセスのように、コアツール参照マニュアルを引用した箇所などでは、部品という用語が使われています。製品も部品も同じ意味であると理解し、特に区別しなくてよいでしょう。

第4章 組織の状況

本章では、IATF 16949 規格（箇条4）の"組織の状況"について述べています。

この章の IATF 16949 規格要求事項の項目は、次のようになります。

- 4.1 組織およびその状況の理解
- 4.2 利害関係者のニーズおよび期待の理解
- 4.3 品質マネジメントシステムの適用範囲の決定
- 4.3.1 品質マネジメントシステムの適用範囲の決定－補足
- 4.3.2 顧客固有要求事項
- 4.4 品質マネジメントシステムおよびそのプロセス
- 4.4.1 （一般）
- 4.4.1.1 製品およびプロセスの適合
- 4.4.1.2 製品安全
- 4.4.2 （文書化）

4.1　組織およびその状況の理解　(ISO 9001 要求事項)

[ISO 9001 要求事項のポイント]

　IATF 16949 規格の基本を構成している ISO 9001 規格では、まずはじめに組織およびその状況を理解し(箇条 4.1)、利害関係者のニーズおよび期待を理解し(箇条 4.2)、それらを考慮して品質マネジメントシステムの適用範囲を決定する(箇条 4.3)という規格構成になっています(図 4.1 参照)。

　組織およびその状況の理解に関して、図 4.2 ①～⑤に示す事項を実施することを求めています。すなわち、組織外部・内部の課題を明確にするとともに、それらの課題に関する情報を監視し、レビューすることを求めています。

　この外部・内部の課題の監視・レビューの結果、すなわち外部・内部の課題の変化はマネジメントレビューのインプット項目となります。

[旧規格からの変更点]　変更の程度：中
　新規要求事項です。

[IATF 16949 追加要求事項のポイント]

　この項についての IATF 16949 規格の追加要求事項はありませんが、ISO 9001 規格の要求事項は、IATF 16949 にも適用されます。

4.2　利害関係者のニーズおよび期待の理解　(ISO 9001 要求事項)

[ISO 9001 要求事項のポイント]

　利害関係者のニーズおよび期待の理解に関して、図 4.2 ⑥～⑧に示す事項を実施することを求めています。品質マネジメントシステムに密接に関連する利害関係者とその要求事項(ニーズ・期待)を明確にするとともに、それらに関する情報を監視し、レビューすることが求められています。利害関係者の範囲は、組織に関係するすべての利害関係者ではなく、品質マネジメントシステムに密接に関連する利害関係者と考えるとよいでしょう。顧客(エンドユーザー、直接顧客、次工程など)、供給者、従業員、関連法規制などが考えられます。

　この利害関係者の要求事項の監視・レビューの結果は、マネジメントレ

ビューのインプット項目となります。

[旧規格からの変更点] 変更の程度：中

新規要求事項です。

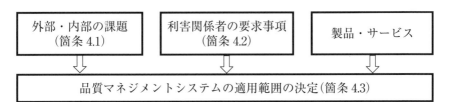

図 4.1　適用範囲決定のフロー

項　目	実施事項
組織およびその状況の理解(4.1)	① 組織の外部・内部の課題を明確にする。 ② 課題は、組織の目的と戦略的な方向性(経営方針、品質方針など)に関連する。 ③ 課題は、品質マネジメントシステムの意図した結果を達成する組織の能力に影響を与える。 ④ 注記　課題には、好ましい要因・状態と、好ましくない要因・状態がある。 ⑤ 外部・内部の課題に関する情報を監視し、レビューする。
利害関係者のニーズおよび期待の理解(4.2)	⑥ 品質マネジメントシステムに密接に関連する利害関係者を明確にする。 ⑦ 利害関係者の要求事項(ニーズ・期待)を明確にする。 ⑧ 利害関係者とその関連する要求事項に関する情報を監視・レビューする。
品質マネジメントシステムの適用範囲の決定(4.3)	⑨ 品質マネジメントシステムの適用範囲の境界と適用可能性を決定する。 ⑩ 次の事項を考慮して、品質マネジメントシステムの適用範囲を決定する。 　a) 外部・内部の課題(箇条 4.1) 　b) 利害関係者の要求事項(箇条 4.2) 　c) (組織の)製品・サービス

図 4.2　組織の状況、利害関係者の要求事項および QMS の適用範囲

4.3　品質マネジメントシステムの適用範囲の決定　(ISO 9001 要求事項)

4.3.1　品質マネジメントシステムの適用範囲の決定－補足　(IATF 16949 追加要求事項)

[ISO 9001 要求事項のポイント]

品質マネジメントシステムの適用範囲 (scope) の決定に関して、図 4.2 ⑨〜⑩、および図 4.4 ①、④、⑥、⑧に示す事項を実施することを求めています。ISO 9001 規格の要求事項は、適用可能なものはすべて適用することが必要です。

[IATF 16949 追加要求事項のポイント]

品質マネジメントシステムの適用範囲の決定に関して、図 4.2 ②、③、⑤、⑦に示す事項を実施することを求めています (図 4.3 参照)。

適用除外が可能となるのは、顧客が製品の設計・開発を行っている場合の、製品に関する設計・開発の要求事項 (箇条 8.3) のみです (図 4.4、図 4.5 参照)。

[旧規格からの変更点]　変更の程度：小

新規要求事項です。適用範囲の決定が要求事項になりました。

4.3.2　顧客固有要求事項　(IATF 16949 追加要求事項)

[IATF 16949 追加要求事項のポイント]

顧客固有要求事項 (CSR：customer-specific requirements) が、要求項目として追加されました (図 4.4 ③参照)。

[旧規格からの変更点]　変更の程度：大

図 4.4 ③の顧客固有要求事項が、要求項目として追加されました。

IATF 16949 の対象組織		
サイト (生産事業所)		遠隔地の支援事業所
製造部門	支援部門 (購買・倉庫など)	支援部門 (営業・設計など)

[備考] サイト内の支援部門も遠隔地の支援部門も IATF 16949 の対象組織となる。

図 4.3　IATF 16949 の対象組織

第 4 章　組織の状況

項　目	実施事項
適用範囲に含めるもの (4.3、**4.3.1**)	① 適用可能な ISO 9001 規格要求事項のすべてを含める。
	② **支援部門（設計センター、本社、配給センターなど）も適用範囲に含める。** **・支援部門が、サイト（生産事業所）内にある場合でも、また遠隔地にある場合でも**
顧客固有要求事項 　**（4.3.2）**	③ **顧客固有の要求事項は、評価し、適用範囲に含める。**
要求事項の適用除外 (4.3、**4.3.1**)	④ 適用不可能な ISO 9001 規格の要求事項がある場合は、その正当性を示す。
	⑤ **適用除外が可能となるのは、顧客が製品の設計・開発を行っている場合の、製品に関する設計・開発の要求事項（箇条8.3）のみである。**
適用除外できないもの **(4.3、4.3.1)**	⑥ **組織の能力または責任に影響を及ぼす可能性がある場合は、その要求事項は適用除外できない。**
	⑦ **製造工程の設計・開発は適用除外できない。**
適用範囲の文書化 (4.3)	⑧ 適用範囲を文書化する。 ・適用範囲には、対象となる製品・サービスの種類を記載する。

［備考］ゴシック体（太字）は IATF 16949 規格の追加要求事項を示す。

図 4.4　適用範囲に含めるもの

製品の設計・開発				製造工程の設計・開発
顧客が実施している場合	顧客以外で実施している場合			生産事業所のある組織が実施しているはず。
	組織が実施	関連会社が実施	アウトソース先が実施	
⇩	⇩	⇩	⇩	⇩
製品の設計・開発は適用除外となる。	製品の設計・開発は適用除外とはならない。			製造工程の設計・開発は適用除外とはならない。

図 4.5　設計・開発要求事項の適用除外

4.4 品質マネジメントシステムおよびそのプロセス

4.4.1 （一般）、4.4.2 （文書化）(ISO 9001 要求事項)

[ISO 9001 要求事項のポイント]

品質マネジメントシステムのプロセスに関して、図4.6 ①〜⑧に示す事項を実施することを求めています。品質マネジメントシステムを、図4.7に示すように、プロセスアプローチで運用することを述べています。

[旧規格からの変更点]（旧規格4.1)変更の程度：中

プロセスアプローチの内容が明確になり、ISO 9001でも要求事項となりました。

4.4.1.1 製品およびプロセスの適合 （IATF 16949 追加要求事項）

[IATF 16949 追加要求事項のポイント]

製品とプロセスが、要求事項に適合することを求めています（図4.8参照）。

[旧規格からの変更点] 変更の程度：中

新規要求事項です。

項　目	実施事項
品質マネジメントシステムの確立・実施・維持・改善 (4.4.1)	① ISO 9001 規格要求事項に従って、品質マネジメントシステムを確立・実施・維持する。 ② 品質マネジメントシステムを継続的に改善する。
プロセスの決定 (4.4.1)	③ 品質マネジメントシステムに必要なプロセスを決定する。 ・プロセスと部門とは異なる。またISO 9001 規格の要求事項とも異なる（図2.9・図2.10、p.53 参照）。 ④ プロセスの相互作用を明確にする（図2.7、p.51／図2.8、p.52 参照）。 ⑤ プロセスと組織の部門との関係を明確にする（図2.9、p.53 参照）。
プロセスアプローチの運用(4.4.1)	⑥ 品質マネジメントシステムを、プロセスアプローチで運用する（図4.7参照）。
文書化(4.4.2)	⑦ プロセスの運用に関する文書化した情報を維持する（文書の作成）。 ⑧ プロセスが計画どおりに実施されたことを確信するための文書化した情報を保持する（記録の作成）。

図4.6　品質マネジメントシステムおよびそのプロセス

第4章 組織の状況

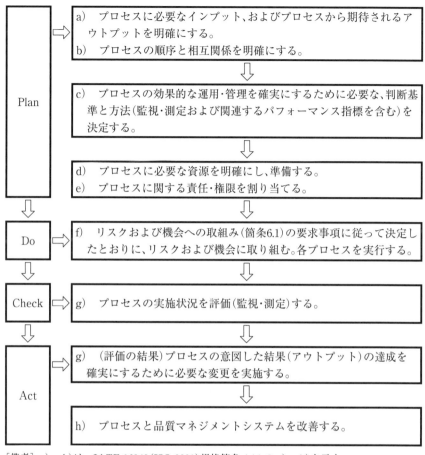

[備考] a)～h)は、IATF 16949(ISO 9001)規格箇条 4.4.1 の a)～h)を示す。

図 4.7 プロセスアプローチのフロー

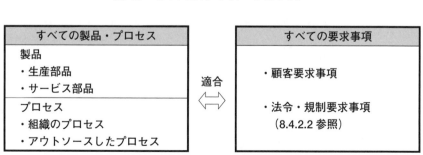

図 4.8 製品・プロセスの適合(箇条 4.4.1.1)

4.4.1.2 製品安全 （IATF 16949 追加要求事項）

［IATF 16949 追加要求事項のポイント］

製品安全(product safety)に関して、図 4.9 ①、②に示す事項を実施することを求めています。製品安全に関係する製品と製造工程の運用管理に対する文書化したプロセスを求めています。

製品安全、特別承認(special approval)および上申プロセス(escalation process)の説明を図 5.5(p.87)に示します。

［旧規格からの変更点］変更の程度：大

新規要求事項です。

項　目	実施事項
製品安全プロセスの文書化(4.4.1.2)	①　製品安全に関係する製品および製造工程の運用管理に対する文書化したプロセスをもつ。
文書化したプロセスに含める内容(4.4.1.2)	②　文書化したプロセスには下記を含める(該当する場合)。 　a)　製品安全に関係する法令・規制要求事項の特定 　b)　a)の要求事項に関係する顧客からの通知 　c)　設計 FMEA に対する特別承認 　d)　製品安全に関係する特性の特定 　e)　安全に関係する製品特性・製造工程特性の特定と管理 　f)　コントロールプラン・工程 FMEA の特別承認 　g)　統計的に能力不足・不安定の特性に対する対応計画(9.1.1.1) 　h)　定められた責任、トップマネジメントを含めた上申プロセスおよび情報フローの明確化、ならびに顧客への通知 　i)　製品安全に関係する、製品と製造工程に携わる要員に対する、教育訓練の実施 　j)　製品・製造工程の変更(8.3.6 "設計・開発の変更")は、製品安全に関する潜在的影響の評価を含めて、生産における変更実施前に承認 　k)　サプライチェーン全体(顧客指定の供給者を含む)にわたって、製品安全に関する要求事項の連絡 　l)　サプライチェーン全体にわたる、製造ロット単位での製品トレーサビリティ(最低限) 　m)　新製品導入に活かす学んだ教訓

図 4.9　製品安全

第5章 リーダーシップ

　本章では、IATF 16949 規格(箇条5)の"リーダーシップ"について述べています。

　この章の IATF 16949 規格要求事項の項目は、次のようになります。

   5.1   リーダーシップおよびコミットメント
   5.1.1 一般
   5.1.1.1 企業責任
   5.1.1.2 プロセスの有効性および効率
   5.1.1.3 プロセスオーナー
   5.1.2 顧客重視
   5.2   方針
   5.2.1 品質方針の策定
   5.2.2 品質方針の伝達
   5.3   組織の役割、責任および権限
   5.3.1 組織の役割、責任および権限－補足
   5.3.2 製品要求事項および是正処置に対する
       責任および権限

5.1 リーダーシップおよびコミットメント

5.1.1 一般 (ISO 9001 要求事項)

[ISO 9001 要求事項のポイント]

リーダーシップ(leadership)およびコミットメント(commitment)に関して、図 5.1 ① a) ～ g)に示す事項を実施することによって、品質マネジメントシステムに関するリーダーシップとコミットメントを実証することを求めています。

図 5.1 ① c)では、品質マネジメントシステムを組織の事業プロセスに統合することを求めています。すなわち、会社にとって重要なことと、ISO 9001 の要求事項を分けて考えないことを述べています。

[旧規格からの変更点] (旧規格 5.1)変更の程度：中

図 5.1 ① a)、c)、d)、g)、h)、i)、j)が追加され、トップマネジメントの責任が強化されました。

5.1.1.1 企業責任 (IATF 16949 追加要求事項)

[IATF 16949 追加要求事項のポイント]

企業責任に関して、図 5.2 ①、②に示す事項を実施することを求めています。製品・サービスの品質だけでなく、企業のあり方を品質マネジメントシステムに取り込むことを述べています。①は経営理念、②は倫理規定などが、その例になるでしょう。図 5.1 ① c)の事業プロセスとの統合と合わせて、品質マネジメントシステムを組織の経営システムに統合させようという内容です。

[旧規格からの変更点] 変更の程度：大

新規要求事項です。

5.1.1.2 プロセスの有効性および効率 (IATF 16949 追加要求事項)

[IATF 16949 追加要求事項のポイント]

プロセスの有効性(effectiveness)と効率(efficiency)に関して、図 5.2 ③、④に示す事項を実施することを求めています。

品質マネジメントシステムのプロセスの有効性と効率をレビューし、その結

第5章 リーダーシップ

果をマネジメントレビューへのインプットとすることを述べています。"製品実現プロセスと支援プロセスをレビューする"と述べていますが、これには、本書の2.2.1項で述べた、顧客志向プロセスやマネジメントプロセスも含まれると考えるとよいでしょう。

[旧規格からの変更点]（旧規格5.1.1）変更の程度：小

大きな変更はありません。

5.1.1.3　プロセスオーナー　（IATF 16949追加要求事項）

[IATF 16949追加要求事項のポイント]

項　目	実施事項
経営者自らが実施する事項(5.1.1)	①　トップマジメントは、次の事項によって、リーダーシップとコミットメントを実証する。 a）品質マネジメントシステムの有効性に説明責任（accountability)を負う。 d）プロセスアプローチおよびリスクにもとづく考え方の利用を促進する。 f）有効な品質マネジメントおよび品質マネジメントシステム要求事項への適合の重要性を伝達する。 h）品質マネジメントシステムの有効性に寄与するよう、人々を積極的に参加させ、指揮し、支援する。 i）改善を促進する。 j）管理層がリーダーシップを実証するよう、管理層の役割を支援する。
経営者が仕組みを作る（確実にする）事項(5.1.1)	b）品質方針・品質目標を確立し、それらが組織の状況および戦略的な方向性と両立することを確実にする。 c）事業プロセスへの品質マネジメントシステム要求事項の統合を確実にする。 e）品質マネジメントシステムに必要な資源が利用できことを確実にする。 g）品質マネジメントシステムがその意図した結果を達成することを確実にする。

図5.1　経営者のリーダーシップとコミットメント(1)

プロセスオーナーに関して、図5.2⑤に示す事項を実施することを求めています。トップマネジメントは、各プロセスオーナーを任命し、プロセスオーナーは、自らの役割を理解し、その役割を実行する力量をもっていることを実証することが必要です。

［旧規格からの変更点］変更の程度：大

新規要求事項です。

5.1.2　顧客重視　(ISO 9001 要求事項)

［ISO 9001 要求事項のポイント］

顧客重視に関して、図5.2⑥に示す事項を実施することを求めています。

［旧規格からの変更点］(箇条 5.2) 変更の程度：中

図5.2⑥ a)、b)、c)が追加され、トップマネジメントの顧客重視に関する要求事項が強化されました。

項　目	実施事項
企業責任 (5.1.1.1)	①　企業責任方針を定め、実施する。 ②　贈賄防止方針、従業員行動規範、および倫理的上申方針（内部告発方針）を含める。
プロセスの有効性および効率 (5.1.1.2)	③　<u>組織の品質マネジメントシステム</u>を評価し改善するために、<u>品質マネジメントシステムの有効性と効率</u>をレビューする。 ④　プロセスのレビューの結果は、マネジメントレビューへのインプットとする。
プロセスオーナー (5.1.1.3)	⑤　プロセスオーナーを特定(任命)する。プロセスオーナーは、 ・プロセスと関係するアウトプットを管理する責任をもつ。 ・自らの役割を理解し、その役割を実行する力量をもつ。
顧客重視 (5.1.2)	⑥　トップマネジメントは、次の事項を確実にすることによって、顧客重視に関するリーダーシップとコミットメントを実証する。 　a)　顧客要求事項および適用される法令・規制要求事項を明確にし、理解し、満たす。 　b)　製品・サービスの適合ならびに顧客満足を向上させる能力に影響を与え得る、リスクおよび機会を決定し、取り組む。 　c)　顧客満足向上の重視が維持される。

図 5.2　経営者のリーダーシップとコミットメント (2)

5.2 方 針

5.2.1 品質方針の確立 （ISO 9001 要求事項）
5.2.2 品質方針の伝達 （ISO 9001 要求事項）

［ISO 9001 要求事項のポイント］

品質方針に関して、図5.3 ①、②に示す事項を実施することを求めています。

［旧規格からの変更点］（箇条 5.3）変更の程度：小

品質方針の確立と品質方針の伝達の2つの要求事項に分けられ、図5.3 ② c) が追加されました。

5.3 組織の役割、責任および権限 （ISO 9001 要求事項）

［ISO 9001 要求事項のポイント］

組織の役割・責任・権限に関して、図5.4 ①、②に示す事項を実施することを求めています。

［旧規格からの変更点］（箇条 5.5.1、5.5.2）変更の程度：小

管理責任者の任命という要求事項はなくなりましたが、図5.4 ②は、実質的に旧規格の管理責任者の任務に相当します。

項　目	実施事項
品質方針の確立 (5.2.1)	①　トップマネジメントは、次の事項を満たす品質方針を確立し、実施し、維持する。 　a）組織の目的および状況に対して適切であり、組織の戦略的な方向性を支援する（箇条 4.1 参照）。 　b）品質目標の設定のための枠組みを与える（箇条 4.1 参照）。 　c）要求事項を満たすことへのコミットメントを含む（箇条 5.1.1 参照）。 　d）品質マネジメントシステムの継続的改善へのコミットメントを含む（箇条 10.3 参照）。
品質方針の伝達 (5.2.2)	②　品質方針は、次のように伝達する。 　a）文書化した情報として利用可能な状態にされ、維持される。 　b）組織内に伝達され、理解され、適用される。 　c）密接に関連する利害関係者が入手可能である（必要に応じて）。

図 5.3　品質方針の確立と伝達

項　目	実施事項
組織の役割、責任および権限 (5.3、5.3.1)	① トップマネジメントは、関連する役割に対して、責任・権限が割り当てられ、組織内に伝達され、理解されることを確実にする。 ② トップマネジメントは、次の事項に対して責任・権限を割り当てる。 　a) 品質マネジメントシステムが、ISO 9001 規格要求事項に適合することを確実にする。 　b) プロセスが意図したアウトプットを生み出すことを確実にする。 　c) 品質マネジメントシステムのパフォーマンスおよび改善の機会を、トップマネジメントに報告する。 　d) 組織全体にわたって、顧客重視を促進することを確実にする。 　e) 品質マネジメントシステムへの変更を計画し、実施する場合には、品質マネジメントシステムを"完全に整っている状態"(integrity)に維持することを確実にする。 ③ トップマネジメントは、顧客要求事項が満たされることを確実にするために、責任・権限をもつ要員を任命し、文書化する。 ④ 責任・権限には、次の事項を含める。 　a) 特殊特性の選定 　b) 品質目標の設定および関連する教育訓練 　c) 是正処置および予防処置 　d) 製品の設計・開発 　e) 生産能力分析 　f) 物流情報 　g) 顧客スコアカードおよび顧客ポータル
製品要求事項および是正処置に対する責任および権限 (5.3.2)	⑤ トップマネジメントは、次の事項を確実にする。 　a) 製品要求事項への適合に責任を負う要員は、品質問題を是正するために出荷を停止し、生産を停止する権限をもつ。 　b) 次のための是正処置に対する責任・権限をもつ要員に、要求事項に適合しない製品・プロセスの情報が速やかに報告されるようにする。 　　・不適合製品が顧客に出荷されないようにする。 　　・すべての潜在的不適合製品を識別し封じ込める。 　c) すべてのシフト(shift)の生産活動に、製品要求事項への適合を確実にする責任を負う、またはその責任を委任された要員を配置する。

図 5.4　組織の役割、責任および権限

5.3.1　組織の役割、責任および権限－補足　(IATF 16949追加要求事項)

[IATF 16949追加要求事項のポイント]　変更の程度：小

　組織の役割・責任・権限に関して、図5.4③、④に示す事項を実施することを求めています。

[旧規格からの変更点]（箇条5.5.2.1）変更の程度：小

　図5.4③、④は、旧規格の顧客要求への対応責任者の任務に相当します。

　図5.4④e)生産能力分析、f)物流情報、g)顧客スコアカード(customer scorecard)および顧客ポータル(customer portal)が追加されています。

5.3.2　製品要求事項および是正処置に対する責任および権限　(IATF 16949追加要求事項)

[IATF 16949追加要求事項のポイント]

　製品要求事項および是正処置に対する責任・権限に関して、図5.4⑤に示す事項を実施することを求めています。

[旧規格からの変更点]（箇条5.5.1.1）変更の程度：小

　これは、旧規格の品質責任者の任務に相当します。なお、図5.4⑤a)の"出荷停止"が追加されています。

用語	定義
製品安全 (product safety)	・顧客に危害や危険を与えないことを確実にする、製品の設計および製造に関係する規範
特別承認 (special approval)	・<u>4.4.1.2 注記　安全に関する要求事項または文書の特別承認は、顧客または組織内部のプロセスによって要求され得る。</u>
上申プロセス (escalation process)	・組織内のある問題に対して、適切な要員がその状況に対応できるように、その問題を指摘または提起するために用いられるプロセス ・例えば、製品安全に関する問題が発生した場合に、直接の上司に言っても聞いてくれないような場合の仕組みなども含まれる。

[備考]　特別承認：一般的には顧客の承認であるが、例えば社内に安全管理に関する特別の部門があって、その責任者の承認が必要というような社内ルールも考えられる。

図5.5　製品安全、特別承認および上申プロセス

第Ⅱ部　IATF 16949 要求事項の解説

内部監査チェックリスト			
監査対象プロセス	顧客満足プロセス	監査日	20xx-xx-xx
プロセスオーナー	営業部長	監査員	監査員A、監査員B
面接者	営業部長、品質保証部長	監査基準	IATF 16949
	確認する文書・記録等	要求事項	監査結果
品質目標	・プロセスの目標 ・部門の目標 ・製品の目標	6.2 8.3.3	
アウトプット	・顧客アンケート結果 ・マーケットシェア率 ・顧客クレーム件数 ・顧客の受入検査不良率 ・顧客スコアカード ・顧客ポータル	8.2.1 8.7 9.1.2 9.1.3 10.2	
インプット	・前年度顧客満足度データ ・市場動向、同業他社状況 ・製品返品実績データ ・顧客要求事項 ・顧客満足度改善目標 ・上記各アウトプットの目標値	4.2 4.3.2 6.2.1 8.2.1 8.2.2	
物的資源(設備・システム・情報)	・データ分析用パソコン ・顧客とのデータ交換システム	7.1.3 8.2.1	
人的資源 (要員・力量)	・営業部長、品質保証部長 ・顧客折衝能力	7.2 7.3	
運用方法 (手順・技法)	・顧客満足規定 ・顧客満足プロセスフロー図 ・顧客満足タートル図 ・顧客アンケート用紙	9.1.2 9.1.3 10.2	
評価指標(監視測定指標と目標値) ・目標・計画 ・実績 ・改善処置	・顧客満足度改善目標達成度 ・顧客アンケート結果 ・マーケットシェア ・顧客クレーム件数度 ・顧客の受入検査不良率 ・顧客補償請求金額	9.1.1 9.1.2 9.1.3 10.2	
関連支援プロセス	・製品実現プロセス(受注～出荷) ・教育訓練プロセス	8.1～8.7	
関連マネジメントプロセス	・方針展開プロセス ・製造プロセス ・内部監査プロセス	5.1 5.2 9.2	

図 5.6　内部監査チェックリストの例

第6章 計画

本章では、IATF 16949規格(箇条6)の"計画"について述べています。

この章のIATF 16949規格要求事項の項目は、次のようになります。

- 6.1　　リスクおよび機会への取組み
- 6.1.1　（リスクおよび機会の決定）
- 6.1.2　（取組み計画の策定）
- 6.1.2.1　リスク分析
- 6.1.2.2　予防処置
- 6.1.2.3　緊急事態対応計画
- 6.2　　品質目標およびそれを達成するための計画策定
- 6.2.1　（品質目標の策定）
- 6.2.2　（品質目標達成計画の策定）
- 6.2.2.1　品質目標およびそれを達成するための計画策定－補足
- 6.3　　変更の計画

6.1 リスクおよび機会への取組み

6.1.1 （リスクおよび機会の決定）(ISO 9001 要求事項)
6.1.2 （取組み計画の策定）(ISO 9001 要求事項)

［ISO 9001 要求事項のポイント］

リスク（risk）および機会（opportunity）への取組みに関して、図 6.2 ①〜⑥に示す事項を実施することを求めています。すなわち、リスクおよび機会への取組みを考慮した品質マネジメントシステムを構築・運用することを述べています。

リスクおよび機会への取組みのフローは図 6.1 に示すようになります。また、リスクへの取組みの方法には、図 6.2 ⑤に示すような方法があります。

リスクおよび機会は、組織の外部・内部の課題（箇条 4.1）および利害関係者の要求事項（箇条 4.2）にもとづいて決定します。

［旧規格からの変更点］変更の程度：大

新規要求事項です。

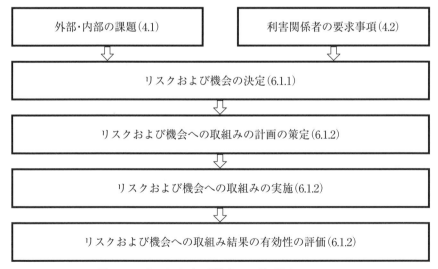

図 6.1　リスクおよび機会への取組みのフロー

第6章 計 画

項　目	実施事項
リスクおよび機会の決定（箇条6.1.1）	① 品質マネジメントシステムの計画を策定する際に、次の事項のために取り組む必要があるリスクおよび機会を決定する。 　a) 品質マネジメントシステムが、その意図した結果を達成できるという確信を与える。 　b) 望ましい影響を増大する。 　c) 望ましくない影響を防止または低減する。 　d) 改善を達成する。 ② 上記のリスクおよび機会を決定する際に、下記を考慮する。 　・4.1（組織およびその状況の理解）に規定する課題 　・4.2（利害関係者のニーズ・期待の理解）に規定する要求事項
取組み計画の策定（6.1.2）	③ 次の事項を計画する。 　a) 6.1.1 によって決定したリスクおよび機会への取組み 　b) 次の事項を行う方法 　　・その取組みの品質マネジメントシステムのプロセスへの統合および実施 　　・その取組みの有効性の評価 ④ リスクおよび機会への取組みは、製品・サービスの適合への潜在的影響と見合ったものとする。
リスクへの取組みの方法（箇条6.1.2）	⑤ 注記1　リスクへの取組みには、下記の方法がある。 ・リスクを回避する。 ・（ある機会を追求するために）そのリスクをとる。すなわちリスクを受け入れる。 ・リスク源を除去する。 ・起こりやすさもしくは結果を変える。 ・リスクを共有する。 ・（情報にもとづいた意思決定によって）リスクを保有する。 ⑥ 注記2　機会は、次のように取り組むための、望ましくかつ実行可能な可能性につながり得る。 ・新たな慣行の採用 ・新製品の発売 ・新市場の開拓、新たな顧客への取組み ・パートナーシップの構築 ・新たな技術の使用 ・組織のニーズ ・顧客のニーズ

図 6.2　リスクおよび機会への取組み

6.1.2.1 リスク分析 （IATF 16949 追加要求事項）

［IATF 16949 追加要求事項のポイント］

リスク分析に関して、図 6.3 ①、②に示す事項を実施することを求めています。

リスク分析の対象として、図 6.3 ①に示す項目を含めること、および図 6.3 ②では、リスク分析を行った結果を記録することを求めています。

［旧規格からの変更点］変更の程度：中

新規要求事項です。

項　目	実施事項
リスク分析の対象 (6.1.2.1)	①　リスク分析を行う。リスク分析には下記を含める。 ・製品のリコールから学んだ教訓 ・製品監査の結果 ・市場で起きた回収・修理データ、顧客の苦情 ・製造工程におけるスクラップ（廃棄）・手直し
文書化 (6.1.2.1)	②　リスク分析の結果の証拠として、文書化した情報を保持する（記録）。

図 6.3　リスク分析

項　目	実施事項
予防処置の実施 (6.1.2.2)	①　予防処置を実施する。 ・予防処置は、起こり得る不適合が発生することを防止するために、その原因を除去する処置である。 ・予防処置は、起こり得る問題の重大度に応じたものとする。
予防処置プロセスの確立（6.1.2.2）	②　次の事項を含む、リスクの悪影響を及ぼす度合を減少させるプロセスを確立する。 ａ）　起こり得る不適合およびその原因の特定 ｂ）　不適合の発生を予防するための処置の必要性の評価 ｃ）　必要な処置の決定および実施 ｄ）　とった処置の文書化した情報（記録） ｅ）　とった予防処置の有効性のレビュー ｆ）　類似プロセスでの再発を防止するための学んだ教訓の活用

図 6.4　予防処置

6.1.2.2　予防処置　(IATF 16949 追加要求事項)

[ISO 9001 要求事項のポイント]

この項についての ISO 9001 の要求事項はありません。ISO 9001 規格がリスクおよび機会への取組みを考慮した品質マネジメントシステム規格となったため、旧規格の要求事項であった予防処置という項目はなくなりました。

[IATF 16949 追加要求事項のポイント]

予防処置に関して、図 6.4 ①、②に示す事項を実施することを求めています。

是正処置は、問題が起こってから取る再発防止策であるのに対して、予防処置は、起こり得る(まだ起こっていないが起こる可能性がある)不適合が発生することを防止するためにとる処置です。

IATF 16949 のねらいは、不具合の予防とばらつきと無駄の削減であり、そのための種々の追加要求事項が含まれており、予防処置という要求事項の項目は必要でないともいえますが、ISO 9001 規格から予防処置がなくなったため、IATF 16949 規格では念のため追加されたと考えるとよいでしょう。

予防処置のフローを図 6.5 に示します。

[旧規格からの変更点]　(旧規格 8.5.3) 変更の程度：小

大きな変更はありません。

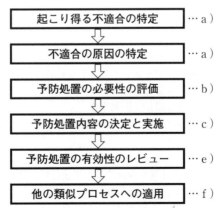

[備考]　a)～f)は、IATF 16949 規格要求事項 6.1.2.2 の項目を示す。

図 6.5　予防処置のフロー

6.1.2.3 緊急事態対応計画 (IATF 16949 追加要求事項)

[IATF 16949 追加要求事項のポイント]

緊急事態対応計画(contingency plan)に関して、図 6.6 ①、②に示す事項を実施することを求めています。

項　目	実施事項
緊急事態対応計画に関する実施事項 (6.1.2.3)	① 緊急事態対応計画に関して次の事項を実施する。 　a) 顧客要求事項が満たされることを確実にし、生産からのアウトプットを維持するために不可欠な、すべての製造工程・インフラストラクチャの設備に対する、内部・外部のリスクを特定し評価する。 　b) リスクおよび顧客への影響に従って、緊急事態対応計画を定める。 　c) 次のような事態において、供給継続のために緊急事態対応計画を作成する。 　　・主要設備の故障 　　・外部から提供される製品 　　・プロセス・サービスの中断 　　・繰り返し発生する自然災害　・火事 　　・<u>IT(情報技術)システムに対するサイバー攻撃</u> 　　・電気・ガス・水道の停止 　　・労働力不足 　　・インフラストラクチャ障害 　d) 顧客の操業に影響するいかなる状況も、その程度と期間に対して、顧客と他の利害関係者への通知プロセスを、緊急事態対応計画に含める。 　e) 定期的に緊急事態対応計画の有効性をテストする。 　f) トップマネジメントを含む部門横断チームによって、緊急事態対応計画のレビューを行い(最低限、年次で)、必要に応じて更新する。 　g) 緊急事態対応計画を文書化する(変更を許可した人を含む)。
緊急事態対応計画に含める内容 (6.1.2.3)	② 緊急事態対応計画には、次の場合の、製造された製品が引き続き顧客仕様を満たすことの妥当性確認条項を含める。 　・生産が停止した緊急事態の後で生産を再稼働したとき 　・正規のシャットダウンプロセスがとられなかった場合

図 6.6　緊急事態対応計画

第 6 章 計 画

　緊急事態対応は、顧客への製品の安全供給に対するリスクへの対応方法の、主な項目の一つとなります。

　図 6.6 ① e) では、緊急事態対応計画の有効性を定期的にテストすること、そして① f) では、緊急事態対応計画を最低限、年次でレビューすることを述べています。単に緊急事態対応計画書を作成すればよいというものではありません。

　また、箇条 8.5.1.4 のシャットダウン後の検証は、この緊急事態対応計画につながるものです。

　緊急事態対応計画のフローを図 6.7 に示します。

[旧規格からの変更点]（旧規格 6.3.2）変更の程度：大

　緊急事態対応計画という要求事項は旧規格でもありましたが、具体的な内容は規定されていなかったため、新規要求事項並の大きな変更です。

```
┌─────────────────┐   ・目的：顧客要求事項への適合、および生産アウトプットの維持
│ リスク分析の実施 │   ・範囲：内部・外部のリスク
└─────────────────┘   ・対象：すべての製造工程・インフラストラクチャの設備
         ↓
┌─────────────────┐   ・緊急事態対応計画の作成の目的：供給継続
│                 │   ・緊急事態の対象：図 6.6 ① c) 参照
│ 緊急事態対応計画 │   ・主要設備の故障
│ の作成・文書化   │   ・緊急事態対応計画に含める内容：
│                 │     ・顧客への通知するプロセス(程度と期間)
│                 │     ・次の場合の妥当性確認の方法：
│                 │       ・緊急事態後の生産再稼働時
│                 │       ・正規のシャットダウンでなかった場合
└─────────────────┘
         ↓
┌─────────────────┐
│ 緊急事態対応計画 │   ・時期：定期的
│ の有効性のテスト │
└─────────────────┘
         ↓
┌─────────────────┐   ・時期：最低限年次
│ 緊急事態対応計画 │   ・実施者：トップマネジメント、部門横断チーム
│ のレビュー・更新 │
└─────────────────┘
```

図 6.7　緊急事態対応計画のフロー

6.2　品質目標およびそれを達成するための計画策定

6.2.1　（品質目標の策定）（ISO 9001 要求事項）
6.2.2　（品質目標達成の計画の策定）（ISO 9001 要求事項）

［ISO 9001 要求事項のポイント］

　品質目標および品質目標を達成するための計画策定に関して、図6.8 ①〜⑤に示す事項を実施することを求めています。

　すなわち、品質マネジメントシステムの各機能・階層・プロセスにおいて、品質目標を策定すること、および品質目標を達成するための計画を策定することを述べています。

［旧規格からの変更点］（旧規格 5.4.1）変更の程度：中

　品質目標策定の対象に、品質マネジメントシステムの"プロセス"が追加されました。また、図6.8 ③の品質目標に対する要求事項が追加されました。

6.2.2.1　品質目標およびそれを達成するための計画策定－補足（IATF 16949 追加要求事項）

［IATF 16949 追加要求事項のポイント］

　品質目標およびそれを達成するための計画策定に関して、図6.8 ⑥、⑦に示す事項を実施することを求めています。

［旧規格からの変更点］（旧規格 5.4.1.1）変更の程度：中

　図6.8 ⑥の顧客要求事項を満たす目標、および⑦の要求事項が追加されました。なお、旧規格の"品質目標を事業計画に含める"は、なくなりました。

6.3　変更の計画　（ISO 9001 要求事項）

［ISO 9001 要求事項のポイント］

　品質マネジメントシステムの変更の計画に関して、図6.9 ①に示す事項を実施することを求めています。

［旧規格からの変更点］（旧規格 5.4.2）変更の程度：小

　変更の計画に含める項目が追加されています。

項　目	実施事項
品質目標の策定 (6.2.1)	① 品質目標を確立する。 ② 品質目標は、下記において策定する。 　・品質マネジメントシステムの機能、階層、プロセス
	③ 品質目標は、次の事項を満たすものとする。 　a） 品質方針と整合している。 　b） 測定可能である。 　c） 適用される要求事項を考慮に入れる。 　d） 製品・サービスの適合、および顧客満足の向上に関連する。 　e） 監視する。 　f） 伝達する。 　g） 更新する（必要に応じて）。
	④ 品質目標に関する文書化した情報を維持する（文書）。
品質目標達成のための計画の策定 (6.2.2、**6.2.2.1**)	⑤ 次の事項を含めた、品質目標を達成するための計画を策定する。 　a） 実施事項 　b） 必要な資源 　c） 責任者 　d） 実施事項の完了時期 　e） 結果の評価方法
	⑥ 品質目標には、顧客要求事項を満たす目標を含める。 ⑦ 利害関係者およびその関連する要求事項に関するレビューの結果を、次年度の品質目標および関係するパフォーマンス目標（内部および外部）を確立する際に考慮する。

図 6.8　品質目標およびそれを達成するための計画策定

項　目	実施事項
変更の計画(6.3)	①品質マネジメントシステムの変更を行うときは、次の事項を考慮して、計画的な方法で行う。 　a） 変更の目的、およびそれによって起こり得る結果 　b） 品質マネジメントシステムの完全に整っている状態（integrity） 　c） 資源の利用可能性 　d） 責任・権限の割り当て、または再割り当て

図 6.9　変更の計画

第7章 支援

本章では、IATF 16949(箇条7)の"支援"について述べています。

この章のIATF 16949規格要求事項の項目は、次のようになります。

7.1		資源
7.1.1		一般
7.1.2		人々
7.1.3		インフラストラクチャ
7.1.3.1		工場、施設および設備の計画
7.1.4		プロセスの運用に関する環境
7.1.4.1		プロセスの運用に関する環境 – 補足
7.1.5		監視および測定のための資源
7.1.5.1		一般
7.1.5.1.1		測定システム解析
7.1.5.2		測定のトレーサビリティ
7.1.5.2.1		校正・検証の記録
7.1.5.3		試験所要求事項
7.1.5.3.1		内部試験所
7.1.5.3.2		外部試験所
7.1.6		組織の知識
7.2		力量
7.2.1		力量 – 補足
7.2.2		力量 – 業務を通じた教育訓練(OJT)
7.2.3		内部監査員の力量
7.2.4		第二者監査員の力量
7.3		認識
7.3.1		認識 – 補足
7.3.2		従業員の動機づけおよびエンパワーメント
7.4		コミュニケーション
7.5		文書化した情報
7.5.1		一般
7.5.1.1		品質マネジメントシステムの文書類
7.5.2		作成および更新
7.5.3		文書化した情報の管理
7.5.3.1		(一般)
7.5.3.2		(文書・記録の管理)
7.5.3.2.1		記録の保管
7.5.3.2.2		技術仕様書

7.1 資　源

7.1.1　一般　(ISO 9001 要求事項)
7.1.2　人々　(ISO 9001 要求事項)
7.1.3　インフラストラクチャ　(ISO 9001 要求事項)

[ISO 9001 要求事項のポイント]

品質マネジメントシステムに必要な資源、人々およびインフラストラクチャ (infrastructure) に関して、図 7.1 ①～④に示す事項を実施することを求めています。

図 7.1 ① a) 内部資源の "制約" (constraint) は、例えば資金不足、時間不足などが考えられます。

[旧規格からの変更点]（旧規格 6.1、6.2、6.3）変更の程度：小

大きな変更はありません。

項　目	実施事項
一般 (7.1.1)	①　次の事項を考慮して、必要な資源を明確にし、提供する。 　a)　既存の内部資源の実現能力および制約 　b)　外部提供者から取得する必要があるもの
人々 (7.1.2)	②　次の事項のために必要な人々を明確にし、提供する。 ・品質マネジメントシステムの効果的な実施 ・品質マネジメントシステムのプロセスの運用・管理
インフラストラクチャ (7.1.3)	③　次のために必要なインフラストラクチャを明確にし、提供し、維持する。 ・プロセスの運用 ・製品・サービスの適合達成
	④　注記　インフラストラクチャには、次の事項が含まれ得る。 　a)　建物および関連するユーティリティ 　b)　設備（ハードウェア・ソフトウェアを含む） 　c)　輸送のための資源 　d)　情報通信技術

図 7.1　品質マネジメントシステムに必要な資源

7.1.3.1 　工場、施設および設備の計画 　(IATF 16949 追加要求事項)

[IATF 16949 追加要求事項のポイント]

　工場・施設・設備の計画に関して、図 7.2 ①〜⑩に示す事項を実施することを求めています。すなわち、工場・施設・設備の計画を策定する際にはリスクを考慮すること、工場レイアウトを設計する際はリーン生産(lean manufacturing)の原則の適用を考慮すること、製造フィージビリティ評価には生産能力計画を含めること、製造工程の有効性を維持するために定期的な評価や作業の段取り替え検証を取り入れること、そしてサイト内供給者(構内外注)についても考慮することを述べています。

[旧規格からの変更点]　(旧規格 6.3.1) 変更の程度：中

　工場・施設・設備の計画に関する具体的な内容として、図 7.2 ⑥〜⑩が追加されました。

項　目	実施事項
工場、施設および設備の計画の策定 (7.1.3.1)	①　工場・施設・設備の計画を策定する。 ②　その計画には、リスク特定およびリスク緩和の方法を含める。 ③　計画策定は、部門横断的アプローチ方式で行う。
工場レイアウトの設計 (7.1.3.1)	④　工場レイアウトを設計する際は、次の事項を実施する。 　a) 　不適合製品の管理を含む、材料の流れ、材料の取扱い、および現場スペースの付加価値のある活用の最適化 　b) 　同期のとれた材料の流れの促進(該当する場合には必ず) ⑤　注記1　リーン生産の原則の適用を含めることが望ましい。
製造フィージビリティ評価および生産能力評価 (7.1.3.1)	⑥　新製品および新運用に対する製造フィージビリティを評価する方法を開発し、実施する。 ⑦　製造フィージビリティ評価には、生産能力計画を含める。 ⑧　製造フィージビリティ評価および生産能力評価は、マネジメントレビューへのインプットとする。
工程の有効性の維持 (7.1.3.1)	⑨　リスクに関連する定期的再評価を含めて、工程承認中になされた変更、コントロールプランの維持、および作業の段取替え検証を取り入れるために、工程の有効性を維持する。
サイト内供給者への適用 (7.1.3.1)	⑩　注記2　サイト内供給者の活動に適用することが望ましい(該当する場合には必ず)。

図 7.2 　工場、施設および設備の計画

7.1.4　プロセスの運用に関する環境　(ISO 9001 要求事項＋IATF 16949 追加要求事項)

[ISO 9001 要求事項のポイント]＋[IATF 16949 追加要求事項のポイント]
作業環境に関して、図 7.3 ①～④に示す事項を実施することを求めています。

[旧規格からの変更点]（旧規格 6.4）変更の程度：小
作業環境の対象に、図 7.3 ①のプロセスの運用、および要員の安全に関して④の ISO 45001 が追加されましたが、大きな変更はありません。

7.1.4.1　プロセスの運用に関する環境－補足　（IATF 16949 追加要求事項）

[IATF 16949 追加要求事項のポイント]
プロセスの運用に関する環境に関して、図 7.3 ⑤に示す事項を実施することを求めています。

[旧規格からの変更点]（旧規格 6.4.2）変更の程度：小
大きな変更はありません。

項　目	実施事項
プロセス・製品の運用に関する環境 (7.1.4)	①　次のために必要な環境を明確にし、提供し、維持する。 ・プロセスの運用 ・製品・サービスの適合 ②　注記　適切な環境は、次のような人的・物理的要因の組合せがある。 　a）　社会的要因（例えば、非差別的、平穏、非対立的） 　b）　心理的要因（例えば、ストレス軽減、燃え尽き症候群防止、心のケア） 　c）　物理的要因（例えば、気温・熱・湿度・光・気流・衛生状態・騒音） ③　これらの要因は、提供する製品・サービスによって異なる。
要員の安全 (7.1.4)	④　注記　ISO 45001（労働安全衛生マネジメントシステム、またはそれに相当するもの）への第三者認証は、この要求事項の要員安全の側面に対する組織の適合を実証するために用いてもよい。
事業所の整頓・清潔 (7.1.4.1)	⑤　製品・製造工程のニーズに合わせて、事業所を整頓され、清潔で手入れされた状態に維持する。

図 7.3　プロセスの運用に関する環境

7.1.5 監視および測定のための資源

7.1.5.1 一般 （ISO 9001 要求事項）

[ISO 9001 要求事項のポイント]

監視・測定のための資源（いわゆる監視・測定機器）に関して、図7.4 ①～③に示す事項を実施することを求めています。

すなわち、必要な監視機器・測定機器を明確にして、適切に管理することを述べています。

[旧規格からの変更点]（旧規格 7.6）変更の程度：小

大きな変更はありません。

7.1.5.2 測定のトレーサビリティ（ISO 9001 要求事項＋ IATF 16949 追加要求事項）

[ISO 9001 要求事項のポイント]

測定のトレーサビリティ（traceability）に関して、図7.4 ④～⑥に示す事項を実施することを求めています。

監視機器・測定機器のうち測定機器に関しては、定期的に校正または検証を行うこと、およびトレーサビリティを確保することを述べています。そして、測定機器の校正外れが判明した場合、それまでに測定した結果の妥当性の評価を行って、適切な処置をとることを述べています。

[旧規格からの変更点]（旧規格 7.6）変更の程度：小

大きな変更はありません。

[IATF 16949 追加要求事項のポイント]

測定のトレーサビリティに関して、図7.4 ⑦を実施することを述べています。

[旧規格からの変更点]（旧規格 7.6）変更の程度：小

大きな変更はありません。

7.1.5.2.1 校正・検証の記録 （IATF 16949 追加要求事項）

[IATF 16949 追加要求事項のポイント]

校正・検証の記録に関して、図7.5 ①～③に示す事項を実施することを求め

ています。

　校正・検証の記録を管理する文書化したプロセスを求めています。これには、測定機器の校正外れまたは故障が発見された場合の過去の測定結果の妥当性評価、サイト内供給者所有の測定機器の管理、および生産に関係するソフトウェアの検証なども含まれます。

項　　目	実施事項
監視・測定機器の管理(7.1.5.1)	① 製品・サービスの適合を検証するために監視・測定を行う場合、結果が妥当で信頼できることを確実にするために必要な資源(監視・測定機器)を明確にし、提供する。 ② 監視・測定機器が、次の事項を満たすことを確実にする。 　a) 実施する特定の種類の監視・測定活動に対して適切である。 　b) 目的に継続して合致することを確実にするために維持する。 ③ 監視・測定のための資源が目的と合致している証拠として、適切な文書化した情報を保持する(記録)。
測定のトレーサビリティ(7.1.5.2)	④ 次の場合は、測定機器はトレーサビリティを満たすようにする。 　・測定のトレーサビリティが要求事項となっている場合 　・組織がそれを測定結果の妥当性に信頼を与えるための不可欠な要素と見なす場合 ⑤ 測定機器は、次の事項を満たすようにする。 　a) 定められた間隔でまたは使用前に、国際計量標準・国家計量標準に対してトレーサブルな計量標準に照らして、校正または検証を行う。 　　・そのような標準が存在しない場合には、校正・検証に用いた根拠を、文書化した情報として保持する(記録)。 　b) それらの状態を明確にするために識別を行う。 　c) 校正の状態およびそれ以降の測定結果が無効になるような、調整・損傷・劣化から保護する。 ⑥ 測定機器が意図した目的に適していないことが判明した場合(測定機器の校正外れがわかった場合)、それまでに測定した結果の妥当性を損なうものであるか否かを明確にし、適切な処置をとる。 ⑦ 注記　機器の校正記録に対してトレーサブルな番号または他の識別子は、要求事項を満たす。

図7.4　監視・測定機器の管理およびトレーサビリティ

[旧規格からの変更点]（旧規格 7.6.2）変更の程度：中

図 7.5 ③ c）、d）、g）、i）などの、校正・検証の記録の具体的な内容が追加されています。ソフトウェアやサイト内供給者も含まれています。

項　目	実施事項
校正・検証記録の管理プロセス (7.1.5.2.1)	①　校正・検証の記録を管理する文書化したプロセスをもつ。
校正・検証の対象と記録(7.1.5.2.1)	②　内部要求事項、法令・規制要求事項、および顧客が定めた要求事項への適合の証拠を提供するために必要な、すべてのゲージ・測定機器・試験設備に対する校正・検証の記録を保持する。 ・従業員所有の測定機器、顧客所有の測定機器、サイト内供給者所有の測定機器を含む。
校正・検証の活動と記録(7.1.5.2.1)	③　校正・検証の活動と記録には、次の事項を含める。 　a）　測定システムに影響する、設計変更による改訂 　b）　校正・検証のために受け入れた状態で、仕様外れの値 　c）　仕様外れ状態によって起こり得る、製品の意図した用途に対するリスクの評価 　d）　検査・測定・試験設備が、計画した検証・校正、またはその使用中に、校正外れまたは故障が発見された場合、この検査測定・試験設備によって得られた以前の測定結果の妥当性に関する文書化した情報を、校正報告書に関連する標準器の最後の校正を行った日付、および次の校正が必要になる期限を含めて保持する（記録）。 　e）　疑わしい製品・材料が出荷された場合の顧客への通知 　f）　校正・検証後の、仕様への適合表明 　g）　製品・製造工程の管理に使用されるソフトウェアのバージョンが指示どおりであることの検証 　h）　すべてのゲージに対する校正・保全活動の記録 　　・従業員所有の機器、顧客所有の機器、サイト内供給者所有の機器を含む。 　i）　製品・製造工程の管理に使用される、生産に関係するソフトウェアの検証 　　・従業員所有の機器、顧客所有の機器、サイト内供給者所有の機器にインストールされたソフトウェアを含む。

図 7.5　校正・検証の記録

7.1.5.1.1 測定システム解析 （IATF 16949 追加要求事項）

[IATF 16949 追加要求事項のポイント]

測定システム解析（MSA、measurement system analysis）に関して、図7.6 ①〜④に示す事項を実施することを求めています。

測定結果は正しいと考えられがちですが、測定器、測定者、測定方法、測定環境などの測定システムの要因によって、測定データに変動が出るのが一般的です。したがって、測定システム全体としての変動（ばらつき）がどの程度存在するのかを統計的に調査し、測定システムが製品やプロセスの特性の測定に適しているかどうかを判定する方法が測定システム解析です（図7.7参照）。

なお、MSAの詳細については、本書の第15章を参照ください。

[旧規格からの変更点]（旧規格7.6.1）変更の程度：小

大きな変更はありません。

項　目	実施事項
MSA実施の対象 （7.1.5.1.1）	①　コントロールプランに特定されている各種の検査・測定・試験設備システムの結果に存在するばらつきを解析するために、統計的調査（測定システム解析、MSA）を実施する。
MSA解析の方法 （7.1.5.1.1）	②　測定システム解析で使用する解析方法および合否判定基準は、MSA参照マニュアルに適合するようにする。 ・ただし、顧客が承認した場合は、他の解析方法・合否判定基準を使用してもよい。 ③　代替方法に対する顧客承認の記録は、代替の測定システム解析の結果とともに保持する（記録）。
MSA解析の優先順位（7.1.5.1.1）	④　注記　MSA調査の優先順位は、製品・製造工程の重大特性（critical characteristics）または特殊特性（special characteristics）を重視することが望ましい。

図7.6　測定システム解析

特性の変動（実際の値） ＋ 測定システムの変動（測定器・測定者・測定環境など） ⇒ 測定結果の変動（測定値）

図7.7　測定システム変動の測定結果への影響

7.1.5.3　試験所要求事項
7.1.5.3.1　内部試験所　(IATF 16949 追加要求事項)

［IATF 16949 追加要求事項のポイント］

　試験所(laboratory)とは、検査、試験または測定機器の校正を行う場所(施設)のことです。製品の完成検査や、検査室での精密検査だけではなく、受入検査や、工程内検査、定期的な検査・試験も含まれます。試験所は、この要求事項で規定されている管理が必要となります。内部試験所(組織内部の試験所)と外部試験所(組織外部の試験所)があります。

　内部試験所に関して、図7.8 ①〜④に示す事項を実施することを求めています。

　試験所適用範囲(laboratory scope)とは、試験所が実施する特定の試験・評価・校正の内容、設備のリスト、方法・規格のリストなどを含む管理文書をいいます。

［旧規格からの変更点］（旧規格 7.6.3.1）変更の程度：小

　図7.8 ③ d)の国家標準・国際標準のない検証と、e)が追加されています。

項　目	実施事項
試験所適用範囲 (7.1.5.3.1)	①　組織内部の試験所施設は、要求される検査・試験・校正サービスを実行する能力を含む、定められた適用範囲をもつ。 ②　試験所適用範囲は、品質マネジメントシステム文書に含める。
試験所要求事項 (7.1.5.3.1)	③　試験所は、次の事項を含む要求事項を規定し、実施する。 　a)　試験所の技術手順の適切性 　b)　試験所要員の力量 　c)　製品の試験 　d)　該当するプロセス規格(ASTM、EN などのような)にトレーサブルな形で、これらのサービスを正確に実行する能力・国家標準・国際標準が存在しない場合、測定システムの能力を検証する手法を定めて実施する。 　e)　顧客要求事項(該当する場合) 　f)　関係する記録のレビュー
ISO/IEC 17025 認定 (7.1.5.3.1)	④　注記　ISO/IEC 17025(またはそれに相当するもの)に対する第三者認定を、組織の内部試験所がこの要求事項に適合していることの実証に使用してもよい。

図7.8　内部試験所

7.1.5.3.2 外部試験所 (IATF 16949 追加要求事項)

[IATF 16949 追加要求事項のポイント]

外部試験所に関して、図7.9①〜⑤に示す事項を実施することを求めています。

なお、例えば組織の関連事業所が試験所に相当する場合において、その関連事業所がIATF 16949の認証範囲に含まれる場合は内部試験所となり、IATF 16949の認証範囲に含まれない場合は、外部試験所となります。

ISO/IEC 17025(JIS Q 17025)は、試験所・校正機関が正確な測定・校正結果を生み出す能力があるかどうかを、第三者認定機関が認定する規格です。

[旧規格からの変更点] (旧規格7.6.3.2) 変更の程度：小

図7.9②の"校正または試験報告書の認証書は、国家認定機関のマークを含む"が追加されました。また④は、注記から要求事項が変わり、⑤が追加されました。

項　目	実施事項
試験所適用範囲 (7.1.5.3.2)	① 検査・試験・校正サービスに使用する、外部・商用・独立の試験所施設は、要求される検査・試験・校正を実行する能力を含む、定められた試験所適用範囲をもつ。
試験所要求事項 (7.1.5.3.2)	② 外部試験所は、次の事項のいずれかを満たす。 ・試験所は、ILACMRA(国際試験所認定フォーラム相互認証制度)の認定機関によって、ISO/IEC 17025またはこれに相当する国内基準(例：中国 CNAS-CL01)に認定され、該当する検査・試験・校正サービスを認定(認証書)の適用範囲に含める。 ・校正・試験報告書の認証書は、国家認定機関のマークを含む。 ・外部試験所が顧客に受け入れられることの証拠が求められる。
ISO/IEC 17025 認定 (7.1.5.3.2)	③ 注記　そのような証拠は、例えば、試験所がISO/IEC 17025またはこれに相当する国内基準の意図を満たすとの顧客評価、または顧客が認めた第二者評価によって実証してもよい。 ・顧客が認めた評価方法を使用して試験所を評価する組織によって第二者評価を実行してもよい。
機器の製造業者 による校正 (7.1.5.3.2)	④ 認定された試験所を利用できない場合、校正サービスは、機器の製造業者によって実行してもよい。この場合、7.1.5.3.1 "内部試験所"の要求事項を満たすことを確実にする。
認定試験所以外 による校正 (7.1.5.3.2)	⑤ 校正サービスが、認定された(または顧客が認めた)試験所以外によって行われる場合、政府規制の確認の対象となる場合がある。

図7.9　外部試験所

7.1.6　組織の知識　（ISO 9001 要求事項）

[ISO 9001 要求事項のポイント]

プロセスの運用および製品・サービスの適合を達成するために必要な知識に関して、図7.10 ①～⑤に示す事項を実施することを求めています。

旧規格の箇条6.2.2は、ある仕事をしている人に要求される力量は何かを明確にして、その力量がもてるように処置を行うという、個人ベースの内容でした。新規格では、組織として、プロセスの運用や製品・サービスの適合のために必要な知識を明確にして確保することを求めています。

なお、知識と後述の箇条7.3 "認識" との区別が必要となります。簡単にいうと、次のように説明することができます。

・知識（knowledge）：知ること、知っている内容。
・認識（awareness）：ある物事を知り、その本質・意義などを理解すること。

[旧規格からの変更点]　変更の程度：大

新規要求事項です。

項　目	実施事項
必要な知識の明確化(7.1.6)	①　次の事項のために必要な知識を明確にする。 　・プロセスの運用、 　・製品・サービスの適合の達成 ②　この知識を維持し、必要な範囲で利用できる状態にする。
新しい知識 (7.1.6)	③　変化するニーズと傾向に取り組む場合、現在の知識を考慮し、必要な追加の知識と要求される更新情報を得る方法またはそれらにアクセスする方法を決定する。
知識の獲得 (7.1.6)	④　注記1　組織の知識は、組織に固有な知識であり、それは一般的に経験によって得られる。それは、組織の目標を達成するために使用し、共有する情報である。 ⑤　注記2　組織の知識は、次の事項にもとづいたものであり得る。 　a）内部資源…知的財産・経験から得た知識、成功プロジェクト・失敗から学んだ教訓、文書化していない知識・経験の取得・共有、プロセス・製品・サービスにおける改善の結果など 　b）外部資源…標準、学界、会議、顧客などの外部の提供者から収集した知識など

図7.10　組織の知識

7.2 力量 (ISO 9001 要求事項)

[ISO 9001 要求事項のポイント]

力量 (competence) に関して、図 7.12 ①、②を実施することを求めています。

[旧規格からの変更点]（旧規格 6.2.2）変更の程度：小

図 7.12 ②の処置の例が追加されました。

7.2.1 力量－補足 (IATF 16949 追加要求事項)

[IATF 16949 追加要求事項のポイント]

力量に関して、図 7.12 ③、④を実施することを求めています。教育訓練のニーズと必要な力量を明確にするプロセスの文書化が求められています。

[旧規格からの変更点]（旧規格 6.2.2.2）変更の程度：小

大きな変更はありません。

7.2.2 力量－業務を通じた教育訓練 (OJT) (IATF 16949 追加要求事項)

[IATF 16949 追加要求事項のポイント]

業務を通じた教育訓練 (OJT) に関して、図 7.13 ①～⑤を求めています。

[旧規格からの変更点]（旧規格 6.2.2.3）変更の程度：小

図 7.13 ①、②、④が追加されました。

項　目	実施事項
品質マネジメントシステムの文書 (7.5.1)	① 品質マネジメントシステムの文書には、下記を含む。 　a) ISO 9001 規格が要求する文書化した情報 　b) 品質マネジメントシステムの有効性のために必要であると、組織が決定した文書化した情報
文書化の程度 (7.5.1)	② 注記　品質マネジメントシステムの文書化した情報の程度は、次のような理由によって、それぞれの組織で異なる場合がある。 ・組織の規模・活動・プロセス・製品・サービスの種類 ・プロセスとその相互作用の複雑さ ・人々の力量

図 7.11　品質マネジメントシステムの文書

第 7 章 支　援

項　　目	実施事項
力量と教育訓練 (7.2)	① 力量に関して、次の事項を行う。 　a) 品質マネジメントシステムのパフォーマンスと有効性に影響を与える業務をその管理下で行う人々に必要な力量を明確にする。 　b) 適切な教育・訓練・経験にもとづいて、それらの人々が力量を備えていることを確実にする。 　c) 必要な力量を身につけるための処置をとり、とった処置の有効性を評価する(該当する場合には必ず)。 　d) 力量の証拠として、文書化した情報を保持する(記録)。 ② 注記　上記① c)の処置の例： 　・現在雇用している人々に対する、教育訓練の提供、指導の実施、配置転換の実施など 　・力量を備えた人々の雇用、そうした人々との契約締結
教育訓練プロセスの確立 (7.2.1)	③ 製品・プロセス要求事項への適合に影響する活動に従事するすべての要員の、教育訓練のニーズと達成すべき力量(認識を含む)を明確にする文書化したプロセスを確立し、維持する。 ④ 顧客要求事項を満たすことに特に配慮して、特定の業務に従事する要員の適格性を確認する。

図 7.12　力量と教育訓練

項　　目	実施事項
OJT の対象 (7.2.2)	① 品質要求事項への適合、内部要求事項、規制・法令要求事項に影響する、新規または変更された責任を負う要員に対し、業務を通じた教育訓練(OJT)を行う。 ② OJT の内容には、顧客要求事項の教育訓練も含まれる。 ③ OJT の対象には、契約・派遣の要員を含める。
OJT のレベル (7.2.2)	④ 業務を通じた教育訓練(OJT)に対する詳細な要求レベルは、要員が有する教育および日常業務を実行するために必要な任務の複雑さのレベルに見合うものとする。 ⑤ 品質に影響し得る仕事に従事する要員には、顧客要求事項に対する不適合の因果関係について知らせる。

図 7.13　業務を通じた教育訓練(OJT)

7.2.3　内部監査員の力量　(IATF 16949 追加要求事項)

[IATF 16949 追加要求事項のポイント]

内部監査員の力量に関して、図7.14 ①～⑦に示す事項を実施することを求めています。

内部監査員の力量確保の文書化したプロセスが求められています。

項　目	実施事項
内部監査員の力量確保のプロセス (7.2.3)	①　組織によって規定された要求事項および顧客固有の要求事項を考慮に入れて、内部監査員が力量をもつことを検証する文書化したプロセスをもつ。 ②　監査員の力量に関する手引は、ISO 19011 (マネジメントシステム監査のための指針) を参照。 ③　内部監査員のリストを維持する。
内部監査員の力量 (7.2.3)	④　品質マネジメントシステム監査員は、最低限次の力量を実証する。 　a) 監査に対する自動車産業プロセスアプローチの理解 (リスクにもとづく考え方を含む) 　b) 顧客固有要求事項の理解 　c) ISO 9001 規格および IATF 16949 規格要求事項の理解 　d) コアツールの理解 　e) 監査の計画・実施・報告、および監査所見の方法の理解
内部監査員力量の維持・改善 (7.2.3)	f) 年間最低回数の監査の実施 　g) 要求事項の知識の維持 　　・内部変化 (製造工程技術・製品技術など) 　　・外部変化 (ISO 9001、IATF 16949、コアツール、顧客固有要求事項など)
製造工程監査員の力量(7.2.3)	⑤　製造工程監査員は、最低限、監査対象となる該当する製造工程の、工程リスク分析 (例えば、PFMEA) およびコントロールプランを含む、専門的理解を実証する。
製品監査員の力量 (7.2.3)	⑥　製品監査員は、最低限、製品の適合性を検証するために、製品要求事項の理解、および測定・試験設備の使用に関する力量を実証する。
トレーナーの力量 (7.2.3)	⑦　組織の人が、内部監査員の力量獲得のための教育訓練を行う場合は、上記要求事項を備えたトレーナーの力量を実証する文書化した情報を保持する (記録)。

図 7.14　内部監査員の力量

品質マネジメントシステム監査員、製造工程監査員および製品監査員の3種類の内部監査員の力量の実証、力量の維持・向上、内部監査員のトレーナーの力量の実証が求められています。

なお、内部監査員の力量に関しては、3.3節も合わせて参照ください。

[旧規格からの変更点]（旧規格8.2.2.5）変更の程度：大

新規要求事項です。内部監査員のトレーナーの力量の実証も含まれています。

7.2.4　第二者監査員の力量　（IATF 16949 追加要求事項）

[IATF 16949 追加要求事項のポイント]

内部監査員と同様、供給者に対する監査を実施する第二者監査員の力量に関して、図 7.15 ①、②に示す事項を実施することを求めています。

IATF 16949 の要求事項やコアツールの力量だけでなく、内部監査員の力量に加えて、監査対象となる供給者の製造工程（プロセス FMEA やコントロールプランを含む）の力量などが追加されています。

[旧規格からの変更点] 変更の程度：大

新規要求事項です。

項　目	実施事項
第二者監査員の力量(7.2.4)	①　第二者監査を実施する監査員の力量を実証する。 ②　第二者監査員は、監査員の適格性確認に対する顧客固有要求事項を満たし、次の事項の理解を含む、最低限次の力量を実証する。 　a）　監査に対する自動車産業プロセスアプローチ（リスクにもとづく考え方を含む） 　b）　顧客・組織の固有要求事項 　c）　ISO 9001 および IATF 16949 規格要求事項 　d）　監査対象の製造工程（プロセス FMEA・コントロールプランを含む） 　e）　コアツール要求事項 　f）　監査の計画・実施、監査報告書の準備、監査所見完了方法

図 7.15　第二者監査員の力量

7.3 認 識 （ISO 9001 要求事項）

［ISO 9001 要求事項のポイント］

認識（awareness）に関して、図 7.16 ①の事項を実施することを求めています。

［旧規格からの変更点］（旧規格 6.2.2）変更の程度：小

認識という新たな要求事項が設けられました。また、認識の内容が具体的になりました。

認識と知識の相違については、本書の 7.1.6 項（p.109）を参照ください。

7.3.1 認識－補足 （IATF 16949 追加要求事項）

［IATF 16949 追加要求事項のポイント］

図 7.16 ②の要求事項が追加されました。

すべての従業員が、活動の重要性を認識することを実証する、文書化した情報を維持する（文書の作成）が要求されています。

［旧規格からの変更点］（旧規格 6.2.2.4）変更の程度：中

図 7.16 ②が追加されました。

7.3.2 従業員の動機づけおよびエンパワーメント （IATF 16949 追加要求事項）

［IATF 16949 追加要求事項のポイント］

従業員の動機づけ（motivation）およびエンパワーメント（empower- ment）に関して、図 7.16 ③、④に示す事項を実施することを求めています。

従業員を動機づける文書化したプロセスが求められています。

［旧規格からの変更点］（旧規格 6.2.2.4）変更の程度：小

図 7.16 ③従業員を動機づける文書化したプロセスが追加されました。

7.4 コミュニケーション （ISO 9001 要求事項）

［ISO 9001 要求事項のポイント］

内部（社内）および外部（顧客など）とのコミュニケーションに関して、図 7.17 ①、②に示す事項を実施することを求めています。

なお、外部コミュニケーションの中心をなす顧客とのコミュニケーションについては、箇条 8.2.1 (p.124) において詳しく述べています。

[旧規格からの変更点]（旧規格 5.5.3）変更の程度：小
内部・外部のコミュニケーションに対する要求事項が具体的になりました。

項　目	実施事項
認識 (7.3、7.3.1)	①　組織の管理下で働く人々が、次の認識をもつことを確実にする。 　a）　品質方針 　b）　関連する品質目標 　c）　品質マネジメントシステムの有効性に対する自らの貢献 　　　（パフォーマンスの向上によって得られる便益を含む） 　d）　品質マネジメントシステム要求事項に適合しないことの意味
	②　すべての従業員が、次の活動の重要性を認識することを実証する、文書化した情報を維持する（文書の作成）。 　・製品品質に及ぼす影響 　　―顧客要求事項および不適合製品に関わるリスクを含む。 　・品質を達成し、維持し、改善すること
従業員の動機づけおよびエンパワーメント (7.3.2)	③　品質目標を達成し、継続的改善を行い、革新を促進する環境を創り出す、従業員を動機づける文書化したプロセスを維持する。 ④　そのプロセスには、組織全体にわたって品質および技術的認識を促進することを含める。

図 7.16　認識

項　目	実施事項
コミュニケーション (7.4)	①　品質マネジメントシステムに関連する、内部・外部のコミュニケーションを決定する。 ②　内部・外部のコミュニケーションには、次の事項を含む。 　a）　コミュニケーションの内容 　b）　コミュニケーションの実施時期 　c）　コミュニケーションの相手 　d）　コミュニケーションの方法 　e）　コミュニケーションを行う人

図 7.17　内部・外部とのコミュニケーション

7.5 文書化した情報

7.5.1 一般 (ISO 9001 要求事項)

[ISO 9001 要求事項のポイント]

品質マネジメントシステムの文書に関して、図 7.11 (p.110) ①、②の実施を求めています。

[旧規格からの変更点] (旧規格 4.2.1) 変更の程度：小

品質マニュアルおよび文書管理など 6 つの手順書の要求がなくなりました。

7.5.1.1 品質マネジメントシステムの文書類 (IATF 16949 追加要求事項)

[IATF 16949 追加要求事項のポイント]

品質マニュアルに関して、図 7.18 ①〜③を実施することを求めています。
ISO 9001 では、要求事項ではなくなった品質マニュアルの作成を求めています。

[旧規格からの変更点] (旧規格 4.2.2) 変更の程度：小

大きな変更はありません。

項目	実施事項
品質マニュアルの構成 (7.5.1.1)	① 品質マネジメントシステムは文書化し、品質マニュアルに含める。 ・品質マニュアルは一連の文書(電子版または印刷版)でもよい。 ・品質マニュアルの様式と構成は、組織の規模・文化・複雑さによって決まる。 ・一連の文書が使用される場合、品質マニュアルを構成する文書のリストを保持する。
品質マニュアルに含める内容 (7.5.1.1)	② 品質マニュアルには、次の事項を含める。 　a) 品質マネジメントシステムの適用範囲 　　・(適用除外がある場合)適用除外の詳細と正当化理由 　b) 品質マネジメントシステムについて確立された、文書化したプロセス、またはそれらを参照できる情報 　c) プロセスとそれらの順序・相互作用(インプット・アウトプット) 　　・アウトソースしたプロセスの管理の方式と程度を含む。 　d) 品質マネジメントシステム(品質マニュアルなど)の中のどこで、顧客固有要求事項に取り組んでいるかを示す文書(例えば、表、リストまたはマトリクス)
要求事項とプロセスの対応 (7.5.1.1)	③ 注記 IATF 16949 規格の要求事項と組織のプロセスとのつながりを示すマトリックスを利用してもよい(図 2.10、p.53 参照)。

図 7.18 品質マニュアル

7.5.2　作成および更新　(ISO 9001 要求事項)

[ISO 9001 要求事項のポイント]

文書の作成および更新に関して、図7.19①に示す事項を実施することを求めています。

[旧規格からの変更点]（旧規格 4.2.3）変更の程度：小

文書管理および記録の管理に関する手順書の要求はなくなりました。

7.5.3　文書化した情報の管理

7.5.3.1　（一般）　(ISO 9001 要求事項)
7.5.3.2　（文書・記録の管理）　(ISO 9001 要求事項)

[ISO 9001 要求事項のポイント]

文書化した情報の管理に関して、図7.19②～⑥に示す事項を実施することを求めています。

[旧規格からの変更点]（旧規格 4.2.3、4.2.4）変更の程度：小

記録は文書に含まれました。"文書化した情報を維持する"は文書の作成を意味し、"文書化した情報を保持する"は、記録の作成を意味します。また、図7.19④アクセスの説明が追加されました。

7.5.3.2.1　記録の保管　（IATF 16949 追加要求事項）

[IATF 16949 追加要求事項のポイント]

記録の管理に関して、図7.19⑦～⑩に示す事項を実施することを求めています。

図7.19⑦において、記録保管方針の文書化を求めています。

[旧規格からの変更点]（旧規格 4.2.4.1）変更の程度：小

図7.19⑦の記録保管方針の文書化が追加されました（従来の記録の管理手順に相当）。

また図7.19⑨が追加され、生産部品承認(PPAP)、治工具の管理記録、製品設計・工程設計の記録、購買注文書、契約書などの重要な記録は、製品が生産・サービスされている期間プラス1年間保管することが明確になりました。

項　目	実施事項
文書の作成・更新 (7.5.2)	① 文書化した情報を作成・更新する際、次の事項を確実にする。 　a）　識別・記述…タイトル、日付、作成者、参照番号など 　b）　適切な形式…例えば、言語、ソフトウェアの版、図表、および媒体(例えば、紙・電子媒体)など 　c）　適切性および妥当性に関する、適切なレビュー・承認
文書の管理 (7.5.3.1)	② 品質マネジメントシステムおよびISO 9001規格で要求されている文書化した情報は、次の事項を確実にするために管理する。 　a）　文書化した情報が、必要なときに、必要なところで、入手可能かつ利用に適した状態である。 　b）　文書化した情報が十分に保護されている。例えば、機密性の喪失、不適切な使用および完全性の喪失からの保護
	③ 次の行動に取り組む(該当する場合には必ず)。 　a）　配付・アクセス・検索・利用 　b）　保管・保存(読みやすさが保たれることを含む) 　c）　変更の管理。例えば、版の管理 　d）　保持・廃棄 ④ 注記　アクセスとは、文書化した情報の閲覧許可の決定、または文書化した情報の閲覧・変更許可・権限の決定を意味し得る。
外部文書の管理 (7.5.3.2)	⑤ 品質マネジメントシステムの計画と運用のために組織が必要と決定した、外部からの文書化した情報は、特定し、管理する。
記録の管理 (7.5.3.2、7.5.3.2.1)	⑥ 適合の証拠として保持する文書化した情報は、意図しない改変から保護する。
	⑦ 記録保管方針を定め、文書化し、実施する。 ⑧ 記録の管理は、法令・規制・組織・顧客要求事項を満たす。
	⑨ 次の記録は、製品が生産・サービス要求事項に対して有効である期間に加えて1暦年、保持する(ただし、顧客または規制当局によって規定されたときは、この限りでない)。 ・生産部品承認 ・治工具の記録(保全・保有者を含む) ・製品設計・工程設計の記録 ・購買注文書(該当する場合には必ず) ・契約書(修正事項を含む) ⑩ 注記　生産部品承認の文書化した情報には、承認された製品、設備の記録、または承認された試験データを含めてもよい。

図 7.19　文書の管理

7.5.3.2.2 技術仕様書 （IATF 16949 追加要求事項）

[IATF 16949 追加要求事項のポイント]

顧客の技術仕様書への対応に関して、図 7.20 ①〜⑥に示す事項を実施することを求めています。

顧客の技術仕様書の管理の文書化したプロセスを求めています。

顧客の技術仕様書が変更された場合、タイムリーな内容確認(10 稼働日以内)、コントロールプラン、リスク分析(FMEA のような)など、PPAP(生産部品承認プロセス)文書に影響する場合、顧客の PPAP 承認が必要です。

[旧規格からの変更点]（旧規格 4.2.3.1)変更の程度：小

図 7.20 ①顧客の技術仕様書の管理の文書化したプロセスを求めています。

図 7.20 ⑤顧客の技術仕様書のレビューの所用期間は、旧規格では稼働 2 週間以内が要求事項でしたが、"10 稼働日内の完了が望ましい"という推奨事項に変わりました。

項　目	実施事項
顧客の技術仕様書の管理手順 (7.5.3.2.2)	① 顧客のすべての技術規格・仕様書および関係する改訂に対して、顧客スケジュールにもとづいて、レビュー・配付・実施を記述した文書化したプロセスをもつ。
技術仕様書の変更管理(7.5.3.2.2)	② 技術規格・仕様書の変更が、製品設計変更になる場合は、8.3.6 "設計・開発の変更"の要求事項を参照する。 ③ 技術規格・仕様書の変更が、製品実現プロセスの変更になる場合は、8.5.6.1 "変更の管理 - 補足"の要求事項を参照する。
技術仕様書の管理スケジュール (7.5.3.2.2)	④ 生産において実施された変更の日付の記録を保持する。 ・実施には、更新された文書を含める。 ⑤ レビューは、技術規格・仕様書の変更を受領してから、10 稼働日内に完了することが望ましい。
顧客承認 (7.5.3.2.2)	⑥ 注記　技術規格・仕様書の変更は、仕様書が設計記録に引用されている、または、コントロールプラン、リスク分析（FMEA のような)のような、生産部品承認プロセス文書に影響する場合、顧客の生産部品承認の更新された記録が要求される場合がある。

図 7.20　顧客の技術仕様書

第8章

運　用

本章では、IATF 16949（箇条8）の"運用"（すなわち製品実現）について述べています。

この章のIATF 16949規格要求事項の項目は、次のようになります。

8.1	運用の計画および管理
8.1.1	運用の計画および管理－補足
8.1.2	機密保持
8.2	製品およびサービスに関する要求事項
8.2.1	顧客とのコミュニケーション
8.2.1.1	顧客とのコミュニケーション－補足
8.2.2	製品およびサービスに関連する要求事項の明確化
8.2.2.1	製品およびサービスに関する要求事項の明確化－補足
8.2.3	製品およびサービスに関連する要求事項のレビュー
8.2.3.1	（一般）
8.2.3.1.1	製品およびサービスに関する要求事項のレビュー－補足
8.2.3.1.2	顧客指定の特殊特性
8.2.3.1.3	組織の製造フィージビリティ
8.2.3.2	（文書化）
8.2.4	製品およびサービスに関連する要求事項の変更
8.3	製品およびサービスの設計・開発
8.3.1	一般
8.3.1.1	製品およびサービスの設計・開発－補足
8.3.2	設計・開発の計画
8.3.2.1	設計・開発の計画－補足
8.3.2.2	製品設計の技能
8.3.2.3	組込みソフトウェアをもつ製品の開発
8.3.3	設計・開発へのインプット
8.3.3.1	製品設計へのインプット
8.3.3.2	製造工程設計へのインプット
8.3.3.3	特殊特性
8.3.4	設計・開発の管理
8.3.4.1	監視
8.3.4.2	設計・開発の妥当性確認
8.3.4.3	試作プログラム
8.3.4.4	製品承認プロセス
8.3.5	設計・開発からのアウトプット
8.3.5.1	設計・開発からのアウトプット－補足
8.3.5.2	製造工程設計からのアウトプット
8.3.6	設計・開発の変更
8.3.6.1	設計・開発の変更－補足
8.4	外部から提供されるプロセス、製品およびサービスの管理
8.4.1	一般
8.4.1.1	一般－補足
8.4.1.2	供給者選定プロセス
8.4.1.3	顧客指定の供給者(指定購買)
8.4.2	管理の方式および頻度
8.4.2.1	管理の方式および程度－補足
8.4.2.2	法令・規制要求事項
8.4.2.3	供給者の品質マネジメントシステム開発
8.4.2.3.1	自動車製品に関係するソフトウェアまたは組込みソフトウェアをもつ製品
8.4.2.4	供給者の監視
8.4.2.4.1	第二者監査
8.4.2.5	供給者の開発
8.4.3	外部提供者に対する情報
8.4.3.1	外部提供者に対する情報－補足
8.5	製造およびサービス提供
8.5.1	製造およびサービス提供の管理
8.5.1.1	コントロールプラン
8.5.1.2	標準作業－作業者指示書および目視標準
8.5.1.3	作業の段取り替え検証
8.5.1.4	シャットダウン後の検証
8.5.1.5	TPM
8.5.1.6	生産治工具ならびに製造、試験、検査の治具および設備の運用管理
8.5.1.7	生産計画
8.5.2	識別およびトレーサビリティ
8.5.2.1	識別およびトレーサビリティ－補足
8.5.3	顧客または外部提供者の所有物
8.5.4	保存
8.5.4.1	保存－補足
8.5.5	引渡し後の活動
8.5.5.1	サービスからの情報のフィードバック
8.5.5.2	顧客とのサービス契約
8.5.6	変更の管理
8.5.6.1	変更の管理－補足
8.5.6.1.1	工程管理の一時的変更
8.6	製品およびサービスのリリース
8.6.1	製品およびサービスのリリース－補足
8.6.2	レイアウト検査および機能試験
8.6.3	外観品目
8.6.4	外部から提供される製品およびサービスの検証および受入れ
8.6.5	法令・規制への適合
8.6.6	合否判定基準
8.7	不適合なアウトプットの管理
8.7.1	（一般）
8.7.1.1	特別採用に対する顧客の正式許可
8.7.1.2	不適合製品の管理－顧客規定のプロセス
8.7.1.3	疑わしい製品の管理
8.7.1.4	手直し製品の管理
8.7.1.5	修理製品の管理
8.7.1.6	顧客への通知
8.7.1.7	不適合製品の廃棄
8.7.2	（文書化）

8.1　運用の計画および管理　(ISO 9001 要求事項)

［ISO 9001 要求事項のポイント］

運用(operation)の計画(すなわち製品実現の計画)に関して、図8.2①〜④に示す事項を実施することを求めています。

製品・サービス提供に関する要求事項を満たすため、および箇条6.1"リスクおよび機会の取組み"を実施するために必要なプロセスを、箇条4.4で述べたとおり、プロセスアプローチで計画して実施することを求めています。

図8.2③は、変更管理について述べています。意図した変更以外に、意図しない変更についても管理することを求めています。

箇条8.1 運用の計画(製品実現の計画)の位置づけは、図8.1 に示すようになります。

［旧規格からの変更点］(旧規格7.1)変更の程度：中
図8.2① b)、③、④が追加されました。

8.1.1　運用の計画および管理－補足　(IATF 16949 追加要求事項)

［IATF 16949 追加要求事項のポイント］

製品実現の計画に関して、図8.2⑤、⑥に示す事項を実施することを求めています。

［旧規格からの変更点］(旧規格7.1.1)変更の程度：中
製品実現の計画の内容として、図8.2⑤ b)、c)、d)が追加されました。

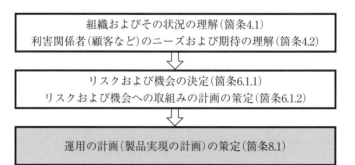

図8.1　製品実現の計画策定のフロー

8.1.2 機密保持 （IATF 16949 追加要求事項）

[IATF 16949 追加要求事項のポイント]
顧客の機密情報に関して、図8.2⑦に示す事項を実施することを求めています。
[旧規格からの変更点]（旧規格7.1.3）変更の程度：小
大きな変更はありません。

項　目	実施事項
製品実現の計画の目的(8.1)	① 次のために必要なプロセスを、計画し、実施し、管理する。 　a) 製品・サービスの提供に関する要求事項を満たすため 　b) 箇条6(計画)で決定した取組みを実施するため(4.4 参照)
実施事項(8.1)	② 上記のために、次の事項を実施する。 　a) 製品・サービスに関する要求事項の明確化 　b) 次の事項に関する基準の設定 　　1) プロセス 　　2) 製品・サービスの合否判定 　c) 製品・サービスのために必要な資源の明確化 　d) b)の基準に従った、プロセス管理の実施 　e) 次のために必要な、文書化した情報の明確化・維持・保管 　　1) プロセスが計画どおりに実施されたという確信をもつ。 　　2) 製品・サービス要求事項への適合を実証する。
変更管理(8.1)	③ 計画した変更を管理し、意図しない変更によって生じた結果をレビューし、（必要に応じて）有害な影響を軽減する処置をとる。
外部委託プロセス(8.1)	④ 外部委託プロセスが管理されていることを確実にする(8.4 参照)。
製品実現の計画に含める内容(8.1.1)	⑤ 製品実現の計画には下記を含める。 　a) 顧客の製品要求事項・技術仕様書 　b) 物流要求事項 　c) 製造フィージビリティ 　d) プロジェクト計画(8.3.2 参照) 　e) 合否判定基準
	⑥ 上記② c)の資源は、製品と製品の合否判定基準に固有の、要求される検証・妥当性確認・監視・測定・検査・試験活動のためである。
機密保持(8.1.2)	⑦ 顧客と契約した開発中の製品・プロジェクト・関係製品情報の機密保持を確実にする。

図8.2　製品実現の計画

8.2 製品およびサービスに関する要求事項

8.2.1 顧客とのコミュニケーション （ISO 9001 要求事項）

[ISO 9001 要求事項のポイント]

顧客とのコミュニケーションに関して、図8.3①に示す事項を実施することを求めています。

図8.3① e)の不測の事態への対応は、IATF 16949 規格箇条 6.1.2.3 "緊急事態対応計画"に相当するものです。

[旧規格からの変更点]（旧規格 7.2.3）変更の程度：小
図8.3① d)、e)が追加されました。

8.2.1.1 顧客とのコミュニケーション—補足 （IATF 16949 追加要求事項）

[IATF 16949 追加要求事項のポイント]

顧客とのコミュニケーションに関して、図8.3②、③に示す事項を実施することを求めています。

[旧規格からの変更点]（旧規格 7.2.3.1）変更の程度：小
大きな変更はありません。

8.2.2 製品およびサービスに関する要求事項の明確化 （ISO 9001 要求事項）

[ISO 9001 要求事項のポイント]

製品・サービスに関する要求事項の明確化に関して、図8.3④に示す事項を実施することを求めています。

すなわち、製品・サービスに関する要求事項には、次の事項が含まれます。
・顧客の要求・期待
・法令・規制要求事項
・組織が必要と見なすもの
・組織の知識の結果として特定されたリサイクル・環境影響・特性

[旧規格からの変更点]（旧規格 7.2.1）変更の程度：小
大きな変更はありません。

8.2.2.1 製品およびサービスに関する要求事項の明確化−補足 (IATF 16949 追加要求事項)

[IATF 16949 追加要求事項のポイント]

製品・サービスに関する要求事項の明確化に関して、図 8.3 ⑤、⑥に示す事項を実施することを求めています。

[旧規格からの変更点]（旧規格 7.2.1）変更の程度：小

図 8.3 ⑤、⑥は、注記から要求事項に変わり、法規制への対応が厳しくなりました。

項　目	実施事項
顧客とのコミュニケーションの内容 (8.2.1)	①　顧客とのコミュニケーションには、下記を含める。 　a) 製品・サービスに関する情報の提供 　b) 引合い・契約・注文の処理（変更を含む） 　c) 製品・サービスに関する顧客からのフィードバック（苦情を含む） 　d) 顧客の所有物の取扱い・管理 　e) 不測の事態（すなわち緊急事態）への対応に関する特定の要求事項（関連する場合）
顧客とのコミュニケーションの方法 (8.2.1.1)	②　顧客とのコミュニケーション（記述または口頭のコミュニケーション）では、顧客と合意した言語を用いる。 ③　顧客に規定されたコンピュータ言語・書式（例：CAD データ、電子データ交換）を含めて、必要な情報を伝達する能力をもつ。
製品・サービスに関する要求事項の明確化 (8.2.2)	④　顧客に提供する製品・サービスに関する要求事項を明確にするために、次の事項を確実にする。 　a) 製品・サービスの要求事項が定められている（次の事項を含む）。 　　1) 適用される法令・規制要求事項 　　2) 組織が必要と見なすもの 　b) 提供する製品・サービスに関して主張していることを満たすことができる。
製品・サービスに関する要求事項に含める内容 (8.2.2.1)	⑤　これらの要求事項には、製品・製造工程について、組織の知識の結果として特定されたリサイクル・環境影響・特性を含める。 ⑥　材料の入手・保管・取扱い・リサイクル・除去・廃棄に関係する、すべての政府規制・安全規制・環境規制を含める。

図 8.3　顧客とのコミュニケーションおよび製品・サービス要求事項の明確化

8.2.3 製品およびサービスに関する要求事項のレビュー

8.2.3.1 （一般）(ISO 9001 要求事項)
8.2.3.2 （文書化）(ISO 9001 要求事項)

[ISO 9001 要求事項のポイント]

製品・サービスに関する要求事項のレビューに関して、図8.4 ①～④および⑥に示す事項を実施することを求めています。

これは、箇条8.2.2で明確にした製品・サービスに関する要求事項を、組織が満たす能力があるかどうかをレビューすることです。

[旧規格からの変更点]（旧規格 7.2.2）変更の程度：小

製品・サービスに関する要求事項のレビュー結果の文書化に関して、旧規格の"レビュー結果に対する処置"がなくなり、図8.4 ⑥ b)の"製品・サービスに関する新たな要求事項"が追加されました。

8.2.3.1.1 製品およびサービスに関する要求事項のレビュー―補足 （IATF 16949 追加要求事項）

[IATF 16949 追加要求事項のポイント]

製品・サービスに関する要求事項のレビューに関して、図8.4 ⑤に示す事項を実施することを求めています。

[旧規格からの変更点]（旧規格 7.2.2.1）変更の程度：小

大きな変更はありません。

8.2.3.1.2 顧客指定の特殊特性 （IATF 16949 追加要求事項）

[IATF 16949 追加要求事項のポイント]

顧客指定の特殊特性（special characteristics）に関して、図8.5 ①に示す事項を実施することを求めています。特殊特性とは、安全・規制への適合・取付け時の合い（fit）・機能・性能・要求事項、または製品の後加工に影響しうる、製品特性・製造工程パラメータの区分のことです。

[旧規格からの変更点]（旧規格 7.2.1.1）変更の程度：小

大きな変更はありません。

8.2.3.1.3　組織の製造フィージビリティ　（IATF 16949 追加要求事項）
[IATF 16949 追加要求事項のポイント]

　組織の製造フィージビリティに関して、図 8.5 ②～⑤に示す事項を実施することを求めています。フィージビリティ（feasibility）とは実現可能性のことで、製造フィージビリティは、製品を、顧客要求事項を満たすように製造することが技術的に実現可能か否かを判定するための分析・評価をいいます。

　製造フィージビリティ分析は、新規の製造技術・製品技術に対して、および変更された製造工程・製品設計に対して実施します。

項　目	実施事項
製品・サービスに関する要求事項のレビュー (8.2.3.1、**8.2.3.1.1**)	①　顧客に提供する製品・サービスに関する要求事項を満たす能力をもつことを確実にする。 ②　製品・サービスを顧客に提供することをコミットメントする前に、次の事項を含め、レビューを行う。 　a）　顧客が規定した要求事項 　　・引渡しおよび引渡し後の活動に関する要求事項を含む。 　b）　顧客が明示してはいないが、指定された用途または意図された用途が既知である場合、それらの用途に応じた要求事項 　c）　組織が規定した要求事項 　d）　製品・サービスに適用される法令・規制要求事項 　e）　以前に提示されたものと異なる、契約・注文の要求事項 ③　契約・注文の要求事項が以前に定めたものと異なる場合には、それが解決されていることを確実にする。 ④　顧客がその要求事項を書面で示さない場合には、顧客要求事項を受諾する前に確認する。 ⑤　**上記箇条 8.2.3.1 の要求事項に対する、顧客が正式許可した免除申請の文書化した証拠を保持する（記録）。**
文書化(8.2.3.2)	⑥　次の文書化した情報を保持する（記録）（該当する場合は必ず）。 　a）　レビューの結果 　b）　製品・サービスに関する新たな要求事項
要求事項の変更 (8.2.4)	⑦　製品・サービスの要求事項が変更されたときには、下記を行う。 ・関連する文書化した情報を変更することを確実にする。 ・変更後の要求事項が、関連する人々に理解されていることを確実にする。

図 8.4　製品・サービスに関する要求事項のレビュー

これには、見積りコスト内で、ならびに必要な資源・施設・治工具・生産能力・ソフトウェアおよび必要な技能をもつ要員が、支援部門を含めて、提供できるかまたは提供できるように計画されているかどうかなどの検討が含まれます。

製造フィージビリティは、部門横断的アプローチで行うことが必要です。

なお、製造フィージビリティの詳細については、IATF 16949 のコアツールの一つである APQP（先行製品品質計画）参照マニュアルに記載されています（第 11 章参照）。

［旧規格からの変更点］（旧規格 7.2.2.2）変更の程度：中
製造フィージビリティの具体的な内容として、図8.5②～⑤が追加されました。

8.2.4　製品およびサービスに関する要求事項の変更　(ISO 9001 要求事項)

［ISO 9001 要求事項のポイント］
製品・サービスに関する要求事項の変更に関して、図8.4（p.127）⑦に示す事項を実施することを求めています。

［旧規格からの変更点］（旧規格 7.2.2）変更の程度：小
大きな変更はありません。

項　目	実施事項
顧客指定の特殊特性（8.2.3.1.2）	①　特殊特性の指定・承認文書・管理に対する顧客要求事項に適合する。
組織の製造フィージビリティ（8.2.3.1.3）	②　製造工程が一貫して、顧客の規定したすべての技術・生産能力の要求事項を満たす製品を生産できることが実現可能か否かを判定するための分析を実施する。 ③　上記の判定・分析のために、部門横断的アプローチを利用する。 ④　製造フィージビリティ分析を、新規の製造技術・製品技術に対して、および変更された製造工程・製品設計に対して実施する。 ⑤　生産稼働、ベンチマーキング調査、または他の適切な方法で、仕様どおりの製品を要求される速度で生産する能力を、妥当性確認を行うことが望ましい。

図 8.5　特殊特性および製造フィージビリティ

8.3 製品およびサービスの設計・開発

8.3.1　一般　(ISO 9001 要求事項)

[ISO 9001 要求事項のポイント]

製品・サービスの設計・開発に関して、図8.6①に示す事項を実施することを求めています。

設計・開発とは、"要求事項をより詳細な要求事項に変換するプロセス"と定義されています。製品の設計・開発だけでなく、新しい製造工程を構築することや、新しい販売や購買方法を考えることなども設計・開発となります。

[旧規格からの変更点]　(旧規格7.3.1)変更の程度：中

図8.6①のように、製品・サービスの提供方法を決めることが設計・開発ということになり、設計・開発の対象が広くなりました。

8.3.1.1　製品およびサービスの設計・開発（IATF 16949 追加要求事項）

[IATF 16949 追加要求事項のポイント]

製品・サービスの設計・開発に関して、図8.6②～④に示す事項を実施することを求めています。設計・開発プロセスを文書化することを求めています。

IATF 16949のねらいは、不具合の検出ではなく不具合の予防であるため、これらを考慮して設計・開発を進めることになります。

[旧規格からの変更点]　(旧規格7.3)変更の程度：中

図8.6②設計・開発プロセスの文書化が追加されました。

項　　目	実施事項
設計・開発プロセスの確立(8.3.1、8.3.1.1)	①　設計・開発以降の製品・サービスの提供を確実にするために、設計・開発プロセスを確立し、実施し、維持する。 ②　設計・開発プロセスを文書化する。 ③　設計・開発は、不具合の検出よりも不具合の予防を重視する。
設計・開発プロセスの対象(8.3.1.1)	④　設計・開発プロセスの対象には下記を含める。 　・製品の設計・開発 　・製造工程の設計・開発

図8.6　設計・開発プロセス

8.3.2 設計・開発の計画 （ISO 9001 要求事項）

[ISO 9001 要求事項のポイント]

設計・開発の計画に関して、図 8.7 ①の事項を実施することを求めています。設計・開発計画書に含める内容が明確になっています。

項　目	実施事項
設計・開発の計画において考慮すべき事項（8.3.2）	①　次の事項を考慮して、設計・開発の段階と管理を決定する。 　a）　設計・開発活動の性質・期間・複雑さ 　b）　プロセスの段階（適用される設計・開発のレビューを含む） 　c）　設計・開発の検証・妥当性確認活動 　d）　設計・開発プロセスに関する責任・権限 　e）　製品・サービスの設計・開発のための内部資源・外部資源の必要性 　f）　設計・開発プロセスに関わる人々の間のインターフェース管理の必要性 　g）　設計・開発プロセスへの顧客・ユーザの参画の必要性 　h）　設計・開発以降の製品・サービスの提供に関する要求事項 　i）　顧客・利害関係者によって期待される、設計・開発プロセスの管理レベル 　j）　設計・開発の要求事項を満たしていることを実証するために必要な、文書化した情報
設計・開発プロセスの関係者（8.3.2.1）	②　設計・開発プロセスに影響を受けるすべての組織内の利害関係者、および（必要に応じて）サプライチェーンを含めることを確実にする。
部門横断的アプローチで行う事項（8.3.2.1）	③　次のような場合には、部門横断的アプローチを用いる。 　a）　プロジェクトマネジメント（例：APQP、VDA-RGA） 　b）　代替の設計提案・製造工程案の使用を検討するような、製品設計・製造工程設計の活動（例：製造設計 DFM、組立設計 DFA） 　c）　潜在的リスクを低減する処置を含む、製品設計リスク分析（FMEA）の実施・レビュー 　d）　製造工程リスク分析の実施・レビュー（例：FMEA、工程フロー、コントロールプラン、標準作業指示書）
部門横断的アプローチのメンバー（8.3.2.1）	④　注記　部門横断的アプローチには、通常、組織の設計・製造・技術・品質・生産・購買・保全・供給者および他の適切な部門を含める。

図 8.7　設計・開発の計画と部門横断的アプローチ

[旧規格からの変更点]（旧規格 7.3.1）変更の程度：中

設計・開発計画（書）に含める項目として、図 8.7 ① a)、e)、g)、h)、i)、j)が追加されました。

8.3.2.1　設計・開発の計画－補足　（IATF 16949 追加要求事項）

[IATF 16949 追加要求事項のポイント]

設計・開発の計画および部門横断的アプローチ（multidisciplinaly approach）に関して、図 8.7 ②〜④に示す事項を実施することを求めています。「設計・開発計画書」の例を図 8.8 に示します。

[旧規格からの変更点]（旧規格 7.3.1.1）変更の程度：中

図 8.7 ②〜④に示すように、部門横断的アプローチの具体的な内容が追加されました。

設計・開発計画書							
		承認：20xx-xx-xx　〇〇〇〇			作成：20xx-xx-xx　〇〇〇〇		
開発テーマ || 新製品 XX（品番 xxxx）の開発						
設計責任者 || 設計部　〇〇〇〇						
APQPチーム || 営業部　〇〇〇〇、製造部　〇〇〇〇、品質保証部　〇〇〇〇						
設計のインプット || ・顧客仕様書（〇〇〇〇）　　　・ベンチマーク ・顧客指定の特殊特性　　　　　・関連法規制（〇〇〇〇）						
設計のアウトプット || ・製品図面　　　　　・プロセス FMEA　　　・コントロールプラン ・製品仕様書　　　　・設計検証結果　　　　・製造フィージビリ ・設計 FMEA　　　　・工程能力調査結果　　　ティ検討結果						
設計目標		項　目			目　標			
^		特殊特性 A の工程能力指数			$C_{pk} \geq 1.67$			
^		⋮			⋮			
^		不良率見込			＜ 1%			
^		製造コスト			＜ 1,000 円			
APQP日程	段階	φ1開始	φ1終了	φ2終了	φ3終了	φ4終了	生産開始
^	計画	xx-xx-xx	xx-xx-xx	xx-xx-xx	xx-xx-xx	xx-xx-xx	xx-xx-xx
^	実績						

図 8.8　設計・開発計画書の例

8.3.2.2　製品設計の技能　(IATF 16949 追加要求事項)

［IATF 16949 追加要求事項のポイント］

製品設計の技能に関して、図8.9 ①、②を実施することを求めています。

［旧規格からの変更点］（旧規格 6.2.2.1）変更の程度：小

大きな変更はありません。

8.3.2.3　組込みソフトウェアをもつ製品の開発　(IATF 16949 追加要求事項)

［IATF 16949 追加要求事項のポイント］

組込みソフトウェア（図8.61、p.186 参照）をもつ製品の開発に関して、図8.9 ③〜⑥に示す事項を実施することを求めています。ソフトウェア内蔵の自動車用電子部品が増えており、それらに対する管理が追加されています。オートモーティブ（automotive SPICE、自動車機能安全、車載ソフトウェア開発プロセスのフレームワークを定めた業界標準のプロセスモデル）やISO 26262（自動車機能安全規格）は有効な方法です。

［旧規格からの変更点］（旧規格 7.3.1.1）変更の程度：大

新規要求事項です。

項　目	実施事項
製品設計者の力量と技能（8.3.2.2）	①　製品設計責任のある要員が、次の力量・技能をもつようにする。 ・設計要求事項を実現する力量 ・適用されるツールと手法の技能
設計ツール（8.3.2.2）	②　適用されるツール・手法を明確にする。 ・注記　製品設計技能の例：数学的デジタルデータの適用
組込みソフトウェアをもつ製品に対する品質保証のプロセス（8.3.2.3）	③　内部で開発された組込みソフトウェアをもつ製品に対する、品質保証のプロセスを用いる。 ④　ソフトウェア開発評価の方法論を、ソフトウェア開発プロセスを評価するために利用する。
ソフトウェア開発能力の評価（8.3.2.3）	⑤　リスクおよび顧客に及ぼす影響を考慮して、ソフトウェア開発能力の自己評価の文書化した情報を保持する（記録）。 ⑥　ソフトウェア開発を内部監査プログラムの範囲に含める。

図8.9　製品設計の技能および組込みソフトウェアを持つ製品の開発

8.3.3　設計・開発へのインプット　(ISO 9001 要求事項)

[ISO 9001 要求事項のポイント]

設計・開発へのインプットに関して、図8.10①～④に示す事項を実施することを求めています。

[旧規格からの変更点]（旧規格 7.3.2）変更の程度：小

図8.10 ① d)、e)が追加されました。

8.3.3.1　製品設計へのインプット　(IATF 16949 追加要求事項)

[IATF 16949 追加要求事項のポイント]

製品設計へのインプットに関して、図8.11(p.133)①～④に示す事項を実施することを求めています。

図8.11 ② b)の境界およびインターフェース要求事項には、例えば、関連組織のほか、設計FMEAを実施する場合のインプット情報としてのブロック図や、工程FMEAを実施する場合のプロセスフロー図などが考えられます。また、図8.11 ② d)の設計の代替案の検討には、例えばA案とB案の2案についての検討などが考えられます。

項　目	実施事項
設計・開発へのインプット（要求事項）(8.3.3)	①　設計・開発する特定の種類の製品・サービスに不可欠な要求事項（インプット）を明確にする。 　その際に、次の事項を考慮する。 　a)　機能・パフォーマンスに関する要求事項 　b)　以前の類似の設計・開発活動から得られた情報 　c)　法令・規制要求事項 　d)　組織が実施することをコミットメントしている、標準・規範(codes of practice) 　e)　製品・サービスの性質に起因する失敗により起こり得る結果
インプットの条件 (8.3.3)	②　インプットは、設計・開発の目的に対して適切で、漏れがなく、曖昧でないものとする。 ③　設計・開発へのインプット間の相反は、解決する。
文書化(8.3.3)	④　設計・開発へのインプットに関する文書化した情報を保持する（記録）。

図8.10　設計・開発へのインプット

図8.11 ④のトレードオフ曲線(trade-off curves)は、"製品の様々な設計特性の相互の関係を理解し伝達するためのツール。一つの特性に関する製品の性能を縦軸に描き、もう一つの特性を横軸に描く。それから二つの特性に対する製品性能を示すために曲線がプロットされる"と定義されています。2つの特性の最適なバランスを見出すことと考えるとよいでしょう。

[旧規格からの変更点]（旧規格 7.3.2.1）変更の程度：中

図 8.11 ② a)～h)が追加されています。

項　目	実施事項
製品設計インプットの文書化(8.3.3.1)	①　契約内容の確認の結果として、製品設計へのインプット要求事項を特定・文書化・レビューする。
製品設計インプット要求事項 (8.3.3.1)	②　製品設計へのインプット要求事項には、次の事項を含める。 　a）　製品仕様書(特殊特性を含む) 　b）　境界およびインターフェース要求事項 　c）　識別・トレーサビリティ・包装 　d）　設計の代替案の検討 　e）　インプット要求事項に伴うリスク、およびリスクを緩和し管理する組織の能力の、フィージビリティ分析の結果を含む評価 　f）　製品要求事項への適合に対する目標 　　・保存・信頼性・耐久性・サービス性・健康・安全・環境・開発タイミング・コストを含む。 　g）　顧客指定の仕向国の該当する法令・規制要求事項(顧客から提供された場合) 　h）　組込みソフトウェア要求事項
情報展開プロセス (8.3.3.1)	③　現在・未来の類似するプロジェクトのために、次の情報源から得られた情報を展開するプロセスをもつ。 　・過去の設計プロジェクト 　・競合製品分析(ベンチマーキング) 　・供給者からのフィードバック 　・内部からのインプット 　・市場データ 　・他の関連する情報源 ④　注記　設計の代替案を検討するする方法の一つに、トレードオフ曲線の活用がある。

図 8.11　製品設計へのインプット

8.3.3.2 製造工程設計へのインプット （IATF 16949 追加要求事項）

[IATF 16949 追加要求事項のポイント]

製造工程設計へのインプットに関して、図 8.12 ①〜③に示す事項を実施することを求めています。なお、IATF 16949 の設計・開発の対象には、製品の設計・開発と製造工程の設計・開発があるため、図 8.10(p.133)に述べた ISO 9001 の設計・開発のインプットは、製造工程設計にも適用されます。

[旧規格からの変更点]（旧規格 7.3.2.2）変更の程度：中

図 8.12 ② b)、c)、f)、g)、h)が追加されています。また、③のポカヨケ(ヒューマンエラー防止策)は、注記から要求事項に変更されています。

項　目	実施事項
製造工程設計インプットの文書化 (8.3.3.2)	①　製造工程設計へのインプット要求事項を特定・文書化・レビューする。
製造工程インプット要求事項 (8.3.3.2)	②　製造工程設計へのインプットには、次の事項を含める。 　a)　製品設計からのアウトプットデータ(特殊特性を含む) 　b)　生産性・工程能力・タイミング・コストに対する目標 　c)　製造技術の代替案 　d)　顧客要求事項(該当する場合) 　e)　過去の開発からの経験 　f)　新材料 　g)　製品の取扱いおよび人間工学的要求事項 　h)　製造設計(DFM)・組立設計(DFA)
ポカヨケ手法の採用(8.3.3.2)	③　製造工程設計には、遭遇するリスクに見合う程度のポカヨケ手法の採用を含める。

図 8.12　製造工程設計へのインプット

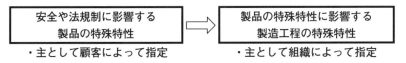

図 8.13　製品の特殊特性と製造工程の特殊特性

8.3.3.3 特殊特性 (IATF 16949 追加要求事項)

[IATF 16949 追加要求事項のポイント]

特殊特性(special characteristics)に関して、図 8.14 ①～③に示す事項を実施することを求めています。

特殊特性を特定するプロセスを確立し、文書化することが求められています。

製品によっては、顧客指定の特殊特性が存在しない場合があります。その場合は、例えば組織によって実施された FMEA(故障モード影響解析)によるリスク分析の結果、組織として重要な管理特性を特殊特性に設定するとよいでしょう。特殊特性は、工程能力の評価や、継続的改善のテーマの対象となります。製品の特殊特性と、製品の特殊特性に影響する製造工程の特殊特性の関係を示すと、図 8.13 のようになります。

[旧規格からの変更点] (旧規格 7.3.2.3) 変更の程度：中

図 8.14 ①の特殊特性を特定するプロセスの文書化が追加され、それに含める③の内容が明確になりました。

項　目	実施事項
特殊特性の決定 (8.3.3.3)	① 特殊特性を特定するプロセスを確立・文書化・実施する。 ② 特殊特性は、次のような方法によって特定される。 ・顧客によって決定 ・組織によって実施されたリスク分析 　ーそのために、部門横断的アプローチを用いる。
特殊特性に含める内容 (8.3.3.3)	③ それには次の事項を含める。 　a) 次の文書に特殊特性を記載し、固有の記号で識別する。 　　・文書(要求に応じて) 　　・関連するリスク分析(プロセス FMEA のような) 　　・コントロールプラン 　　・標準作業・作業者指示書 　b) 製品・製造工程の特殊特性に対する管理・監視戦略の開発 　c) 顧客の承認(要求がある場合) 　d) 顧客規定の定義・記号、または記号変換表に定められた、組織の同等の記号・表記法

図 8.14　特殊特性

8.3.4　設計・開発の管理　(ISO 9001 要求事項)

[ISO 9001 要求事項のポイント]

　設計・開発プロセスの管理、すなわちレビュー、検証および妥当性確認に関して、図 8.15 ①、②に示す事項を実施することを求めています。

　レビュー(デザインレビュー、設計審査)、検証(設計検証)および妥当性確認の相違を図 8.16 に、それらの関係を図 8.17 に示します。

　レビュー、検証および妥当性確認の結果発見された問題点と、それらの問題点に対して取った処置について、文書化した情報を保持(記録の作成)することが必要です。

[旧規格からの変更点]　(旧規格 7.3.4) 変更の程度：小

　設計・開発のレビュー・検証・妥当性確認が一つの要求事項の項目としてまとめられました。これは、サービス業を考慮したもので、製造業では、レビュー、検証および妥当性確認は、従来同様確実に実施することが必要でしょう。

8.3.4.1　監視　(IATF 16949 追加要求事項)

[IATF 16949 追加要求事項のポイント]

　設計・開発プロセスの監視に関して、図 8.15 ③～⑤に示す事項を実施することを求めています。これは、設計・開発プロセスを監視するというもので、設計・開発のレビューに対する補足と考えるとよいでしょう。

[旧規格からの変更点]　(旧規格 7.3.4.1) 変更の程度：小

　図 8.15 ④が追加されました。

8.3.4.2　設計・開発の妥当性確認　(IATF 16949 追加要求事項)

[IATF 16949 追加要求事項のポイント]

　設計・開発の妥当性確認に関して、図 8.15 ⑥～⑧に示す事項を実施することを求めています。

　⑧は、組込みソフトウェアの評価について述べています。ソフトウェアはブラックボックス的な点が大きいため、特別な管理が必要です。

[旧規格からの変更点]　(旧規格 7.3.6.1) 変更の程度：小

　図 8.15 ⑥、⑧が追加されました。

項　目	実施事項
設計・開発の管理 (8.3.4)	① 次の事項を確実にするために、設計・開発プロセスを管理する。 　a）達成すべき結果を定める。 　　・すなわち設計目標を設定する。 　b）設計・開発の結果の要求事項を満たす能力を評価するために、レビューを行う。 　　　　　　　　　　　　　…［デザインレビュー、設計審査］ 　c）設計・開発からのアウトプットが、インプットの要求事項を満たすことを確実にするために、検証活動を行う。 　　　　　　　　　　　　　　　　　　　　　　　…［設計検証］ 　d）結果として得られる製品・サービスが、指定された用途または意図された用途に応じた要求事項を満たすことを確実にするために、妥当性確認活動を行う。 　　　　　　　　　　　　　　　　　…［設計の妥当性確認］ 　e）レビュー・検証・妥当性確認の活動中に明確になった問題に対して必要な処置をとる。 　f）これらの活動についての文書化した情報を保持する(記録)。 ② 注記　設計・開発のレビュー・検証・妥当性確認は、異なる目的をもつ。 　これらは、組織の製品・サービスに応じた適切な形で、個別にまたは組み合わせて行うことができる。
設計・開発プロセスの監視 (8.3.4.1)	③ 製品・製造工程の設計・開発中の規定された段階での測定項目を定め、分析し、その要約した結果をマネジメントレビューへのインプットとして報告する。 ④ 製品・製造工程の開発活動の測定項目は、規定された段階で顧客に報告する、または顧客の合意を得る(顧客に要求された場合)。 ⑤ 注記　測定項目には、品質リスク・コスト・リードタイム・クリティカルパスなどの測定項目を含めてもよい(必要に応じて)。
設計・開発の妥当性確認 (8.3.4.2)	⑥ 設計・開発の妥当性確認は、顧客要求事項(該当する産業規格・政府機関の発行する規制基準を含む)に従って実行する。 ⑦ 設計・開発の妥当性確認のタイミングは、顧客規定のタイミングに合わせて計画する(該当する場合には必ず)。 ⑧ 設計・開発の妥当性確認には、顧客の完成品のシステムの中で、組込みソフトウェアを含めて、組織の製品の相互作用の評価を含める(顧客との契約がある場合)。

図 8.15　設計・開発プロセスの管理

第 8 章 運 用

区　分	実施事項	実施時期
レビュー	・設計・開発の計画的・体系的なレビュー ・設計・開発の結果が要求事項を満たせるかどうかの評価 ・設計・開発段階に関連する部門の代表者が参加	・設計・開発の適切な段階に計画的に実施（複数回行われる場合がある）
検証	・設計・開発プロセスのアウトプット（結果）が、設計・開発のインプット（要求事項）を満たしていることの評価 ・設計・開発プロセスのアウトプットとインプット要求事項との比較	・計画的に実施
妥当性確認	・設計・開発された製品が、実際に使用できるかどうかの評価 ・（レビュー・検証が設計者の立場で行う評価であるのに対して）妥当性確認は顧客の立場で行う評価 ・妥当性確認は、顧客と共同でまたは分担して行われることがある。	・製品の引渡し前に計画的に実施

図 8.16　設計・開発のレビュー、検証および妥当性確認

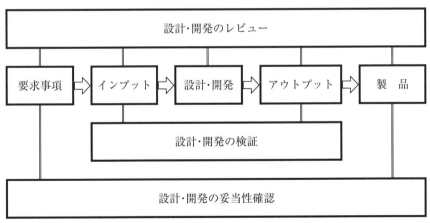

図 8.17　設計・開発のレビュー、検証および妥当性確認の関係

139

8.3.4.3　試作プログラム　（IATF 16949 追加要求事項）

[IATF 16949 追加要求事項のポイント]

試作プログラムに関して、図 8.18 ①〜④に示す事項を実施することを求めています。試作プログラムは、顧客から要求された場合に要求事項となります。

[旧規格からの変更点]（旧規格 7.3.6.2）変更の程度：小

大きな変更はありません。

8.3.4.4　製品承認プロセス　（IATF 16949 追加要求事項）

[IATF 16949 追加要求事項のポイント]

製品承認プロセス（product approval process）とは、製品を出荷するために、顧客の承認を取得する手順のことです。製品承認プロセスに関して、図 8.19 ①〜⑤に示す事項を実施することを求めています。製品承認プロセスの詳細は、コアツールの一つである PPAP（生産部品承認プロセス）に記載されています（第 12 章参照）。

[旧規格からの変更点]（旧規格 7.3.6.3）変更の程度：小

大きな変更はありません。

8.3.5　設計・開発からのアウトプット　(ISO 9001 要求事項)

[ISO 9001 要求事項のポイント]

設計・開発からのアウトプットに関して、図 8.20 ①、②に示す事項を実施することを求めています。

項　目	実施事項
試作プログラム (8.3.4.3)	①　試作プログラムおよび試作コントロールプランをもつ(顧客から要求された場合)。 ②　量産と同一の供給者・治工具・製造工程を使用する(可能な限り)。 ③　タイムリーな完了と要求事項への適合のために、すべての性能試験活動を監視する。 ④　試作プログラムをアウトソースする場合、管理の方式と程度を品質マネジメントシステムの適用範囲に含める。

図 8.18　試作プログラム

図 8.20 ① b)は、設計・開発の後に行われる製造・サービス提供・購買・保全・物流などの方法を述べたもの、c)は、検査・試験方法と合否判定基準を述べたもの、そして d)は、製品の取扱方法や注意事項を述べたものです。

[旧規格からの変更点] (旧規格 7.3.3) 変更の程度：小

図 8.20 ②設計・開発からのアウトプットについて、文書化した情報を保持する(記録)が追加されました。

8.3.5.1　設計・開発からのアウトプット―補足　(IATF 16949 追加要求事項)

[IATF 16949 追加要求事項のポイント]

製品設計からのアウトプットに関して、図 8.20 ③～⑤に示す事項を実施することを求めています。

図 8.20 ①、②の ISO 9001 の設計・開発からのアウトプットは、IATF 16949 では、製品設計と製造工程設計の両方についての要求事項となります。

図 8.20 ④ a)に述べている FMEA 様式の例を図 13.2 (p.260)に示します。この様式は、設計 FMEA とプロセス FMEA の両方に適用することができます。

[旧規格からの変更点] (旧規格 7.3.3.1) 変更の程度：小

図 8.20 ④ d)、e)、f)、h)、i)、j)が追加されました。

項　目	実施事項
製品承認プロセス (8.3.4.4)	①　顧客に定められた要求事項に適合する、製品と製造の承認プロセスを、確立し、実施し、維持する。
	②　出荷に先立って、文書化した顧客の製品承認を取得する(顧客に要求される場合)。
	③　注記　製品承認は、製造工程が検証された後で実施することが望ましい。
	④　(外部から提供される製品・サービスに対して)部品承認を顧客に提出するのに先立って、外部から提供される製品・サービスを、組織自ら承認する。
	⑤　製品承認プロセスの詳細は、コアツールの一つである PPAP(生産部品承認プロセス)参照マニュアルに記載されている。

図 8.19　製品承認プロセス

項　目	実施事項
実施事項(8.3.5)	①　設計・開発からのアウトプットが、下記であることを確実にする。 　a）　インプットで与えられた要求事項を満たす。 　b）　製品・サービスの提供に関する、以降のプロセスに対して適切である。 　c）　監視・測定の要求事項と合否判定基準を含むか、またはそれらを参照する（必要に応じて）。 　d）　意図した目的、安全で適切な使用、および提供に不可欠な、製品・サービスの特性を規定する。
文書化(8.3.5)	②　設計・開発からのアウトプットについて、文書化した情報を保持する（記録）。
アウトプットの表現方法(8.3.5.1)	③　製品設計からのアウトプットは、製品設計へのインプット要求事項と対比した検証・妥当性確認ができるように表現する。
アウトプットに含める内容(8.3.5.1)	④　製品設計からのアウトプットには、次の事項を含める（該当する場合には必ず）。 　a）　設計リスク分析（FMEA） 　b）　信頼性調査の結果 　c）　製品の特殊特性 　d）　製品設計のポカヨケの結果 　　・シックスシグマ設計（DFSS） 　　・製造設計・組立設計（DFMA） 　　・故障の木解析（FTA）など 　e）　製品の定義 　　・三次元モデル（3D） 　　・技術データパッケージ 　　・製品製造の情報 　　・幾何寸法・公差（GD&T）など 　f）　図面（2D図）、および 　　・製品製造の情報 　　・幾何寸法と公差（GD&T） 　g）　製品デザインレビューの結果 　h）　サービス故障診断の指針、修理・サービス性の指示書 　i）　サービス部品要求事項 　j）　出荷のための包装、ラベリング要求事項 ⑤　注記：暫定設計のアウトプットには、トレードオフプロセスを通じて解決された技術問題を含めることが望ましい。

図 8.20　設計・開発からのアウトプット

8.3.5.2　製造工程設計からのアウトプット　（IATF 16949 追加要求事項）

［IATF 16949 追加要求事項のポイント］

製造工程設計からのアウトプットに関して、図 8.21 ①〜③に示す事項を実施することを求めています。

図 8.21 ②のインプットとアウトプットの比較は、設計検証のことを述べています。なお、IATF 16949 では、図 8.20 ①、②に述べた ISO 9001 規格の設計・開発からのアウトプットについての要求事項も適用されます。

［旧規格からの変更点］（旧規格 7.3.3.2）変更の程度：小

図 8.21 ③ b)、c)、d)、e)、f)、h)、j)が追加されました。

項　目	実施事項
文書化(8.3.5.2)	①　製造工程設計からのアウトプットを、製造工程設計へのインプットと対比した検証ができるように文書化する。
アウトプットの検証(8.3.5.2)	②　アウトプットを、インプット要求事項と対比して検証する。
アウトプットに含める内容(8.3.5.2)	③　製造工程設計からのアウトプットには、次の事項を含める。 　a）仕様書・図面 　b）製品・製造工程の特殊特性 　c）特性に影響を与える、工程インプット変数の特定 　d）生産・管理のための治工具・設備(設備・工程の能力調査を含む) 　e）製造工程フローチャート・レイアウト(製品・工程・治工具のつながりを含む) 　f）生産能力の分析 　g）製造工程 FMEA 　h）保全計画・指示書 　i）コントロールプラン(附属書 A 参照) 　j）標準作業・作業指示書 　k）工程承認の合否判定基準 　l）品質・信頼性・保全性・測定性に対するデータ 　m）ポカヨケの特定・検証の結果(必要に応じて) 　n）製品・製造工程の不適合の迅速な検出・フィードバック・修正の方法

図 8.21　製造工程設計からのアウトプット

8.3.6　設計・開発の変更　(ISO 9001 要求事項)

[ISO 9001 要求事項のポイント]

設計・開発の変更に関して、図 8.22 ①、②を実施することを求めています。

[旧規格からの変更点]（旧規格 7.3.7）変更の程度：小

設計・開発以降の変更だけでなく、設計・開発中の変更管理も含まれます。

8.3.6.1　設計・開発の変更―補足　(IATF 16949 追加要求事項)

[IATF 16949 追加要求事項のポイント]

設計・開発の変更に関して、図 8.22 ③～⑥に示す事項を実施することを求めています。ソフトウェアの変更管理も含まれています。

[旧規格からの変更点]（旧規格 7.3.7）変更の程度：中

図 8.22 ③～⑥が追加されました。

項　目	実施事項
変更管理の目的 (8.3.6)	①　要求事項への適合に悪影響を及ぼさないことを確実にするために、次の変更を識別・レビュー・管理する。 ・製品・サービスの設計・開発の間の変更 ・製品・サービスの設計・開発以降の変更
文書化(8.3.6)	②　次の事項に関する文書化した情報を保持する（記録）。 　a)　設計・開発の変更 　b)　レビューの結果 　c)　変更の許可 　d)　悪影響を防止するための処置
評価 (8.3.6.1)	③　初回の製品承認の後のすべての設計変更を、取付け時の合い・形状・機能・性能または耐久性に対する潜在的な影響を評価する。 ・供給者から提案されたものを含む。
承認 (8.3.6.1)	④　変更は、生産で実施する前に、顧客要求事項に対する妥当性確認を実施して、内部で承認する。 ⑤　文書化した承認、または文書化した免除申請を、生産で実施する前に顧客から入手する（顧客から要求される場合）。
ソフトウェア (8.3.6.1)	⑥　組込みソフトウェアをもつ製品に対して、ソフトウェア・ハードウェアの改訂レベルを変更記録の一部として文書化する。

図 8.22　設計・開発の変更

8.4 外部から提供されるプロセス、製品およびサービスの管理

8.4.1 一般 (ISO 9001 要求事項)

[ISO 9001 要求事項のポイント]

外部から提供されるプロセス・製品・サービスの管理に関して、図8.23①〜④に示す事項を実施することを求めています。なお、プロセス・製品・サービスの例を図8.24に示します。

外部提供者(すなわち供給者)に対しては、初回評価を行って選定し、取引開始後は取引中のパフォーマンスを監視し、再評価を実施します。

[旧規格からの変更点] (旧規格7.4.1)変更の程度：小

購買の対象が、外部から提供されるプロセス、製品およびサービスとなり、アウトソースプロセスも含まれるようになりました。

図8.23 ② b)、および③のパフォーマンスの監視が追加されました。

項　目	実施事項
外部提供プロセス、製品・サービスの管理の決定(8.4.1)	① 外部から提供されるプロセス・製品・サービスが、要求事項に適合していることを確実にする。 ② 次の事項に該当する場合には、外部から提供されるプロセス・製品・サービスに適用する管理を決定する。 　a) 外部提供者からの製品・サービスが、組織の製品・サービスに組み込むことを意図したものである場合 　b) 製品・サービスが外部提供者から直接顧客に提供される場合 　c) プロセスが外部提供者から提供される場合
外部提供者の評価(8.4.1)	③ プロセス・製品・サービスを提供する外部提供者の能力にもとづいて、外部提供者の評価・選択・パフォーマンスの監視・再評価を行うための基準を決定し、適用する。 ④ これらの活動およびその評価によって生じる必要な処置について、文書化した情報を保持する(記録)。
外部提供プロセス、製品・サービスの範囲(8.4.1.1)	⑤ サブアセンブリ・整列・選別・手直し・校正サービスのような、顧客要求事項に影響するすべての製品・サービスを、外部から提供される製品・プロセス・サービスの定義の範囲に含める。

図8.23　外部提供プロセス・製品・サービスの管理

8.4.1.1 一般―補足 (IATF 16949 追加要求事項)

[IATF 16949 追加要求事項のポイント]

外部(供給者)から提供されるプロセス・製品・サービスの管理に関して、図 8.23 ⑤に示す事項を実施することを求めています。なお、サービスには、測定機器の校正や運送だけでなく、熱処理やめっきなども含まれます(図 8.24 参照)。

[旧規格からの変更点] (旧規格 7.4.1) 変更の程度:小

大きな変更はありません。

8.4.1.2 供給者選定プロセス (IATF 16949 追加要求事項)

[IATF 16949 追加要求事項のポイント]

供給者選定プロセスに関して、図 8.25 ①~③に示す事項を実施することを求めています。供給者選定プロセスを文書化します。

供給者選定プロセスには、供給者の製品適合性、製品供給能力に対するリスクの評価、品質・納入パフォーマンス、供給者の品質マネジメントシステムの評価、ソフトウェア開発能力の評価(該当する場合)などを含めます。

[旧規格からの変更点] 変更の程度:大

新規要求事項です。

8.4.1.3 顧客指定の供給者(指定購買) (IATF 16949 追加要求事項)

[IATF 16949 追加要求事項のポイント]

顧客指定の供給者に対して、図 8.25 ④~⑤を実施することを求めています。

項目	例
プロセス	製造・加工・組立など ・サブアセンブリ・整列・選別・手直しを含む。
製品	製品・部品・材料・副資材など
サービス	熱処理・めっき・測定機器の校正・運送など

図 8.24 外部から提供されるプロセス・製品・サービス(例)

なお、顧客指定の供給者だからといって、組織の責任が免除されることはありません。供給者選定プロセス（箇条 8.4.1.2）を除く、外部から提供されるプロセス・製品・サービスの管理（箇条 8.4）のすべての要求事項への適合が必要です。この点注意が必要です。

［旧規格からの変更点］（旧規格 7.4.1.3）変更の程度：小
大きな変更はありません。

項　目	実施事項
供給者選定プロセスの対象 (8.4.1.2)	① 文書化した供給者選定プロセスをもつ。 ② 供給者選定プロセスには、次の事項を含める。 　a） 選定される供給者の製品適合性、および顧客に対する製品の途切れない供給に対するリスクの評価 　b） 品質・納入パフォーマンス 　c） 供給者の品質マネジメントシステムの評価 　d） 部門横断的意思決定 　e） ソフトウェア開発能力の評価（該当する場合には必ず）
供給者選定基準 (8.4.1.2)	③ 供給者の選定基準には、次の事項を考慮することが望ましい。 ・自動車事業の規模（絶対値および事業全体おける割合） ・財務的安定性 ・購入された製品・材料・サービスの複雑さ ・必要な技術（製品・プロセス） ・利用可能な資源の適切性（例　人材・インフラストラクチャ） ・設計・開発の能力（プロジェクトマネジメントを含む） ・製造の能力 ・変更管理プロセス ・事業継続計画（例えば、災害への準備・緊急事態対応計画） ・物流プロセス ・顧客サービス
顧客指定供給者 （指定購買） (8.4.1.3)	④ 製品・材料・サービスを顧客指定の供給者から購買する（顧客に規定された場合）。 ⑤ 箇条 8.4 のすべての要求事項は、顧客指定の供給者の管理に対して適用される（組織と顧客との間で契約によって定められた特定の合意がない限り）。 ・箇条 8.4.1.2 "供給者選定プロセス" の対象の要求事項を除く。

図 8.25　供給者選定プロセスおよび顧客指定の供給者

8.4.2　管理の方式および程度　(ISO 9001 要求事項)

[ISO 9001 要求事項のポイント]

外部から提供されるプロセス・製品・サービスの管理の方式と程度に関して、図 8.26 ①、②に示す事項を実施することを求めています。

[旧規格からの変更点]（旧規格 7.4.1、7.4.3）変更の程度：小

図 8.26 ②が追加され、要求事項が多くなりました。

項　目	実施事項
管理の方式と程度 (8.4.2)	①　外部から提供されるプロセス・製品・サービスが、顧客に一貫して適合した製品・適合サービスを引き渡すという、組織の能力に悪影響を及ぼさないことを確実にする。
	②　そのために、次の事項を行う。 　a)　外部から提供されるプロセスを、品質マネジメントシステムの管理下にとどめることを、確実にする。 　b)　外部提供者およびそのアウトプットの管理を定める。 　c)　次の事項を考慮に入れる。 　　1)　外部から提供されるプロセス・製品・サービスが、顧客要求事項および適用される法令・規制要求事項を一貫して満たす組織の能力に与える潜在的な影響 　　2)　外部提供者によって適用される管理の有効性 　d)　外部から提供されるプロセス・製品・サービスに対する検証またはその他の活動を明確にする。
管理の方式と程度を選定するプロセスの文書化 (8.4.2.1)	③　次の文書化したプロセスをもつ。 ・アウトソースしたプロセスを特定するプロセス ・外部から提供される製品・プロセス・サービスに対し、内部・外部顧客の要求事項への適合を検証するために用いる管理の方式と程度を選定するプロセス
管理の方式と程度を選定するプロセスに含める事項 (8.4.2.1)	④　そのプロセスには、次の開発活動を含める。 ・管理の方式と程度を拡大または縮小する判断基準と処置 ・供給者パフォーマンス、製品・材料・サービスのリスク評価 ⑤　特性・コンポーネントが、妥当性確認・管理なしに、品質マネジメントシステムを"パススルー（通過）"となる場合は、適切な管理が製造場所で行われていることを確実にする。

図 8.26　外部提供プロセス・製品・サービスの管理の方式と程度

8.4.2.1　管理の方式および程度－補足　（IATF 16949 追加要求事項）

[IATF 16949 追加要求事項のポイント]

アウトソースしたプロセスに用いる管理の方式と程度を選定するプロセスに関して、図8.26③、④に示す事項を実施することを求めています。

アウトソースしたプロセスを特定するためのプロセス、および管理の方式と程度を選定するプロセスを文書化することが求められています。

[旧規格からの変更点]（旧規格4.1、7.4.1）変更の程度：中

図8.26③、④が追加されました。

8.4.2.2　法令・規制要求事項　（IATF 16949 追加要求事項）

[IATF 16949 追加要求事項のポイント]

購入製品・プロセス・サービスに関係する法令・規制要求事項への対応に関して、図8.27①、②に示す事項を実施することを求めています。

供給者の法令・規制要求事項への適合を確実にするプロセスの文書化を求めています。

[旧規格からの変更点]（旧規格7.4.1.1）変更の程度：中

図8.27①、②に示すように、購買製品に関する法令・規制要求事項の具体的な内容が追加されました。

①では、仕向国（最終出荷先）が追加されました。顧客から具体的に要求された場合は対応が必要です。

項　目	実施事項
法令・規制要求事項への適合を確実にするプロセスの文書化(8.4.2.2)	①　購入した製品・プロセス・サービスが、受入国・出荷国および仕向国（顧客に特定され、現在該当する法令・規制要求事項が提供される場合）の要求事項に適合することを確実にするプロセスを文書化する。
顧客の特別管理の要求(8.4.2.2)	②　顧客が、法令・規制要求事項をもつ製品に対して特別管理を定めている場合は、供給者で管理する場合を含めて、定められたとおりに実施し、維持することを確実にする。

図8.27　購入製品・プロセス・サービスに関係する法令・規制要求事項

8.4.2.3　供給者の品質マネジメントシステム開発　（IATF 16949 追加要求事項）

［IATF 16949 追加要求事項のポイント］

供給者の品質マネジメントシステム開発に関して、図 8.28 ①～④に示す事項を実施することを求めています。基本は④ a)の ISO 9001 認証で、最終目標が、d)の IATF 16949 認証ということになります。

ISO 9001 認証が④ a)、b)および c)の３つに分かれています。また、b)および c)は、第二者監査による IATF 16949 などへの適合が条件となっており、そのためには、第二者監査員の力量(箇条 7.2.4)が必要となります。

この要求事項の対象は、自動車の製品・サービスの供給者、すなわち製造(manufacturing)の供給者です。

［旧規格からの変更点］（旧規格 7.4.1.2）変更の程度：大

供給者の品質マネジメントシステム開発の具体的な内容が追加されました。

項　目	実施事項
供給者に対する、品質マネジメントシステム開発の要求 (8.4.2.3)	①　自動車の製品・サービスの供給者に、IATF 16949 規格に認証されることを最終的な目標として、品質マネジメントシステム(QMS)の開発・実施・改善を要求する。 ②　リスクベースモデルを用いて、供給者の QMS 開発の最低許容レベルおよび QMS 開発レベルの目標を決定する。 ③　顧客による他の許可がない限り、ISO 9001 に認証された QMS は、最初の最低許容開発レベルである。
品質マネジメントシステム開発の順序(8.4.2.3)	④　現在のパフォーマンスと顧客に対する潜在的なリスクにもとづいて、目標は、供給者の次の QMS 開発に進捗するものとする。 　a)　ISO 9001 認証(第三者審査) 　b)　ISO 9001 認証(第三者審査) 　　＋顧客が定めた他の品質マネジメントシステム要求事項への適合(第二者監査) 　c)　ISO 9001 認証(第三者審査) 　　＋IATF 16949 への適合(第二者監査) 　d)　IATF16949 認証(IATF 認定認証機関による第三者審査) 　注記　顧客が承認した場合、QMS 開発の最低許容レベルは、第二者監査による ISO 9001 への適合である。

図 8.28　供給者の品質マネジメントシステム開発

8.4.2.3.1　自動車製品に関係するソフトウェアまたは組込みソフトウェアをもつ製品　（IATF 16949 追加要求事項）

[IATF 16949 追加要求事項のポイント]

　自動車製品に関係するソフトウェアまたは組込みソフトウェアをもつ購買製品に関して、図 8.29 ①～③に示す事項を実施することを求めています。

　ソフトウェアおよび組込みソフトウェアをもつ製品の管理に関しては、今までに次のような項目で要求事項として出てきました。

・組込みソフトウェアをもつ製品の開発（箇条 8.3.2.3）
・設計・開発の妥当性確認（箇条 8.3.4.2）
・設計・開発の変更－補足（箇条 8.3.6.1）

　ここでは、供給者に対して、ソフトウェアおよび組込みソフトウェアをもつ製品に対する管理について述べていますが、前にも述べたようにソフトウェアはブラックボックス的な点が大きいため、それらをアウトソースした場合には、社内で開発したソフトウェア以上の一層の管理が必要となるでしょう。ISO 26262（自動車機能安全規格）やオートモーティブ SPICE の適用を考慮することも有効な方法でしょう。

[旧規格からの変更点]　変更の程度：大

　新規要求事項です。

項　目	実施事項
供給者によるソフトウェア開発の管理（8.4.2.3.1）	①　次の供給者に対して、その製品に対するソフトウェア品質保証のためのプロセスを実施し、維持することを要求する。 ・自動車製品に関係するソフトウェアの供給者 ・組込みソフトウェアを含む自動車製品の供給者 ②　ソフトウェア開発評価の方法論は、供給者のソフトウェア開発を評価するために活用する。 ③　リスクおよび顧客へ及ぼす潜在的影響にもとづく優先順位づけを用いて、供給者にソフトウェア開発能力の自己評価の文書化した情報を保持するよう要求する（記録）

図 8.29　供給者によるソフトウェア開発の管理

8.4.2.4 供給者の監視 (IATF 16949 追加要求事項)

［IATF 16949 追加要求事項のポイント］

供給者の監視に関して、図 8.30 ①～③に示す事項を実施することを求めています。

供給者パフォーマンス評価プロセスの文書化を求めています。

供給者パフォーマンスの評価指標の中に、② d) 特別輸送費(premium freight)の発生件数があります。特別輸送費とは、"契約した輸送費に対する割増しの費用または負担"のことです。その理由は、例えば通常は船便で送るところ、生産が遅れたために航空便を使用したとします。これは、単に特別輸送費がかかった、近い将来納期問題を引き起こす可能性があるというだけでなく、納期遅れに対する製造上の原因を究明して改善につなげることがねらいです。

［旧規格からの変更点］(旧規格 7.4.3.2) 変更の程度：中

供給者パフォーマンス評価プロセスの文書化を求めています。

また、供給者パフォーマンスの評価指標が、図 8.30 ②、③のように具体的になりました。

項　目	実施事項
供給者パフォーマンス評価プロセスの文書化 (8.4.2.4)	①　外部から提供される製品・プロセス・サービスの、内部・外部顧客の要求事項への適合を確実にするために、供給者のパフォーマンスを評価する、文書化したプロセスおよび判断基準をもつ。
供給者パフォーマンスの評価指標 (8.4.2.4)	②　次の事項を含め、供給者のパフォーマンス指標を監視する。 　a)　納入された製品の要求事項への適合 　b)　受入工場において顧客が被った迷惑 　　・構内保留・出荷停止を含む。 　c)　納期パフォーマンス 　d)　特別輸送費の発生件数 ③　次の事項も供給者パフォーマンスの監視に含める(顧客から提供された場合)。 　e)　品質問題・納期問題に関する、顧客からの特別状態の通知 　f)　ディーラーからの返却・補償・市場処置・リコール

図 8.30　供給者パフォーマンスの監視

8.4.2.4.1　第二者監査　（IATF 16949 追加要求事項）

[IATF 16949 追加要求事項のポイント]

第二者監査、すなわち供給者に対する監査に関して、図 8.31 ①～⑦に示す事項を実施することを求めています。

供給者の品質マネジメントシステム開発（箇条 8.4.2.3）において、ISO 9001 への適合や IATF 16949 への適合を供給者に要求することを述べています。その際には第二者監査が必要となります。

第二者監査では、自動車産業プロセスアプローチ式監査技法、IATF 16949 要求事項、コアツールの理解、供給者の製造工程の知識を含めて、第二者監査員の力量の確保が必要です。第二者監査員に必要な力量については、箇条 7.2.4 で述べています。

[旧規格からの変更点]　変更の程度：大

新規要求事項です。

項　目	実施事項
第二者監査プロセス （8.4.2.4.1）	①　供給者の管理方法に、第二者監査プロセスを含める。 ②　第二者監査は、次の事項に対して使用してもよい。 　　a)　供給者のリスク評価 　　b)　供給者の監視 　　c)　供給者の品質マネジメントシステム開発 　　d)　製品監査 　　e)　工程監査 ③　第二者監査の必要性・方式・頻度・範囲を決定するための基準を文書化する。 ④　この基準は、次のようなリスク分析にもとづく。 　・製品安全・規制要求事項 　・供給者のパフォーマンス 　・品質マネジメントシステム認証レベル ⑤　第二者監査報告書の記録を保持する。
第二者監査の方法 （8.4.2.4.1）	⑥　第二者監査で品質マネジメントシステムを評価する場合、その方法は自動車産業プロセスアプローチと整合性をとる。 ⑦　注記　IATF 監査員ガイドおよび ISO 19011 参照。

図 8.31　第二者監査

8.4.2.5　供給者の開発　（IATF 16949 追加要求事項）

［IATF 16949 追加要求事項のポイント］

現行(既存)の供給者の開発(レベル向上)に関して、図 8.32 ①〜③に示す事項を実施することを求めています(図 8.33 参照)。

［旧規格からの変更点］変更の程度：大

新規要求事項です。

項　目	実施事項
供給者開発方式の決定(8.4.2.5)	①　現行の供給者に対し、必要な供給者開発の優先順位・方式・程度・タイミング(スケジュール)を決定する。
供給者開発方式決定のためのインプット(8.4.2.5)	②　供給者開発方式を決定するためのインプットには、次の事項を含める。 a)　供給者の監視(8.4.2.4 参照)を通じて特定されたパフォーマンス問題 b)　第二者監査の所見(8.4.2.4.1 参照) c)　第三者品質マネジメントシステム認証の状態 d)　リスク分析
必要な処置の実施(8.4.2.5)	③　未解決(未達)のパフォーマンス問題の解決のため、および継続的改善に対する機会を追求するために、必要な処置を実施する。

図 8.32　供給者の開発

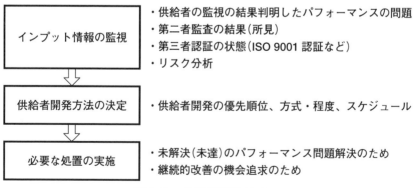

図 8.33　供給者開発のフロー

8.4.3 外部提供者に対する情報　(ISO 9001 要求事項)

[ISO 9001 要求事項のポイント]
外部提供者への情報に関して、図8.34①、②を実施することを求めています。購買注文書・仕様書などに、図8.34②の内容を含めることを述べています。

[旧規格からの変更点]（箇条 7.4.3）変更の程度：小
図 8.34 ② e)が追加されました。

8.4.3.1　外部提供者に対する情報－補足　(IATF 16949 追加要求事項)

[IATF 16949 追加要求事項のポイント]
外部提供者への情報に関して、図8.34③を実施することを求めています。

[旧規格からの変更点]（箇条 7.4.2）変更の程度：中
図 8.34 ③の法令・規制要求事項および特殊特性に関する供給者への管理の要求が追加されています。

項　目	実施事項
情報の妥当性確認 (8.4.3)	① 外部提供者に情報を伝達する前に、要求事項が妥当であることを確実にする。
情報の内容(8.4.3)	② 次の事項に関する要求事項を、外部提供者に伝達する。 　a) 提供されるプロセス・製品・サービス 　b) 次の事項についての承認 　　1) 製品・サービス 　　2) 方法・プロセス・設備 　　3) 製品・サービスのリリース 　c) 必要な力量(必要な適格性を含む) 　d) 組織と外部提供者との相互作用 　e) 組織が行う、外部提供者のパフォーマンスの管理・監視 　f) 組織・顧客が、外部提供者先での実施する検証・妥当性確認活動
供給者への要求 (8.4.3.1)	③ 法令・規制要求事項、ならびに製品・製造工程の特殊特性を供給者に引き渡し、サプライチェーンをたどって、製造現場にまで、該当する要求事項を展開するよう、供給者に要求する。

図 8.34　外部提供者への情報

8.5 製造およびサービス提供

8.5.1 製造およびサービス提供の管理 （ISO 9001要求事項＋IATF 16949追加要求事項）

[ISO 9001要求事項のポイント]

製造・サービス提供の管理に関して、図8.35 ①、②に示す事項を実施することを求めています。これには、製造条件・製造設備の管理と、監視・測定すなわち検査・試験装置の管理の両方が含まれています。

①の"製造・サービス提供を、管理された状態で実行する"とは、次のことをいいます。

・決められたルール・条件どおりに製造する。

・製造工程が統計的に安定している（すなわち管理された状態である）。

②の"管理された状態には次の事項を含める"とは、管理された状態のために実施する事項と考えるとよいでしょう。

②-f)は、いわゆる特殊工程などの妥当性確認が必要なプロセスの妥当性確認について述べています。この項目は、製品の検査が容易にできない製造プロセスに適用されます。図8.36のa)とb)は、そのようなプロセスを<u>量産工程に適用する前に</u>、そのプロセスの妥当性（validation）を確認することを述べています。c)は、その手順どおりに実行すること、そしてd)の"プロセスの妥当性の再確認"は、そのプロセスがその後も引き続き妥当であることを定期的に再確認するよう求めるというものです。

この図8.35 ② f)は、①で規定されたとおりに製造（あるいはサービス提供）を行った後で適合性を確認することである、と誤解されている場合があり、注意が必要です（図8.36参照）。なお、製造プロセスを設計・開発の対象と考えた場合は、箇条8.3.4の設計・開発の妥当性確認が、箇条8.5.1-f)のプロセスの妥当性確認に相当すると考えることができます。

図8.3.5 ② g)は、ヒューマンエラーを防止するための処置を実施することを述べています。IATF 16949規格箇条10.2.4 "ポカヨケ"が、これに相当します。

[IATF 16949追加要求事項のポイント]

インフラストラクチャの管理に関して、図8.35 ③に示す事項を実施するこ

とを述べています。これは、図8.35②の b)と d)を、それぞれ補足したものです。

[旧規格からの変更点]（箇条 7.5.1）変更の程度：中

図8.35② g)が追加されました。

なお、旧規格 7.5.2.1 製造およびサービス提供に関するプロセスの妥当性確認 – 補足で述べていた、"要求事項 7.5.2 は、製造およびサービス提供に関するすべてのプロセスに適用しなければならない"は、なくなりました。

項　目	実施事項
管理された状態で実行(8.5.1)	①　製造・サービス提供を、管理された状態で実行する。
管理された状態のために実施する事項(8.5.1)	②　管理された状態には次の事項を含める（該当するものは必ず）。 　a)　次の事項を定めた文書化した情報を利用できるようにする。 　　1)　製造する製品、提供するサービスまたは実施する活動の特性 　　2)　達成すべき結果 　b)　監視・測定のための資源を利用できるようにし、かつ使用する。 　c)　プロセスまたはアウトプットの管理基準、ならびに製品・サービスの合否判定基準を満たしていることを検証するために、適切な段階で監視・測定活動を実施する。 　d)　プロセスの運用のために適切なインフラストラクチャ・環境を使用する。 　e)　力量を備えた人々を任命する（必要な適格性を含む）。 　f)　製造・サービス提供のプロセスで結果として生じるアウトプットを、それ以降の監視・測定で検証することが不可能な場合には、製造・サービス提供に関するプロセスの、計画した結果を達成する能力について、妥当性を確認し、定期的に妥当性を再確認する。 　g)　ヒューマンエラーを防止するための処置を実施する。 　h)　リリース、顧客への引渡しおよび引渡し後の活動を実施する。
インフラストラクチャ(8.5.1)	③　注記　インフラストラクチャには、製品の適合を確実にするために必要な製造設備を含む。 ・監視・測定のための資源には、製造工程の効果的な管理を確実にするために必要な監視・測定設備を含む。

図 8.35　製造・サービス提供の管理

8.5.1.1　コントロールプラン　（IATF 16949 追加要求事項）

[IATF 16949 追加要求事項のポイント]

コントロールプラン（control plan）に関して、図8.37 ①～⑨に示す事項を実施することを求めています。量産試作段階と量産段階のコントロールプランを作成します。コントロールプランに含める項目は、IATF 16949 規格の附属書Aに規定されていますが、図8.37 ⑦に記載された項目も含めることが必要です。

製造とその管理は、コントロールプランに従って行われることになります。

図8.37 ①は、コントロールプランは、製造サイトごとおよび製品ごとに作成すること、⑤は、プロセスFMEAや製造工程フロー図をインプット情報として、コントロールプランを作成すること、⑦b)は、コントロールプランには、初品・終品の妥当性確認を含めること、そしてe)は、不適合製品が検出された場合や、製造工程が不安定または能力不足になった場合の対応処置の方法を記載することを述べています。コントロールプランは、適切に見直しを行い、常に最新の内容にしておくことが必要です。

コントロールプランの様式の例を図11.16（p.232）に示します。

[旧規格からの変更点]（箇条7.5.1.1）変更の程度：中

図8.37 の次の事項が追加されています。

・①製造サイトのコントロールプラン
・⑥、⑦a)、b)、⑧g)、h)、i)

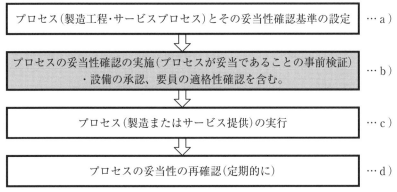

図 8.36　プロセスの妥当性確認のフロー

項　目	実施事項
コントロールプランの種類 (8.5.1.1)	① 該当する製造サイトおよびすべての供給する製品に対して、コントロールプランを策定する。 ② コントロールプランは、システム、サブシステム、構成部品、または材料のレベルで作成する。 ・また、部品だけでなくバルク材料を含めて、作成する。 ③ ファミリーコントロールプランは、バルク材料および共通の製造工程を使う類似の部品に対して容認される。 ④ 量産試作および量産に対して、コントロールプランを作成する。 ・試作コントロールプランは顧客の要求がある場合に要求事項となる。
コントロールプランのインプット (8.5.1.1)	⑤ コントロールプランは、設計リスク分析からの情報や、工程フロー図、および製造工程のリスク分析のアウトプット（FMEAのような）からの情報を反映させる。 ⑥ 量産試作・量産コントロールプランを実行した時に集めた、測定・適合データを顧客に提供する（顧客から要求される場合）。
コントロールプランに含める内容 (8.5.1.1)	⑦ 次の事項をコントロールプランに含める。 　a) 製造工程の管理手段（作業の段取り替え検証を含む） 　b) 初品・終品の妥当性確認（該当する場合には必ず） 　c) （顧客・組織の双方で定められた）特殊特性の管理の監視方法 　d) 顧客から要求される情報（該当する場合） 　e) 次の場合の対応計画 　・不適合製品が検出された場合 　・工程が統計的に不安定または統計的に能力不足になった場合
コントロールプランの更新 (8.5.1.1)	⑧ 次の事項が発生した場合、コントロールプランをレビューし、（必要に応じて）更新する。 　f) 不適合製品を顧客に出荷した場合 　g) 製品・製造工程・測定・物流・供給元・生産量変更・リスク分析（FMEA）に影響する変更が発生した場合（附属書A参照） 　h) 顧客苦情および関連する是正処置が実施された後（該当する場合には必ず） 　i) リスク分析にもとづいて設定された頻度で
顧客の承認 (8.5.1.1)	⑨ コントロールプランのレビュー・改訂の後で、顧客の承認を得る（顧客に要求される場合）。

図 8.37　コントロールプランの概要

8.5.1.2　標準作業−作業者指示書および目視標準　（IATF 16949 追加要求事項）

[IATF 16949 追加要求事項のポイント]

標準作業文書(作業者指示書および目視標準)に関して、図 8.38 ①、②に示す事項を実施することを求めています。

図 8.38 ① c)では、"要員に理解される言語で提供する"と述べています。日本語を理解できない作業者がいる場合は、その人がわかる言葉で作業指示書を準備することが必要です。

②では、作業者の安全に対する規則を作業文書に含めることを述べており、図 7.3 ④(p.102)(箇条 7.1.4)の"要員の安全"で述べたことに相当します。例えば、会社の安全規則などの文書で対応する方法も考えられますが、できればそれぞれの作業文書に、安全に関する事項を記載するのがよいでしょう。

目視標準には、外観見本(サンプル)と、外観検査の標準書があり、外観検査見本に関しては、箇条 8.6.3 "外観品目"において規定されています。

図 8.38 ②の標準作業文書には、いわゆる紙媒体の文書以外に、例えば通止ゲージ(Go/No-Go ゲージ)のような検査標準も考えられます。通止ゲージや外観検査見本などの検査標準は、良品(規格内のぎりぎりのもの)と、不良品(規格外れのぎりぎりのもの)の両方を準備するとよいでしょう。

[旧規格からの変更点]　(旧規格 7.5.1.2)変更の程度：小

図 8.38 ②(p.102)の安全規則が追加されました。

項　目	実施事項
作業者指示書および目視標準 (8.5.1.2)	①　標準作業文書が次のとおりであることを確実にする。 　a)　作業を行う責任をもつ従業員に伝達され、理解される。 　b)　読みやすい。 　c)　それに従う責任のある要員に理解される言語で提供する。 　d)　指定された作業現場で利用可能である。
	②　標準作業文書には、作業者の安全に対する規則も含める。

図 8.38　作業指示書および目視標準

8.5.1.3　作業の段取り替え検証　（IATF 16949 追加要求事項）

[IATF 16949 追加要求事項のポイント]

　作業の立上げ、材料切り替え、作業変更のような新しい設定を必要とする、作業の段取り替え検証（verification of job set-ups）に関して、図 8.39 ①に示す事項を実施することを求めています。

　段取り替えの検証とは、仕事のセットアップ（job set-ups）、例えば、作業の立上げや材料を変更したときの確認、および金型などの治工具を交換したり、休止していた設備を再稼働した場合などに、設備の立上げ時の確認を行うことで、条件出しの検証のことです。

　段取り替えの検証の方法には、図 8.39 ① c）に示すように、"統計的手法の利用"があります。すなわち段取り替え検証の目的は、段取り替え前の実績のある（安定した）工程と比較することであって、単に製品規格の範囲に入っていることの確認ではありません。したがって、段取り替え前の実績のある製造工程が安定していることが前提であることはいうまでもありません。

　[旧規格からの変更点]（箇条 7.5.1.3）変更の程度：中

　図 8.39 ① b）、d）、e が追加されています。

8.5.1.4　シャットダウン後の検証　（IATF 16949 追加要求事項）

[IATF 16949 追加要求事項のポイント]

　製造ラインのシャットダウン（production shutdown）後に、製品が要求事項に適合することを確実にするために必要な処置に関して、図 8.39 ②に示す事項を実施することを求めています。

　シャットダウンとは、"製造工程が稼働していない状況。期間は、数時間から数カ月でもよい"と定義されています。

　シャットダウンには計画的なシャットダウン（例えば、年末年始や夏季の長期休業、あるいは生産調整など）と、非計画的シャットダウン（例えば、地震・台風や予期せぬ停電など）があり、これらの両方について考えることが必要です。

　VDA6.3（プロセス監査）で要求事項であったものが追加されています。

　[旧規格からの変更点] 変更の程度：大

　新規要求事項です。

項　目	実施事項
作業の段取り替え検証（8.5.1.3）	① 段取り替え検証に関して、次の事項を実施する。 　a) 次のような新しい段取り替えが実施される場合は、作業の段取り替えを検証する。 　　・作業の立上げ 　　・材料切り替え 　　・作業変更 　b) 段取り替え要員のために文書化した情報を維持する。 　c) 検証に統計的方法を使用する（該当する場合は必ず）。 　d) 初品・終品の妥当性確認を実施する（該当する場合は必ず）。 　　・必要に応じて、初品は終品との比較のために保持し、終品は次の工程稼働まで保持することが望ましい。 　e) 段取り替え、初品・終品の妥当性確認後の工程、および製品承認の記録を保持する。
シャットダウン後の検証（8.5.1.4）	② 計画的または非計画的シャットダウン後に、製品が要求事項に適合することを確実にするために必要な処置を定め、実施する。

図 8.39　作業の段取り替え検証およびシャットダウン後の検証

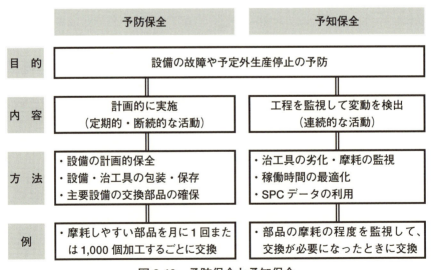

図 8.40　予防保全と予知保全

8.5.1.5　TPM　(IATF 16949 追加要求事項)

[IATF 16949 追加要求事項のポイント]

TPM(総合的設備管理、total productive maintenance)に関して、図 8.41 ①、②に示す事項を実施することを求めています。

文書化した TPM システムを求めています。

図 8.41 ② i)に記載したように、予防保全(preventive maintenance)の一つに予知保全(predictive maintenance)があります。予防保全が、例えば摩耗しやすい部品を月に 1 回交換するなど定期的に行うのに対して、予知保全は、部品の摩耗の程度を継続的に監視して、交換が必要になったときに交換するというように、生産設備の有効性を継続的に改善するために行われます(図 8.40 参照)。

[旧規格からの変更点]　(旧規格 7.5.1.4)変更の程度：中

図 8.41 ② e)、f)、g)が追加されています。

項　目	実施事項
TPM システムの文書化(8.5.1.5)	①　文書化した TPM システムを構築・実施・維持する。
TPM システムに含める内容(8.5.1.5)	②　TPM システムには、次の事項を含める。 　a)　要求された量の製品を生産するために必要な工程設備の特定 　b)　a)項で特定された設備に対する交換部品の入手性 　c)　機械・設備・施設の保全のための資源の提供 　d)　設備・治工具・ゲージの包装・保存 　e)　顧客固有要求事項 　f)　文書化した保全目標 　　例えば、総合設備効率(OEE)、平均故障間隔(MTBF)、平均修理時間(MTTR)および予防保全の順守指標 　　・保全目標に対するパフォーマンスは、マネジメントレビューへのインプットとする。 　g)　目標が未達であった場合の、保全計画・目標および是正処置に取り組む文書化した処置計画に関する定期的レビュー 　h)　予防保全の方法の使用 　i)　予知保全の方法の使用(該当する場合) 　j)　定期的オーバーホール

図 8.41　TPM の概要

8.5.1.6　生産治工具ならびに製造、試験、検査の治工具および設備の運用管理　（IATF 16949 追加要求事項）

[IATF 16949 追加要求事項のポイント]

　生産治工具ならびに製造・試験・検査の治工具、および設備の運用管理に関して、図 8.42 ①～④に示す事項を実施することを求めています。

　生産治工具の運用管理システムの確立を求めています。

[旧規格からの変更点]　（旧規格 7.5.1.5、7.5.4.1）変更の程度：小

　図 8.42 ①の"生産・サービス用材料およびバルク材料のための"が追加されました。

項　目	実施事項
治工具・設備の運用管理システムの確立（8.5.1.6）	①　生産・サービス用材料およびバルク材料のための治工具・ゲージの設計・製作・検証活動に対して、資源を提供する（該当する場合には必ず）。 ②　下記を含む、生産治工具の運用管理システムを確立し、実施する。 　・これには、組織所有・顧客所有の生産治工具を含む。 　a）　保全・修理用施設・要員 　b）　保管・補充 　c）　段取り替え 　d）　消耗する治工具の交換プログラム 　e）　治工具設計変更の文書化（製品の技術変更レベルを含む） 　f）　治工具の改修および文書の改訂 　g）　次のような治工具の識別 　　・シリアル番号または資産番号 　　・生産中・修理中・廃却の状況 　　・所有者 　　・場所
顧客所有の治工具・設備の管理（8.5.1.6）	③　顧客所有の治工具、製造設備、および試験・検査設備に、所有権および各品目の適用が明確になるように、見やすい位置に恒久的マークが付いていることを検証する。
治工具運用管理のアウトソース（8.5.1.6）	④　治工具の運用管理作業がアウトソースされる場合、これらの活動を監視するシステムを実施する。

図 8.42　治工具・設備の運用管理

8.5.1.7　生産計画　（IATF 16949 追加要求事項）

［IATF 16949 追加要求事項のポイント］

生産管理システムに関して、図 8.43 ①～③に示す事項を実施することを求めています。

図 8.43 ①生産計画は、ジャストインタイム（JIT、just-in-time）の受注生産方式（リーン生産システム）を基本とします。これは、顧客発注ベースの引っ張り生産方式、すなわち、顧客の注文を受けてから生産を行う、作り貯めをしない生産方式で、トヨタのカンバン方式に相当すると考えるとよいでしょう。

図 8.43 ②は、製造工程の生産情報にアクセス可能な情報システムの採用を求めています。これは、顧客から注文を受けた製品が、現在生産のどの段階にあるかがわかる情報システムです。したがって、生産計画の対象は、単に生産予定だけでなく、生産途中の生産状況がわかるようにすることが必要です。

［旧規格からの変更点］（旧規格 7.5.1.6）変更の程度：小

図 8.43 ③が追加されました。

項　目	実施事項
生産管理システムの基本（8.5.1.7）	①　次のことを確実にする生産管理システムとする。 ・ジャストインタイム（JIT）のような顧客の注文・需要を満たすために生産が計画されている。 ・発注・受注を中心としたシステムである。 ②　生産管理システムは、製造工程の重要なところで生産情報にアクセスできるようにする情報システムによってサポートされているようにする。
生産管理システムに含める内容（8.5.1.7）	③　次のような、生産計画中に関連する計画情報を含める。 ・顧客注文 ・供給者オンタイム納入パフォーマンス ・生産能力、共通の負荷（複数部品加工場） ・リードタイム ・在庫レベル ・予防保全 ・校正、など

図 8.43　生産計画

8.5.2　識別およびトレーサビリティ　(ISO 9001 要求事項 + IATF 16949 追加要求事項)

[ISO 9001 要求事項のポイント] ＋ [IATF 16949 追加要求事項のポイント]

　識別（identicication）およびトレーサビリティ（追跡性、traceability）に関して、図 8.46 ①～③に示す事項を実施することを求めています。

　図 8.46 ①は製品の識別、②は検査状態の識別、③はトレーサビリティのための識別について述べています（図 8.44 参照）。

　トレーサビリティとは、対象となっている製品の履歴や所在を追跡できること、およびその製品がどこから提供されているのか、現在はどこにあるのかがわかることです。例えば、出荷後の製品でクレームが発生した場合に、その製品について、次のような固有の識別が記録からわかるようにします。

・使用した材料・材料メーカー・入荷日・ロット番号など
・各工程の実施時期・使用設備・異常の有無など
・各段階の検査の記録（受入検査・工程内検査・最終検査など）

　トレーサビリティには、下流から上流へたどる方法と、上流から下流へたどる方法があり、これらの両方が必要です。いずれも、個々のあるいはグループごとの固有の識別（固有の番号）があることが必要です。すなわち、製品や材料のロット番号、機械の製造番号、作業者の氏名などを記録しておくことで、その製品が、いつ、どこで、どのような設備で、誰によって作られ、検査されたかがわかるように記録します。

　トレーサビリティは、品質問題が発生した場合に、製品の影響の範囲を明確にし、修正や是正処置を速やかにかつ効果的にとるために必要となります。トレーサビリティの識別は、記録で確認します（図 8.45 参照）。

　また IATF 16949 では、識別およびトレーサビリティーに関して、図 8.46 ④に示す事項を実施することを求めています。

　詳細なトレーサビリティのためには、コストがかかります。どの程度のトレーサビリティとするかは、顧客の要求と、組織としてのリスクを考慮して決めることになります。

[旧規格からの変更点]（旧規格 7.5.3）変更の程度：小
　大きな変更はありません。

8.5.2.1 識別およびトレーサビリティー補足 (IATF 16949 追加要求事項)

[IATF 16949 追加要求事項のポイント]

識別およびトレーサビリティに関して、図 8.46 ⑤〜⑦に示す事項を実施することを求めています。トレーサビリティは、自動車のリコールが必要になった場合には特に重要です。

[旧規格からの変更点] 変更の程度：中

新規要求事項です。

識別の種類	要求事項の意味	識別の方法
製品の識別	製品(材料・半製品を含む)の品名・品番は何かの識別(区別)	・品名、品番など
製品の監視・測定状態の識別	製品は検査前か後か、検査後であれば合格品か不合格品かの識別	・検査前後：表示、作業記録など ・検査後：合否、製品置場など
トレーサビリティのための識別	トレーサビリティ(追跡性)のための製品の固有の識別	・品番、ロット番号、作業記録、材料の検査証明書、作業者名など

図 8.44　3 種類の識別

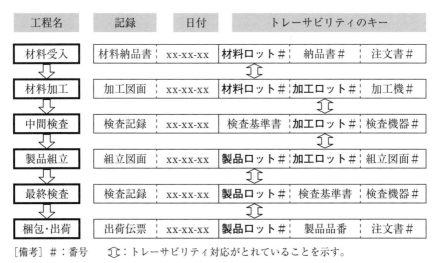

図 8.45　トレーサビリティ記録の例

項　目	実施事項
識別・トレーサビリティの種類(8.5.2)	①　(製品・サービスの適合を確実にするために必要な場合)アウトプットを識別するために、適切な手段を用いる。…［製品の識別］
	②　(製造・サービス提供の全過程において)監視・測定の要求事項に関連して、アウトプットの状態を識別する。 …［検査状態の識別］
	③　(トレーサビリティが要求事項の場合)アウトプットについて一意の識別を管理し、トレーサビリティを可能とするために必要な文書化した情報を保持する。　…［トレーサビリティの識別］
自動化製造工程の検査・試験の状態(8.5.2)	④　注記　検査・試験の状態は、自動化された製造搬送工程中の材料のように本質的に明確である場合を除き、生産フローにおける製品の位置によっては示されない。 ・状態が明確に識別され、文書化され、規定された目的を達成する場合は、代替手段が認められる。
トレーサビリティの目的(8.5.2.1)	⑤　トレーサビリティの目的は、顧客が受け入れた製品、または市場において品質・安全関係の不適合を含んでいる可能性がある製品に対して、開始・停止時点を明確に特定することを支援するためにある。したがって、識別・トレーサビリティのプロセスを下記⑥、⑦に記載されているとおりに実施する。
トレーサビリティ計画(8.5.2.1)	⑥　すべての自動車製品に対して、従業員・顧客・消費者に対するリスクのレベルまたは故障の重大度にもとづいて、トレーサビリティ計画の策定・文書化を含めて、内部・顧客・規制のトレーサビリティ要求事項の分析を実施する。
	⑦　トレーサビリティの計画は、製品・プロセス・製造場所ごとに、適切なトレーサビリティシステム・プロセス・方法を、次のように定める。 a)　不適合製品および疑わしい製品を識別できるようにする。 b)　不適合製品および疑わしい製品を分別できるようにする。 c)　顧客・規制の対応時間の要求事項を満たす能力を確実にする。 d)　対応時間の要求事項を満たせる様式(電子版・印刷版・保管用)で文書化した情報を保持することを確実にする(記録)。 e)　個別製品のシリアル化された識別を確実にする(顧客または規制基準によって規定されている場合)。 f)　識別・トレーサビリティ要求事項が、安全・規制特性をもつ、外部から提供される製品に拡張適用することを確実にする。

図8.46　識別・トレーサビリティの概要

8.5.3 顧客または外部提供者の所有物 (ISO 9001 要求事項)

[ISO 9001 要求事項のポイント]

顧客または外部提供者の所有物について、図 8.47 ①～④に示す事項を実施することを求めています。

顧客(または外部提供者)の所有物には、顧客から支給された材料・部品、設備、治工具などがあります。図 8.47 ②の"防護"(safeguard)は、顧客の製品図面や仕様書、ソフトウェアなどの知的財産や個人情報の保護を考慮したものといえます。

図 8.47 ④は、顧客所有物を紛失したり損傷した場合や、使用には適さないとわかった場合には、顧客に報告し、記録を作成することを述べています。

顧客と契約した開発中の製品、プロジェクトおよび関係製品情報の機密保持については、箇条 8.1.2 "機密保持"において述べています(図 8.2、p.123 参照)。

また、顧客所有の測定機器の管理に関しては、箇条 7.1.5.2.1 "校正・検証の記録"において述べています(図 7.5、p.105 参照)。

[旧規格からの変更点] (旧規格 7.5.4)変更の程度:小

顧客所有物に加えて、外部提供者の所有物が追加されました。供給者から設備や測定機器などが供給される場合は、対応が必要です。

項　目	実施事項
顧客・外部提供者の所有物の管理 (8.5.3)	①　顧客・外部提供者の所有物について、それが組織の管理下にある間、または組織がそれを使用している間は、注意を払う。
	②　使用するため、または製品・サービスに組み込むために提供された、顧客・外部提供者の所有物の識別・検証・保護・防護を実施する。
	③　注記:顧客・外部提供者の所有物には、材料・部品・道具・設備・施設・知的財産・個人情報などが含まれる。
紛失・損傷した場合の処置(8.5.3)	④　顧客・外部提供者の所有物を紛失もしくは損傷した場合、またはこれらが使用に適さないと判明した場合には、その旨を顧客・外部提供者に報告し、発生した事柄について文書化した情報を保持する(記録)。

図 8.47　顧客または外部提供者の所有物の管理

8.5.4　保存　(ISO 9001 要求事項)

[ISO 9001 要求事項のポイント]

製造・サービス提供のアウトプット(製品)の保存に関して、図 8.48 ①、②に示す事項を実施することを求めています。保存となっていますが、識別・取扱い・汚染防止・包装・保管・伝送・輸送・保護などが含まれます。

[旧規格からの変更点]（旧規格 7.5.5）変更の程度：小

大きな変更はありません。

8.5.4.1　保存－補足　(IATF 16949 追加要求事項)

[IATF 16949 追加要求事項のポイント]

保存および在庫管理システムに関して、図 8.48 ③～⑦に示す事項を実施することを求めています。保存に加えて、劣化を検出するための保管中の製品の定期的な評価、在庫回転時間を最適化するため、および"先入れ先出し"(FIFO、first-in and first-out)のための在庫管理システムの使用について述べています。

[旧規格からの変更点]（旧規格 7.5.5.1）変更の程度：小

大きな変更はありません。

項　目	実施事項
保存(8.5.4)	①　製造・サービス提供を行う間、要求事項への適合を確実にするために、アウトプット(製品)を保存する。 ②　注記　保存に関わる考慮事項には、識別・取扱い・汚染防止・包装・保管・伝送・輸送・保護が含まれる。 ③　保存は、外部・内部の提供者からの材料・構成部品に、受領・加工を通じて、顧客の納入・受入れまでを含めて、適用する。 ④　顧客の保存・包装・出荷・ラベリング要求事項に適合する。
定期的な評価、および旧式製品の管理(8.5.4.1)	⑤　劣化を検出するために、保管中の製品の状態、保管容器の場所・方式、および保管環境を、適切に予定された間隔で評価する。 ⑥　旧式となった製品は、不適合製品と同様な方法で管理する。
在庫管理システム(8.5.4.1)	⑦　在庫回転時間を最適化するため、"先入れ先出し"(FIFO)のような、在庫の回転を確実にする、在庫管理システムを使用する。

図 8.48　保存および在庫管理システム

8.5.5　引渡し後の活動　(ISO 9001 要求事項)

[ISO 9001 要求事項のポイント]

製品・サービスに関連する引渡し後の活動に関して、図8.49①〜③に示す事項を実施することを求めています。

なお図8.49③において、補償条項(warranty provisions)があります。補償とは、損害・費用などを補いつぐなうことをいいます。そのような契約がある場合の対応と考えるとよいでしょう。

[旧規格からの変更点]　(旧規格 7.5.1-f)変更の程度：中

引渡し後の活動の内容が具体的に規定されました。また補償条項は、新規の要求事項です。

8.5.5.1　サービスからの情報のフィードバック　(IATF 16949 追加要求事項)

[IATF 16949 追加要求事項のポイント]

サービス部門からの情報のフィードバックに関して、図8.49④〜⑥に示す事項を実施することを求めています。

これは例えば、自動車の修理工場などの、外部のサービス部門からの情報を、組織の製造・技術・設計部門などにフィードバックすることを述べています。外部のサービス部門からの情報のフィードバックと考えるとよいでしょう。

図8.49④では、これらの手順を決めて(プロセスの確立)、実施することを述べています。

[旧規格からの変更点]　(旧規格 7.5.1.7)変更の程度：小

サービスからの情報のフィードバックの具体的な内容が追加されました。

8.5.5.2　顧客とのサービス契約　(IATF 16949 追加要求事項)

[IATF 16949 追加要求事項のポイント]

顧客とのサービス契約に関して、図8.49⑦に示す事項を実施することを求めています。

顧客とのサービス契約は、アフターサービス(after service)業務に関する顧客との契約がある場合のことです。この場合には、例えば修理などのアフター

サービスに関して、組織のサービスセンターの活動の有効性、特殊治工具・測定装置の有効性、およびサービス要員の教育・訓練の有効性を検証します。

なお、箇条 8.5.5.2 "顧客とのサービス契約"は、一般的に有償で行うサービス業務を意味します。無償で行う顧客に対するクレームサービス（苦情処理）は、顧客とのサービス契約ではなく、箇条 10.2.6 "顧客苦情および市場不具合の試験・分析"、または箇条 10.2 "不適合および是正処置"と考えるとよいでしょう。

[旧規格からの変更点]（旧規格 7.5.1.8）変更の程度：小

図 8.51 ⑦ "顧客とのサービス契約"の具体的な内容が追加されました。

項　目	実施事項
引渡し後の活動 (8.5.5)	① 製品・サービスに関連する引渡し後の活動に関する要求事項を満たす。 ② 要求される引渡し後の活動の程度を決定するにあたって、次の事項を考慮する。 　a) 法令・規制要求事項 　b) 製品・サービスに関連して起こり得る望ましくない結果 　c) 製品・サービスの性質、用途および意図した耐用期間 　d) 顧客要求事項 　e) 顧客からのフィードバック ③ 注記　引渡し後の活動には、補償条項（warranty provisions）・メンテナンスサービスのような契約義務、およびリサイクル・最終廃棄のような付帯サービスの活動が含まれ得る。
サービスからの情報のフィードバック (8.5.5.1)	④ 製造・材料の取り扱い・物流・技術・設計活動へのサービスの懸念事項に関する情報を伝達するプロセスを確立・実施・維持する。 ⑤ 注記1　この箇条に"サービスの懸念事項"を追加する意図は、顧客のサイトまたは市場で特定される可能性がある、不適合製品・不適合材料を組織が認識することを確実にするためである。 ⑥ 注記2　"サービスの懸念事項"に、市場不具合の試験解析（10.2.6 参照）の結果を含める（該当する場合には必ず）。
顧客とのサービス契約 (8.5.5.2)	⑦ 顧客とのサービス契約がある場合、次の事項を実施する。 　a) 関連するサービスセンターが、該当する要求事項に適合することを検証する。 　b) 特殊目的治工具・測定設備の有効性を検証する。 　c) サービス要員が、該当する要求事項について教育訓練されていることを確実にする。

図 8.49　引渡し後の活動およびサービス業務

8.5.6 変更の管理 （ISO 9001 要求事項）

[ISO 9001 要求事項のポイント]

製造・サービス提供に関する変更管理に関して、図 8.50 ①、②に示す事項を実施することを求めています。

ここで述べているのは、製造・サービス提供に関する変更管理、すなわち製品実現プロセスの変更管理です。設計・開発の変更管理については、箇条 8.3.6 で述べています。

項　目	実施事項
変更管理 (8.5.6)	① 製造・サービス提供に関する変更を、要求事項への継続的な適合を確実にするために、レビューし、管理する。
	② 変更のレビューの結果、変更を正式に許可した人、およびレビューから生じた必要な処置を記載した、文書化した情報を保持する(記録)。
変更管理プロセスの文書化 (8.5.6.1)	③ 製品実現に影響する変更を管理し対応する文書化したプロセスをもつ。
	④ 組織・顧客・供給者に起因する変更を含む、変更の影響を評価する。
変更管理における実施事項 (8.5.6.1)	⑤ 変更管理に関して、次の事項を実施する。 　a) 顧客要求事項への適合を確実にするための検証・妥当性確認の活動を定める。 　b) （生産における変更）実施の前に、変更の妥当性確認を行う。 　c) 関係するリスク分析の証拠を文書化する(記録)。 　d) 検証・妥当性確認の記録を保持する。
	⑥ 変更は、製造工程に与える変更の影響の妥当性確認を行うために、その変更点(部品設計・製造場所・製造工程の変更のような)の検証に対する生産トライアル稼働を要求することが望ましい。 ・供給者で行う変更を含める。
	⑦ 次の事項を実施する(顧客に要求される場合)。 　e) 製品承認後の、計画した製品実現の変更を顧客に通知する。 　f) 変更の実施の前に文書化した顧客の承認を得る。 　g) 生産トライアル稼働・新製品の妥当性確認のような、追加の検証・識別の要求事項を完了する。

図 8.50　変更管理

［旧規格からの変更点］（旧規格 7.3.7）変更の程度：中
設計変更ではない、製造・サービス提供の変更管理が追加されました。

8.5.6.1　変更の管理－補足　（IATF 16949 追加要求事項）

［IATF 16949 追加要求事項のポイント］

製品実現に影響する変更の管理に関して、図 8.52 ③〜⑦に示す事項を実施することを求めています。変更管理プロセスの文書化を要求しています。

図 8.50 の⑤〜⑦の内容を図示すると図 8.51 のようになります。

［旧規格からの変更点］（旧規格 7.1.4）変更の程度：中

図 8.50 ③、⑤ c)、d)、⑥生産トライアル稼働、⑦ e)が追加されました。

なお、旧規格の箇条 7.1.4 "変更管理" で述べていた、"独占権などによって詳細内容が開示されない設計に対しては、すべての影響が適切に評価できるよう、形状、組付け時の合い、機能（性能および耐久性を含む）への影響を、顧客とともにレビューする" という記述は、なくなりました。

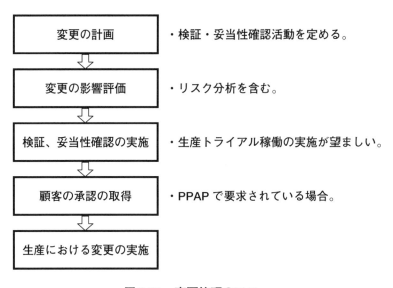

図 8.51　変更管理のフロー

8.5.6.1.1　工程管理の一時的変更　（IATF 16949 追加要求事項）

［IATF 16949 追加要求事項のポイント］

　緊急事態の発生や、リコールで生産量が急増した場合など、一時的に製造サイトや製造工程を変更する場合の管理について、図 8.52 ①〜⑦に示す事項を実施することを求めています。代替工程管理プロセスの文書化が要求されています。

［旧規格からの変更点］変更の程度：大

新規要求事項です。

項　目	実施事項
代替工程管理プロセスの文書化 (8.5.6.1.1)	①　検査・測定・試験・ポカヨケ装置を含む、工程管理のリストを特定・文書化・維持する。バックアップまたは代替法が存在する場合、このリストには、主要な工程管理および承認されたバックアップまたは代替方法を含める。
	②　代替管理方法の使用を運用管理するプロセスを文書化する。 ・リスク分析（FMEA のような）にもとづいて、重大性および代替管理方法の生産実施の前に取得する内部承認を含める。
	③　代替手法を使用して、検査・試験された製品の出荷の前に、顧客の承認を取得する（要求される場合）。 ・コントロールプランに引用され、承認された代替工程管理方法のリストを維持し、定期的にレビューする。
作業指示書 (8.5.6.1.1)	④　代替工程管理に対して、標準作業指示書が利用可能にする。 ・コントロールプランに定められた標準工程に可及的速やかに復帰することを目標とする、標準作業の実施を検証するために、代替工程管理の運用を、日常的にレビューする。
工程管理の方法 (8.5.6.1.1)	⑤　工程管理の方法例には、次の事項を含める。 a）日常的品質重視監査（例：（該当する場合には必ず）階層別工程監査、layered process audit、　b）日常的リーダーシップ会議
再稼働の検証 (8.5.6.1.1)	⑥　再稼働の検証は、定められた期間内に、重大性・ポカヨケ装置・製造工程のすべての機能が有効に復帰していることを確認し、文書化する。
代替工程のトレーサビリティ (8.5.6.1.1)	⑦　代替工程管理装置・製造工程が使用されていた間に生産されたすべての製品に対して、トレーサビリティを実施する。 ・例：全シフトから得られた初品・終品の検証・保管

図 8.52　工程管理の一時的変更（代替製造工程の管理）

8.6 製品およびサービスのリリース （ISO 9001 要求事項）

[ISO 9001 要求事項のポイント]

製品・サービスの検証とリリースに関して、図 8.53 ①～③に示す事項を実施することを求めています。

リリース(release)とは、"プロセスの次の段階または次のプロセスに進めることを認めること"と定義されています。すなわち、受入検査・工程内検査・最終検査などの検証を行った後に、顧客に出荷または次工程に進めることをいいます。図 8.53 ③は、リリースを判断した合否判定基準への適合の証拠と、リリースを正式に許可した人の名前・番号などの特定情報を記録として保管することを述べています。

[旧規格からの変更点]（旧規格 8.2.4）変更の程度：小

大きな変更はありません。

項　目	実施事項
製品・サービスの検証とリリース (8.6)	①　製品・サービスの要求事項を満たしていることを検証するために、（適切な段階において）計画した取決めを実施する。
	②　計画した取決めが問題なく完了するまでは、顧客への製品・サービスのリリースを行わない。 ・ただし、当該の権限をもつ者が承認し、かつ顧客が承認したときは、この限りではない。
	③　製品・サービスのリリースについて文書化した情報を保持する（記録）。これには、次の事項を含む。 a)　合否判定基準への適合の証拠 b)　リリースを正式に許可した人に対するトレーサビリティ
コントロールプラン(8.6.1)	④　製品・サービスの要求事項が満たされていることを検証するための計画した取決めが、コントロールプランを網羅し、かつコントロールプランに規定されたように文書化されていることを確実にする。
製品・サービスのリリース(8.6.1)	⑤　製品・サービスの初回リリースに対する計画した取決めが、製品・サービスの承認を網羅することを確実にする。
	⑥　製品・サービスの承認が、箇条 8.5.6 "変更の管理"に従って、初回リリースに引続く変更の後に遂行されることを確実にする。

図 8.53　製品・サービスのリリース

8.6.1　製品およびサービスのリリース-補足　(IATF 16949 追加要求事項)

[IATF 16949 追加要求事項のポイント]

製品・サービスの検証とリリースに関して、図 8.53 ④～⑥に示す事項を実施することを求めています。

図 8.53 ④～⑥は、次のことを述べています。

- ④は、リリースの方法がコントロールプランに記載されていること
- ⑤は、製品・サービスの初回リリースに対する承認の手順が決まっていること
- ⑥は、変更管理に対する承認の手順が決まっていること

[旧規格からの変更点]（旧規格 8.2.4）変更の程度：中

図 8.53 ④～⑥において、製品・サービスのリリースの具体的な内容が追加されました。

項　目	実施事項
レイアウト検査・機能試験 (8.6.2)	①　次の検査をコントロールプランに規定されたとおり、各製品に対して実施する。 ・レイアウト検査（寸法検査） ・顧客の材料・性能の技術規格に対する機能検証 ②　その結果は、顧客がレビューのために利用できるようにする。 ③　注記 1　レイアウト検査とは、設計記録に示されるすべての製品寸法を完全に測定することである。 ④　注記 2　レイアウト検査の頻度は、顧客によって決定される。
外観品目 (8.6.3)	⑤　"外観品目"として顧客に指定された組織の製造部品に対して、次の事項を提供する。 　a)　照明を含む、評価のための適切な資源 　b)　色・紋・光沢・金属性光沢・風合い・イメージの明瞭さ（DOI）のマスター、および触覚技術（必要に応じて） 　c)　外観マスターおよび評価設備の保全・管理 　d)　外観評価を実施する要員が、力量をもちそれを実施する資格をもっていることの検証

図 8.54　レイアウト検査・機能試験および外観品目

8.6.2　レイアウト検査および機能試験　(IATF 16949 追加要求事項)

［IATF 16949 追加要求事項のポイント］

　レイアウト検査(layout inspection)および機能試験(functional testing)に関して、図8.54 ①〜④(p.177)に示す事項を実施することを求めています。

　レイアウト検査とは、製品図面などの設計文書に示されるすべての製品寸法を完全に測定することで、寸法検査または全寸法検査ともいいます。また機能試験は、仕様書などの設計文書に示されるすべての製品の特性を測定することです。レイアウト検査と機能試験は、コントロールプランに規定されたとおりに実施します。なお、レイアウト検査と機能試験の頻度は、例えば年1回などのように、通常顧客によって指定されます。

［旧規格からの変更点］（旧規格 8.2.4.1）変更の程度：小

　名称が変わりましたが、大きな変更はありません。

8.6.3　外観品目　(IATF 16949 追加要求事項)

［IATF 16949 追加要求事項のポイント］

　外観品目(appearance items)の管理に関して、図8.54 ⑤に示す事項を実施することを求めています。外観品目とは、外観が重要で、顧客から外観品目として指定された製品のことです。顧客から外観品目として指定された製品を製造する場合、照明などの適切な資源、必要なマスター(標準見本)、資格認定された外観検査要員を準備します。

　外観品目は、一般的に自動車を利用する人が見えるところに使用される製品(自動車部品)に対して、顧客によって指定されます。

　したがって、例えばボンネットを開けたときに見えるエンジンルーム内のエンジンやバッテリーなどの部品、外からは見えないカーナビの内部に使われている部品などは、外観が重要ではないというわけではありませんが、一般的には外観品目として指定されません。

［旧規格からの変更点］（旧規格 8.2.4.2）変更の程度：小

　図8.54 ⑤ b)の触覚技術が追加されました。

8.6.4　外部から提供される製品およびサービスの検証および受入れ
（IATF 16949 追加要求事項）

［IATF 16949 追加要求事項のポイント］

　外部から提供される製品・サービスの検証および受入れに関して、図 8.55 ①に示す事項を実施することを求めています。a) は、供給者から統計データを受領して評価するものです。例えば工程能力指数（C_{pk}）などのデータです。統計的なデータを評価することによって、製造工程の能力を知ることができます。

　b) は、一般的に行われている、受入検査の方法です。

　c) は、供給者に対して監査を行うものです。

　ここで c) は、製造工程と検査・試験の状況だけでなく、設備の管理状況、作業環境、作業者の行動などについても評価することができ、好ましい方法といえます。なお、"受入れ可能な納入製品の要求事項への適合の記録を伴う"とあるのは、供給者から購入している製品（部品）のデータの確認を含めた、供給者の製造工程監査ということです。

　なお、購買製品の検証方法に関して、購買製品に添付されている検査成績書の内容を確認するという方法を採用している組織がありますが、この方法は、図 8.55 ①のいずれでもなく要求を満たしていません。注意が必要です。

［旧規格からの変更点］（旧規格 7.4.3.1）変更の程度：小

大きな変更はありません。

項　目	実施事項
外部提供製品・サービスの検証・受入れ （8.6.4）	①　次の方法の一つ以上を用いて、外部から提供されるプロセス・製品・サービスの品質を確実にするプロセスをもつ。 　a)　供給者から組織に提供された統計データの受領・評価 　b)　受入検査・試験（パフォーマンスにもとづく抜取検査のような） 　c)　供給者の拠点の第二者・第三者の評価または監査（受入れ可能な納入製品の要求事項への適合の記録を伴う） 　d)　指定された試験所による部品評価 　e)　顧客と合意した他の方法

図 8.55　外部提供製品の検証

8.6.5　法令・規制への適合　(IATF 16949 追加要求事項)

[IATF 16949 追加要求事項のポイント]

外部から提供されるプロセス・製品・サービスの法令・規制への適合に関して、図 8.56 ①に示す事項を実施することを求めています。

箇条 8.4.2.2 と関連した要求事項です。

[旧規格からの変更点]（旧規格 7.4.1.1）変更の程度：小

大きな変更はありません。

8.6.6　合否判定基準　(IATF 16949 追加要求事項)

[IATF 16949 追加要求事項のポイント]

合否判定基準に関して、図 8.56 ②、③に示す事項を実施することを求めています。

合否判定基準は、基本的には組織が決めることになりますが、場合によっては、顧客の承認が必要となることがあります。

抜取検査における計数データの合否判定水準には、いろいろなレベルのものがありますが、ここでは不良ゼロ（ゼロ・ディフェクト）を採用することを述べています。

[旧規格からの変更点]（旧規格 7.1.2）変更の程度：小

大きな変更はありません。

項　目	実施事項
法令・規制への適合 (8.6.5)	①　自社の生産フローに外部から提供される製品をリリースする前に、外部から提供されるプロセス・製品・サービスが、製造された国、および（提供された場合）顧客指定の仕向国における最新の法令・規制・他の要求事項に適合していることを確認し、それを証明する証拠を提供できるようにする。
合否判定基準 (8.6.6)	②　合否判定基準は、組織によって定められ、顧客の承認を得る（必要に応じて、または要求がある場合）。 ③　抜取検査における計数データの合否判定水準は、不良ゼロ（ゼロ・ディフェクト）とする。

図 8.56　法令・規制への適合、および合否判定基準

8.7 不適合なアウトプットの管理

8.7.1 （一般） (ISO 9001 要求事項)

8.7.2 （文書化） (ISO 9001 要求事項)

[ISO 9001 要求事項のポイント]

不適合製品の管理に関して、図 8.57 ①〜④および⑥に示す事項を実施することを求めています。

[旧規格からの変更点]（旧規格 8.3）変更の程度：小

大きな変更はありません。

項　目	実施事項
不適合なアウトプットの管理 (8.7.1) 不適合の管理ー顧客規定のプロセス (8.7.1.2)	①　要求事項に適合しないアウトプット（製品）が誤って使用されること、または引き渡されることを防ぐために、それらを識別し、管理することを確実にする。
	②　不適合の性質、およびそれが製品・サービスの適合に与える影響にもとづいて、適切な処置をとる。 ・これは、製品の引渡し後、サービスの提供中または提供後に検出された、不適合な製品・サービスにも適用する。
	③　次の一つ以上の方法を用いて、不適合なアウトプットを処理する。 　a)　修正 　b)　製品・サービスの分離・散逸防止・返却・提供停止 　c)　顧客への通知 　d)　特別採用による受入の正式な許可の取得 ④　不適合なアウトプットに修正を施したときには、要求事項への適合を検証する。 ⑤　**不適合製品に対して、顧客指定のプロセスに従う。**
文書化 (8.7.2)	⑥　次の事項を満たす文書化した情報を保持する（記録）。 　a)　不適合が記載されている。 　b)　とった処置が記載されている。 　c)　取得した特別採用が記載されている。 　d)　不適合の処置について決定する権限をもつ者を特定している。

図 8.57　不適合製品の管理

8.7.1.1　特別採用に対する顧客の正式許可　（IATF 16949 追加要求事項）
［IATF 16949 追加要求事項のポイント］

特別採用に対する顧客の正式許可に関して、図 8.58 ①～⑦に示す事項を実施することを求めています。図 8.58 ①は、不適合製品だけでなく製造工程が現在承認されているものと異なる場合は、顧客の特別採用（または逸脱許可）が必要であること、また②は、不適合製品の現状での使用（特別採用）および手直し処置の前に、顧客の正式認可が必要であることを述べています。

［旧規格からの変更点］（旧規格 8.3.4）変更の程度：中

図 8.58 ②、③が追加されています。

8.7.1.2　不適合の管理－顧客規定のプロセス　（IATF 16949 追加要求事項）
［IATF 16949 追加要求事項のポイント］

図 8.57 ⑤において、不適合製品に対して、顧客指定のプロセスに従うことを述べています。

［旧規格からの変更点］（旧規格 8.3）変更の程度：中

新規要求事項です。

項　目	実施事項
顧客の承認 (8.7.1.1)	①　製品・製造工程が現在承認されているものと異なる場合は、その後の処理の前に顧客の特別採用・逸脱許可を得る。 ②　不適合製品の"現状での使用"および修理(8.7.1.5 参照)する以降の処理を進める前に顧客の正式認可を受ける。 ③　構成部品が製造工程で再使用される場合は、その構成部品は、特別採用・逸脱許可によって、明確に顧客に伝達する。
特別採用の管理 (8.7.1.1)	④　特別採用によって認可された満了日・数量の記録を維持する。 ⑤　認可が満了となった場合、元のまたは置き換わった新たな仕様書および要求事項に適合していることを確実にする。 ⑥　特別採用として出荷される材料は、各出荷容器上で適切に識別する(これは、購入された製品にも適用する)。
供給者に対する 特別採用(8.7.1.1)	⑦　供給者からの特別採用の要請に対して、顧客に特別採用を申請する前に、組織として承認する。

図 8.58　特別採用

8.7.1.3　疑わしい製品の管理　（IATF 16949 追加要求事項）

[IATF 16949 追加要求事項のポイント]

未確認または疑わしい状態の製品の管理に関して、図8.59①、②に示す事項を実施することを求めており、不適合製品と同様の管理が必要です。

[旧規格からの変更点]（旧規格8.3.1）変更の程度：小

図8.59②"教育訓練"が追加されました。

8.7.1.4　手直し製品の管理　（IATF 16949 追加要求事項）

[IATF 16949 追加要求事項のポイント]

手直し製品（reworked product）の管理に関して、図8.59③～⑦に示す事項を実施することを求めています。

手直し製品の管理の文書化したプロセスを求めています。

[旧規格からの変更点]（旧規格8.3.2）変更の程度：中

手直し製品の管理の具体的な内容が追加されました。

8.7.1.5　修理製品の管理　（IATF 16949 追加要求事項）

[IATF 16949 追加要求事項のポイント]

修理製品（repaired product）の管理に関して、図8.59⑧～⑬に示す事項を実施することを求めています。修理確認のプロセスの文書化を求めています。

ここで、手直し製品の管理と修理製品の管理について、比較してみましょう。手直し（rework）と修理（repair）は、次のように定義されています。

・手直しとは、要求事項に適合させるため、不適合となった製品・サービスに対してとる処置である。手直しは、不適合となった製品・サービスの部分に影響を及ぼすまたは部分を変更することがある。

・修理とは、意図された用途に対して受入れ可能とするため、不適合となった製品・サービスに対してとる処置である。不適合となった製品・サービスの修理が成功しても、必ずしも製品・サービスが要求事に適合するとは限らない。修理と合わせて、特別採用が必要となることがある。

図8.59④、⑨は、手直し製品は、顧客から要求されている場合は、手直し

を行う前に顧客の承認が必要ですが、修理を行う場合は、必ず顧客の承認が必要であることを述べています。

また図8.59⑥および⑪は、手直しや修理が行われたことがわかるように、トレーサビリティがとれるようにすることを述べています。

[旧規格からの変更点] 変更の程度：大

新規要求事項です。

項　目	実施事項
疑わしい製品の管理 (8.7.1.3)	①　未確認または疑わしい状態の製品は、不適合製品として分類し管理することを確実にする。 ②　すべての適切な製造要員が、疑わしい製品および不適合製品の封じ込めの教育訓練を受けることを確実にする。
手直し製品の管理 (8.7.1.4)	③　製品を手直しする判断の前に、手直し工程におけるリスクを評価するために、リスク分析(FMEAのような)の方法論を活用する。 ④　製品の手直しを開始する前に、顧客の承認を取得する(顧客から要求される場合)。 ⑤　コントロールプラン(または他の関連する文書化した情報)に従って、原仕様への適合を検証する、手直し確認の文書化したプロセスをもつ。 ⑥　再検査・トレーサビリティ要求事項を含む、分解・手直し指示書は、適切な要員がアクセスでき、利用できるようにする。 ⑦　量・処置・処置日・該当するトレーサビリティ情報を含めて、手直しした製品の処置に関する文書化した情報を保持する(記録)。
修理製品の管理 (8.7.1.5)	⑧　製品を修理する判断の前に、修理工程におけるリスクを評価するために、リスク分析(FMEAのような)の方法論を活用する。 ⑨　製品の修理を開始する前に、顧客から承認を取得する。 ⑩　コントロールプラン(または他の関連する文書化した情報)に従って、修理確認の文書化したプロセスをもつ。 ⑪　再検査・トレーサビリティ要求事項を含む、分解・修理指示書は、適切な要員がアクセスでき、利用できるようにする。 ⑫　修理される製品の特別採用について、文書化した顧客の正式許可を取得する(記録)。 ⑬　量・処置・処置日・該当するトレーサビリティ情報を含めて、修理した製品の処置に関する文書化した情報を保持する(記録)。

図8.59　疑わしい製品、手直し製品および修理製品の管理

8.7.1.6　顧客への通知　(IATF 16949 追加要求事項)

［IATF 16949 追加要求事項のポイント］

不適合製品が出荷された場合の顧客への通知に関して、図 8.60 ①、②に示す事項を実施することを求めています。

［旧規格からの変更点］（旧規格 8.3.3）変更の程度：小

図 8.60 ②が追加されました。

8.7.1.7　不適合製品の廃棄　(IATF 16949 追加要求事項)

［IATF 16949 追加要求事項のポイント］

不適合製品の廃棄に関して、図 8.60 ③～⑤に示す事項を実施することを求めています。

不適合製品の廃棄プロセスの文書化を求めています。

図 8.60 ④は、不適合製品が、意図されない用途に使用できないようにすることを、そして⑤は、不適合製品を本来以外の用途に使用する場合は、事前に顧客の承認が必要であることを述べています。

［旧規格からの変更点］変更の程度：大

新規要求事項です。

項　目	実施事項
顧客への通知 (8.7.1.6)	①　不適合製品が出荷された場合には、顧客に対して速やかに通知する。 ②　初回の伝達に引き続き、その事象の詳細な文書を提供する。
不適合製品の廃棄 (8.7.1.7)	③　手直しまたは修理できない不適合製品の廃棄に関する文書化したプロセスをもつ。 ④　要求事項を満たさない製品に対して、スクラップ(scrap、廃棄)される製品が廃棄の前に使用不可の状態にされていることを検証する。 ⑤　事前の顧客承認なしで、不適合製品をサービスまたは他の使用に流用しない。

図 8.60　顧客への通知および不適合製品の廃棄

用　語	定　義
組込みソフトウェア embedded software	① 組込みソフトウェアとは、顧客によって規定された、その機能を制御するために、自動車部品(一般的に、コンピュータチップまたは他の不揮発性メモリ)に保存された特定のプログラムである。 ② IATF 16949 認証の適用範囲における、組込みソフトウェアによって制御される部品は、自動車用に開発されたものとする。(例えば、乗用車、小型商用車、トラック、バス、および二輪車など。IATF 認証取得および維持のためのルール、第 5 版、1.0　IATF 16949 認証の適格性参照) ③ 注記　製造工程(例えば、部品や材料を製造する機械など)を制御するソフトウェアは、組込みソフトウェアの定義に含まれない。

図 8.61　組込みソフトウェア

第9章 パフォーマンス評価

　本章では、IATF 16949 規格(箇条9)の"パフォーマンス評価"について述べています。

　この章の IATF 16949 規格要求事項の項目は、次のようになります。

9.1	監視、測定、分析および評価
9.1.1	一般
9.1.1.1	製造工程の監視および測定
9.1.1.2	統計的ツールの特定
9.1.1.3	統計概念の適用
9.1.2	顧客満足
9.1.2.1	顧客満足−補足
9.1.3	分析および評価
9.1.3.1	優先順位づけ
9.2	内部監査
9.2.1	(内部監査の目的)
9.2.2	(内部監査の実施)
9.2.2.1	内部監査プログラム
9.2.2.2	品質マネジメントシステム監査
9.2.2.3	製造工程監査
9.2.2.4	製品監査
9.3	マネジメントレビュー
9.3.1	一般
9.3.1.1	マネジメントレビュー−補足
9.3.2	マネジメントレビューへのインプット
9.3.2.1	マネジメントレビューへのインプット−補足
9.3.3	マネジメントレビューからのアウトプット
9.3.3.1	マネジメントレビューからのアウトプット−補足

9.1 監視、測定、分析および評価

9.1.1 一般 (ISO 9001 要求事項)

[ISO 9001 要求事項のポイント]
監視・測定に関して、図9.1 ①〜③に示す事項を実施することを求めています。

[旧規格からの変更点] (旧規格 8.1)変更の程度：中
ISO 9001 規格では、各所において監視(monitoring)を求めています。

9.1.1.1 製造工程の監視および測定 (IATF 16949 追加要求事項)

[IATF 16949 追加要求事項のポイント]

製造工程の監視・測定に関して、図9.2 ①〜⑩に示す事項を実施することを求めています。図9.2 ①は、新規製造工程に対する工程能力(C_{pk})調査の実施、③は、顧客の生産部品承認プロセス(PPAP)の要求事項で要求された製造工程能力の維持、⑦は、統計的に能力不足または不安定な特性に対する、コントロールプランに記載された対応計画の開始、そして⑧は、工程が安定し、統計的に能力をもつようにするための是正処置の実施について述べています。

また IATF 16949 では、製造工程以外にも、設計・開発プロセスや供給者管理など、種々の項目で監視を求めています。

項　目	実施事項
監視・測定の対象・方法・時期 (9.1.1)	① 監視・測定に関して、次の事項を決定する。 a) 監視・測定が必要な対象 b) 妥当な結果を確実にするために必要な、監視・測定・分析・評価の方法 c) 監視・測定の実施時期 d) 監視・測定の結果の分析・評価の時期
有効性の評価 (9.1.1)	② 品質マネジメントシステムのパフォーマンスと有効性を評価する。
文書化 (9.1.1)	③ この結果の証拠として、適切な文書化した情報を保持する(記録)。

図 9.1　監視・測定・分析・評価

[旧規格からの変更点]（旧規格 8.2.3.1）変更の程度：小

図 9.2 ① "特殊特性の管理"、② "代替の方法"、④ "PFMEA"、および ⑤ d)、e) が追加されています。

項　目	実施事項
工程能力調査の実施 (9.1.1.1)	①　すべての新規製造工程に対して、工程能力を検証し、特殊特性の管理を含む工程管理への追加インプットを提供するために、工程調査を実施する。 ②　注記　製造工程によって、工程能力を通じて製品適合を実証することができない場合は、それらの製造工程に対して、仕様書に対する一括適合のような代替の方法を採用してもよい。
顧客に要求された工程能力の維持 (9.1.1.1)	③　顧客の部品承認プロセス要求事項（PPAP）で規定された製造工程能力（C_{pk}）または製造工程性能（P_{pk}）の結果を維持する。 ④　工程フロー図、PFMEA、およびコントロールプランが実施されることを確実にする。 ⑤　これには次の事項の順守を含める。 　　a)　測定手法 　　b)　抜取計画 　　c)　合否判定基準 　　d)　変数データに対する実際の測定値・試験結果の記録 　　e)　合否判定基準が満たされない場合の対応計画・上申プロセス
工程の重大な出来事の記録 (9.1.1.1)	⑥　治工具の変更、機械の修理のような工程の重大な出来事は、文書化した情報として記録し保持する。
能力不足・不安定な特性に対する処置 (9.1.1.1)	⑦　統計的に能力不足・不安定のいずれかである特性に対して、コントロールプランに記載されている、仕様への適合の影響が評価された対応計画を開始する。 　　対応計画には、製品の封じ込めおよび全数検査を含める（必要に応じて）。 ⑧　工程が安定し、統計的に能力をもつようになることを確実にするために、特定の処置・時期・担当責任者を規定する是正処置計画を策定し、実施する。 ⑨　この計画は顧客とともにレビューし、承認を得る（顧客に要求される場合）。 ⑩　工程変更の実効日付の記録を維持する。

図 9.2　製造工程の監視・測定

9.1.1.2　統計的ツールの特定　（IATF 16949 追加要求事項）

[IATF 16949 追加要求事項のポイント]

統計的ツールの特定に関して、図9.3①、②を実施することを求めています。

[旧規格からの変更点]（旧規格 8.1.1）変更の程度：小

図9.3②の統計的ツールの具体的な内容が追加されました。

9.1.1.3　統計概念の適用　（IATF 16949 追加要求事項）

[IATF 16949 追加要求事項のポイント]

統計概念の適用に関して、図9.3③に示す事項を実施することを求めています。

[旧規格からの変更点]（旧規格 8.1.2）変更の程度：小

大きな変更はありません。

9.1.2　顧客満足　(ISO 9001 要求事項)

9.1.2.1　顧客満足－補足　（IATF 16949 追加要求事項）

[ISO 9001 要求事項のポイント]

顧客満足(customer satisfaction)情報の監視に関して、図9.4①～③に示す事項を実施することを求めています。

[旧規格からの変更点]（旧規格 8.2.1）変更の程度：小

大きな変更はありません。

項　目	実施事項
統計的ツールの特定 (9.1.1.2)	①　統計的ツールの適切な使い方を決定する。 ②　適切な統計的ツールが、下記に含まれていることを検証する。 ・先行製品品質計画(APQP、またはそれに相当する)プロセス ・設計リスク分析(DFMEAのような)(該当する場合には必ず) ・工程リスク分析(PFMEAのような) ・コントロールプラン
統計概念の適用(9.1.1.3)	③　次のような統計概念は、統計データの収集・分析・管理に携わる従業員に理解され、使用されるようにする。 ・ばらつき　・管理(安定性)　・工程能力(C_{pk}) ・過剰調整(オーバーアジャストメント、over-adjustment)によって起こる結果

図 9.3　統計的ツールの活用

第9章 パフォーマンス評価

［IATF 16949 追加要求事項のポイント］

顧客満足情報の監視に関して、図9.4 ④〜⑦に示す事項を実施することを求めています。

リコールのような市場での重大品質問題、または納入製品の重大な品質問題が発生すると、自動車メーカーは発注を一時凍結することがあります。このような事態に発行されるのが図9.4 ⑤ e)の"特別通知"です。そして、このような状態は特別状態と呼ばれます。

［旧規格からの変更点］（旧規格 8.2.11）変更の程度：小

図9.4 ⑤ c)、⑦が追加されています。

項　目	実施事項
顧客満足情報の監視 （9.1.2、**9.1.2.1**）	①　顧客のニーズと期待が満たされている程度について、顧客がどのように受け止めているかを監視する。 ②　この情報の入手・監視・レビューの方法を決定する。 ③　注記　顧客の受け止め方の監視には、例えば、顧客調査、提供した製品・サービスに関する顧客からのフィードバック、顧客との会合、市場シェアの分析、顧客からの賛辞、補償請求およびディーラ報告が含まれ得る。 ④　製品・プロセスの仕様書および他の顧客要求事項への適合を確実にするために、内部・外部の評価指標の継続的評価を通じて、顧客満足を監視する。
パフォーマンス指標（9.1.2.1）	⑤　パフォーマンス指標は、客観的証拠にもとづき、次の事項を含める。 　a)　納入した部品の品質パフォーマンス 　b)　顧客が被った迷惑 　c)　市場で起きた回収・リコール・補償（該当する場合には必ず） 　d)　納期パフォーマンス（特別輸送費が発生する不具合を含む） 　e)　品質・納期問題に関する顧客からの通知（特別状態を含む）
製造工程パフォーマンスの監視（9.1.2.1）	⑥　製品品質・プロセス効率に対する顧客要求事項への適合を実証するために、製造工程のパフォーマンスを監視する。 ⑦　監視には、オンライン顧客ポータル・顧客スコアカードを含む、顧客パフォーマンスデータのレビューを含める（提供される場合）。

図9.4　顧客満足

9.1.3　分析および評価　(ISO 9001 要求事項)

[ISO 9001 要求事項のポイント]

監視・測定データ・情報の分析・評価に関して、図9.5①、②に示す事項を実施することを求めています。データ分析の目的は、図9.5② a) ～ g)に示すように、製品・サービスの適合、顧客満足度、品質マネジメントシステムのパフォーマンスと有効性、外部提供者のパフォーマンスの改善などがあります。

どのようなデータを分析すればよいかについて、図9.5①では具体的には述べていません。顧客満足、内部監査、品質マネジメントシステムの各プロセスの監視・測定および製品の監視・測定の結果得られたデータなどが、データ分析の対象(インプット)となります。

[旧規格からの変更点]　(旧規格 8.4) 変更の程度：中

図9.5② c)、d)、e)、g)が追加されています。

9.1.3.1　優先順位づけ　(IATF 16949 追加要求事項)

[IATF 16949 追加要求事項のポイント]

改善処置の優先順位づけに関して、図9.5③の事項の実施を求めています。

[旧規格からの変更点]　(旧規格 8.4.1) 変更の程度：小

旧規格箇条8.4.1 "データ分析および使用" に対して、簡単になっています。

項　目	実施事項
分析・評価 (9.1.3)	①　監視・測定からの適切なデータおよび情報を分析し、評価する。 ②　分析の結果は、次の事項を評価するために用いる。 　a)　製品・サービスの適合 　b)　顧客満足度 　c)　品質マネジメントシステムのパフォーマンスと有効性 　d)　計画が効果的に実施されたかどうか。 　e)　リスクおよび機会に取り組むためにとった処置の有効性 　f)　外部提供者のパフォーマンス 　g)　品質マネジメントシステムの改善の必要性
優先順位づけ (9.1.3.1)	③　品質・運用パフォーマンスの傾向は、目標への進展と比較し、顧客満足を改善する処置の優先順位づけを支援する処置につなげる。

図9.5　分析・評価および優先順位づけ

9.2 内部監査

9.2.1 （内部監査の目的）　(ISO 9001 要求事項)
9.2.2 （内部監査の実施）　(ISO 9001 要求事項)

［ISO 9001 要求事項のポイント］

内部監査(internal audit)の目的と内部監査実施事項に関して、図9.6 ①〜③に示す事項を実施することを求めています。

内部監査の目的として、図9.6 ① a)は適合性の確認、b)は有効性の確認について述べています。

内部監査の詳細については、本書の第3章を参照ください。

［旧規格からの変更点］（旧規格 8.2.2）変更の程度：小

大きな変更はありません。

項　目	実施事項
内部監査の目的 (9.2.1)	①　品質マネジメントシステムが、次の状況にあるか否かに関する情報を提供するために、あらかじめ定めた間隔で内部監査を実施する。 　a)　品質マネジメントシステムは、次の事項に適合しているか。 　　1)　品質マネジメントシステムに関して、組織が規定した要求事項 　　2)　ISO 9001 規格の要求事項 　b)　品質マネジメントシステムは、有効に実施され維持されているか。
実施事項 (9.2.2)	②　内部監査に関して、次の事項を行う。 　a)　監査プログラムを計画・確立・実施および維持する。 　　・頻度・方法・責任・計画要求事項および報告を含む。 　　・監査プログラムは、関連するプロセスの重要性、組織に影響を及ぼす変更、および前回までの監査の結果を考慮に入れる。 　b)　各監査について、監査基準と監査範囲を定める。 　c)　監査プロセスの客観性・公平性を確保するために、監査員を選定し、監査を実施する。 　d)　監査の結果を関連する管理層に報告することを確実にする。 　e)　遅滞なく、適切な修正と是正処置を行う。 　f)　監査プログラムの実施および監査結果の証拠として、文書化した情報を保持する(記録)。 ③　注記　手引として ISO 19011 を参照。

図9.6　内部監査の目的と実施事項

9.2.2.1 内部監査プログラム （IATF 16949 追加要求事項）

[IATF 16949 追加要求事項のポイント]

内部監査プログラムに関して、図 9.7 ①～⑥に示す事項を実施することを求めています。文書化した内部監査プロセスが要求されています。

また、品質マネジメントシステム監査、製造工程監査および製品監査の3種類の監査を含めた内部監査プログラムを策定して実施することを述べています。

そして、ソフトウェア開発能力評価を監査プログラムに含めること、および監査プログラムの有効性をマネジメントレビューでレビューすることを述べています。監査プログラムの有効性とは、監査が計画どおりに実施されたかどうかではなく、監査プログラムが監査の目的を達成したかどうかを確認することです。

内部監査プログラムに関しては、本書の第3章を参照ください。

[旧規格からの変更点]（旧規格 8.2.2.4）変更の程度：大

内部監査プログラムの具体的な内容が追加されました。

項　目	実施事項
内部監査プログラムの策定 （9.2.2.1）	① 文書化した内部監査プロセスをもつ。 ② 内部監査プロセスには、下記の3種類の監査を含む、品質マネジメントシステム全体を網羅する、内部監査プログラムの策定・実施を含める。 ・品質マネジメントシステム監査 ・製造工程監査 ・製品監査
	③ 監査プログラムは、リスク、内部・外部パフォーマンスの傾向、およびプロセスの重大性にもとづいて優先づけする。 ④ プロセス変更、内部・外部の不適合、および顧客苦情にもとづいて、監査頻度をレビューし、（必要に応じて）調整する。
ソフトウェアに対する内部監査 （9.2.2.1）	⑤ 組織がソフトウェア開発の責任がある場合、ソフトウェア開発能力評価を監査プログラムに含める。
監査プログラムのレビュー （9.2.2.1）	⑥ 監査プログラムの有効性は、マネジメントレビューの一部としてレビューする。

図 9.7　内部監査プログラム

9.2.2.2 品質マネジメントシステム監査 (IATF 16949 追加要求事項)
[IATF 16949 追加要求事項のポイント]

品質マネジメントシステム監査に関して、図9.8 ①、②に示す事項を実施することを求めています（図9.9 参照）。品質マネジメントシステム監査は、3年ごとの年次プログラムに従って、品質マネジメントシステムのプロセス（すべて）、および顧客固有の品質マネジメントシステム要求事項（サンプリング）に対して、自動車産業プロセスアプローチ監査方式で行います。

項　目	実施事項
品質マネジメントシステム監査 (quality management system audit) (9.2.2.2)	① IATF 16949 規格への適合を検証するために、プロセスアプローチを使用して、<u>3年間の監査サイクルにおいて</u>、年次プログラム(annual programme)に従って、すべての品質マネジメントシステムのプロセスを監査する。 ・<u>個々のプロセスに対する、品質マネジメントシステム監査の頻度は、内部および外部のパフォーマンスとリスクにもとづく。</u> ・<u>各プロセスの監査頻度の正当性を維持する（記録）。</u> ・<u>ISO 9001 要求事項および顧客固有要求事項を含む、IATF 16949 規格のすべての該当する要求事項に対して監査する。</u> ② それらの監査に統合させて、顧客固有の品質マネジメントシステム要求事項を、効果的に実施されているかに対してサンプリングを行う。
製造工程監査 (manufacturing process audit) (9.2.2.3)	③ 製造工程の有効性と効率を判定するために、各3暦年の期間、工程監査のための顧客固有の要求される方法を使用して、すべての製造工程を監査する。 ④ 各個別の監査計画の中で、各製造工程は、シフト引継ぎの適切なサンプリングを含めて、それが行われているすべての勤務シフトを監査する。 ⑤ 製造工程監査には、工程リスク分析(PFMEAのような)、コントロールプラン、および関連文書が効果的に実施されているかの監査を含める。
製品監査 (product audit) (9.2.2.4)	⑥ 要求事項への適合を検証するために、顧客に要求される方法を使用して、生産・引渡しの適切な段階で、製品を監査する。 ⑦ 顧客によって定められていない場合、使用する方法を定める。

図 9.8　3種類の内部監査

［旧規格からの変更点］（旧規格 8.2.2.1）変更の程度：中
品質マネジメントシステム監査の具体的な内容が追加されました。

9.2.2.3　製造工程監査　（IATF 16949 追加要求事項）

［IATF 16949 追加要求事項のポイント］

製造工程監査に関して、図 9.8 ③〜⑤に示す事項を実施することを求めています（図 9.9 参照）。製造工程監査は、3 年ごとの監査プログラムを作成すること、および顧客指定の監査方法を用いることを述べています。

製造工程監査は、適合性よりも有効性と効率の判定を目的とすることを述べています。製造工程監査は、コントロールプランを用いて行うことができますが、コントロールプランどおりに製造や検査が行われているかということの適合性の確認ではなく、計画や目標が達成されているかという有効性や、生産が効果的に行われているかという効率に重点を置いた監査とします。

［旧規格からの変更点］（旧規格 8.2.2.2）変更の程度：中

図 9.8 ③〜⑤のように、製造工程監査の具体的な内容が追加されました。

監査の種類	目的	対象	方法・時期
品質マネジメントシステム監査	IATF 16949 規格への適合を検証するため	・すべてのプロセス ・顧客固有の品質マネジメントシステム要求事項（サンプリング）	・自動車産業プロセスアプローチ監査方式 ・3 年間の監査サイクルの間、年次プログラムに従って
製造工程監査	製造工程の有効性と効率を判定するため	・すべての製造工程 ・すべての勤務シフト（シフト引継ぎのサンプリング）	・顧客指定の方法 ・PFMEA・コントロールプラン・関連文書が効果的に実施されているかの監査を含める。 ・3 年間の監査サイクルの間
製品監査	要求事項への適合を検証するため	・製品	・顧客指定の方法 ・顧客指定の方法がない場合（使用する方法を定める）。 ・生産・引渡しの適切な段階で

図 9.9　各内部監査の比較

9.2.2.4　製品監査　（IATF 16949 追加要求事項）

[IATF 16949 追加要求事項のポイント]

製品監査に関して、図9.8⑥〜⑦に示す事項を実施することを求めています（図9.9参照）。製品監査では、製品規格を満たしているかどうかを確認します。製品検査で行われる製品の機能や特性のほか、通常の製品検査では行われない、包装やラベルなどについても確認することになります。

製品監査は、顧客指定の監査方法を用いることを述べています。

コントロールプランの管理項目と製品監査の項目に関して、製品監査では、次のような項目を含めるとよいでしょう。

① コントロールプランで規定されている製品の検査・試験項目、とくに特殊特性は重要
② 包装・ラベリングなど、通常の製品検査では行われない項目
③ IATF 16949 規格（箇条 8.5.1-f）におけるプロセスの妥当性確認が必要な項目、すなわち、製品としては簡単に検査・試験ができない製品特性（いわゆる特殊工程といわれる特性）
④ アウトソース先で検査が行われている製品特性
⑤ ソフトウェアの検証
⑥ 定期検査の項目

製品監査の時期について、図9.8⑥では、"生産・引渡しの適切な段階で"と述べています。通常は、完成した製品置き場からサンプリングをして検査をしますが、完成品になってからでは検査ができない項目については、製造工程の途中で行います。

製品監査は、他の内部監査と同様、検査員ではなく、製品監査担当の内部監査員が行うようにします。製品の機能などについて、内部監査員自らが検査できればベストですが、それができない場合は、監査員がサンプリングを行って、監査員の目の前で検査員に測定させて確認する方法なども考えられます。

[旧規格からの変更点]　(旧規格 8.2.2.3)変更の程度：小

大きな変更はありません。

図9.8⑥のように、製品監査は、顧客指定の監査方法を用いることが追加されました。

9.3 マネジメントレビュー

9.3.1 一般 (ISO 9001 要求事項)

[ISO 9001 要求事項のポイント]
マネジメントレビューに関して、図9.10 ①を実施することを求めています。
[旧規格からの変更点]（旧規格 5.6.1）変更の程度：小
大きな変更はありません。

9.3.1.1 マネジメントレビュー―補足 (IATF 16949 追加要求事項)

[IATF 16949 追加要求事項のポイント]
図 9.10 ②、③に示す事項を実施することを求めています。
[旧規格からの変更点]（旧規格 5.6.1.1）変更の程度：小
大きな変更はありません。

9.3.2 マネジメントレビューへのインプット (ISO 9001 要求事項)

[ISO 9001 要求事項のポイント]
マネジメントレビューへのインプットに関して、図9.11 ①に示す事項を実施することを求めています。
[旧規格からの変更点]（旧規格 5.6.2）変更の程度：中
図 9.11 ① b)、c-2、5、7)、d)、e)が追加されています。

項　目	実施事項
マネジメントレビュー (9.3.1、9.3.1.1)	①　トップマネジメントは、品質マネジメントシステムが、引き続き、適切、妥当かつ有効で、さらに組織の戦略的な方向性と一致していることを確実にするために、あらかじめ定めた間隔で、品質マネジメントシステムをレビューする。
	②　マネジメントレビューは、少なくとも年次で実施する。
	③　品質マネジメントシステムおよびパフォーマンスに関係する問題に影響する、内部・外部の変化による顧客要求事項への適合のリスクにもとづいて、マネジメントレビューの頻度を増やす。

図 9.10　マネジメントレビューの概要

9.3.2.1　マネジメントレビューへのインプットー補足　(IATF 16949 追加要求事項)

[IATF 16949 追加要求事項のポイント]

マネジメントレビューへのインプットに関して、図9.11②に示す事項を実施することを求めています。

[旧規格からの変更点]（旧規格 5.6.1.1、5.6.2.1）変更の程度：中

図9.11②において、マネジメントレビューのインプットが明確にされました。

項　目	実施事項
マネジメントレビューのインプット項目 (9.3.2、9.3.2.1)	①　マネジメントレビューは、次の事項を考慮して計画し、実施する。 　　a）前回までのマネジメントレビューの結果とった処置の状況 　　b）品質マネジメントシステムに関連する外部・内部の課題の変化 　　c）次に示す傾向を含めた、品質マネジメントシステムのパフォーマンスと有効性に関する情報 　　　1）顧客満足および利害関係者からのフィードバック 　　　2）品質目標が満たされている程度 　　　3）プロセスパフォーマンス、および製品・サービスの適合 　　　4）不適合・是正処置 　　　5）監視・測定の結果 　　　6）監査結果 　　　7）外部提供者のパフォーマンス 　　d）資源の妥当性 　　e）リスクおよび機会に取り組むためにとった処置の有効性(6.1 参照) 　　f）改善の機会
	②　マネジメントレビューへのインプットには、次の事項を含める。 　　a）品質不良コスト 　　　・内部不適合のコスト 　　　・外部不適合のコスト 　　b）プロセスの有効性の対策 　　c）<u>製品実現プロセスの効率の対策(該当する場合)</u> 　　d）製品適合性 　　e）製造フィージビリティ評価(7.1.3.1 参照) 　　　・現行の運用の変更に対して 　　　・新規施設または新規製品に対して 　　f）顧客満足(9.1.2 参照) 　　g）保全目標に対するパフォーマンスの計画 　　h）補償のパフォーマンス(該当する場合には必ず) 　　i）顧客スコアカードのレビュー(該当する場合には必ず) 　　j）リスク分析(FMEA のような)を通じて明確にされた潜在的市場不具合の特定 　　k）実際の市場不具合およびそれらが安全・環境に与える影響

図9.11　マネジメントレビューのインプット項目

9.3.3　マネジメントレビューからのアウトプット　(ISO 9001 要求事項)

[ISO 9001 要求事項のポイント]

マネジメントレビューからのアウトプットに関して、図9.12①、②に示す事項を実施することを求めています。

[旧規格からの変更点]（旧規格 5.6.3）変更の程度：小

旧規格の"品質方針および品質目標の変更の必要性"から、図9.12① b)の"品質マネジメントシステムのあらゆる変更の必要性"に変更されました。

9.3.3.1　マネジメントレビューからのアウトプット―補足　(IATF 16949 追加要求事項)

[IATF 16949 追加要求事項のポイント]

マネジメントレビューからのアウトプットに関して、図9.12③に示す事項を実施することを求めています。

[旧規格からの変更点]（旧規格 5.6.3）変更の程度：小

図9.12③が追加されています。

項　目	実施事項
マネジメントレビューのアウトプット項目 (9.3.3、9.3.3.1)	①　マネジメントレビューからのアウトプットには、次の事項に関する決定と処置を含める。 　a)　改善の機会 　b)　品質マネジメントシステムのあらゆる変更の必要性 　c)　資源の必要性 ②　マネジメントレビューの結果の証拠として、文書化した情報を保持する（記録）。 ③　トップマネジメントは、顧客のパフォーマンス目標が達成されていない場合には、処置計画を文書化し、実施する。

図 9.12　マネジメントレビューのアウトプット項目

第10章 改 善

本章では、IATF 16949規格(箇条10)の"改善"について述べています。

この章のIATF 16949規格要求事項の項目は、次のようになります。

- 10.1 一般
- 10.2 不適合および是正処置
- 10.2.1 (一般)
- 10.2.2 (文書化)
- 10.2.3 問題解決
- 10.2.4 ポカヨケ
- 10.2.5 補償管理システム
- 10.2.6 顧客苦情および市場不具合の試験・分析
- 10.3 継続的改善
- 10.3.1 継続的改善-補足

10.1　一　般　(ISO 9001 要求事項)

[ISO 9001 要求事項のポイント]

品質マネジメントシステムの改善に関して、図 10.1 ①～③に示す事項を実施することを求めています。

改善の機会に含めるべき事項として、製品・サービスの改善だけでなく、②b)において、望ましくない影響の修正・防止・低減、すなわちリスクへの対応について述べています。

[旧規格からの変更点]　変更の程度：大

新規要求事項です。

10.2　不適合および是正処置

10.2.1　（一般）　(ISO 9001 要求事項)

10.2.2　（文書化）　(ISO 9001 要求事項)

[ISO 9001 要求事項のポイント]

不適合が発生した場合の修正・是正処置に関して、図 10.2 ①～③に示す事項を実施することを求めています。

項　目	実施事項
改善の機会の明確化と実施 (10.1)	①　顧客要求事項を満たし、顧客満足を向上させるために、次の事項を実施する。 ・改善の機会を明確にする。 ・必要な処置を実施する。
改善の機会の内容 (10.1)	②　改善の機会には、次の事項を含める。 　a)　次のための製品・サービスの改善 　　・要求事項を満たすため 　　・将来のニーズと期待に取り組むため 　b)　望ましくない影響の修正・防止・低減 　c)　品質マネジメントシステムのパフォーマンスと有効性の改善 ③　注記：改善には、例えば、修正・是正処置・継続的改善・現状を打破する変更・革新・組織再編を含めることができる。

図 10.1　改善

[旧規格からの変更点]（旧規格 8.3、8.5.2）変更の程度：中
図 10.2 ① b-3)、e)、f)が追加されています。

10.2.3　問題解決　（IATF 16949 追加要求事項）

[IATF 16949 追加要求事項のポイント]
　問題解決(problem solving)の方法に関して、図 10.3 ①、②に示す事項を実施することを求めています。
　問題解決の方法を文書化したプロセスをもつことを求めています。
[旧規格からの変更点]（旧規格 8.5.2.1）変更の程度：中
　問題解決の具体的な内容が追加されました。

項　目	実施事項
修正(10.2.1)	①　不適合が発生した場合、次の事項を行う（顧客苦情を含む）。 　a)　その不適合に対処し、次の事項を行う（該当する場合には必ず）。 　　1)　その不適合を管理し、修正するための処置をとる。 　　2)　その不適合によって起こった結果に対処する。
是正処置(10.2.1)	b)　その不適合が再発または他のところで発生しないようにするため、次の事項によって、その不適合の原因を除去するための処置をとる必要性を評価する。 　　1)　その不適合をレビューし、分析する。 　　2)　その不適合の原因を明確にする。 　　3)　類似の不適合の有無、またはそれが発生する可能性を明確にする。 　c)　必要な処置を実施する。 　d)　とったすべての是正処置の有効性をレビューする。 　e)　計画の策定段階で決定したリスクおよび機会を更新する（必要な場合）。 　f)　品質マネジメントシステムの変更を行う（必要な場合）。 ②　是正処置は、検出された不適合のもつ影響に応じたものとする。
文書化(10.2.2)	③　次に示す事項の証拠として、文書化した情報を保持する（記録）。 　a)　不適合の性質およびそれに対してとった処置 　b)　是正処置の結果

図 10.2　不適合および是正処置

10.2.4　ポカヨケ　(IATF 16949 追加要求事項)

［ISO 9001 要求事項のポイント］

ISO 9001 規格箇条 8.5.1-g) "ヒューマンエラーを防止するための処置の実施" は、ポカヨケのことを述べています。

［IATF 16949 追加要求事項のポイント］

ポカヨケ (error-proofing) 手法の活用に関して、図 10.4 ①〜⑥に示す事項を実施することを求めています。ポカヨケ手法の活用について決定する文書化したプロセスをもつことを求めています。

チャレンジ(マスター)部品 (challenge part、master part) とは、ポカヨケ装置の機能または点検ジグ(例：通止ゲージ)の妥当性確認に使用する、既知の仕様、校正されたおよび標準にトレーサブルな、期待された結果(合格または不合格)をもつ部品のことをいいます。

［旧規格からの変更点］　(旧規格 8.5.2.2) 変更の程度：中

ポカヨケの具体的な内容が追加されました。

項　目	実施事項
問題解決プロセスの文書化 (10.2.3)	①　次の事項を含む問題解決の方法を文書化したプロセスをもつ。 　a)　問題のさまざまなタイプ・規模に対する、定められたアプローチの仕方 　　・例えば、新製品開発、現行製造問題、市場不具合、監査所見 　b)　不適合なアウトプット(8.7 参照)の管理に必要な、封じ込め・暫定処置・関係する活動 　c)　根本原因分析・使用される方法論・分析・結果 　d)　体系的是正処置の実施 　　・類似のプロセス・製品への影響を考慮することを含む。 　e)　実施された是正処置の有効性の検証 　f)　適切な文書化した情報(例：PFMEA、コントロールプラン)のレビューおよび必要に応じた更新
顧客指定の問題解決手法 (10.2.3)	②　顧客がプロセス・ツール・問題解決のシステムをもっている場合、そのプロセス、ツール、またはシステムを使用する(顧客によって他に承認がない限り)。

図 10.3　問題解決

10.2.5　補償管理システム　（IATF 16949 追加要求事項）

［IATF 16949 追加要求事項のポイント］

補償（warranty）に関して、図 10.5 ①～③に示す事項を実施することを求めています。補償とは、損失を金銭で償うことです。また、図 10.5 ②の NTF（no trouble found）は、不具合が発見されない（再現されない）ことをいいます。

［旧規格からの変更点］　変更の程度：中

新規要求事項です。

10.2.6　顧客苦情および市揚不具合の試験・分析　（IATF 16949 追加要求事項）

［IATF 16949 追加要求事項のポイント］

顧客苦情および市場不具合の試験・分析に関して、図 10.6 ①～③に示す事項を実施することを求めています。

［旧規格からの変更点］（旧規格 8.5.2.4）変更の程度：中

図 10.6 ②"組込みソフトウェアの管理"が追加されました。

項　目	実施事項
ポカヨケ手法の文書化（10.2.4）	①　ポカヨケ手法の活用を決定する文書化したプロセスをもつ。 ②　採用された手法の詳細は、プロセスリスク分析（PFMEA のような）に文書化し、試験頻度はコントロールプランに文書化する。 ③　そのプロセスには、ポカヨケ装置の故障または模擬故障のテストを含める。 ④　記録は維持する。
チャレンジ部品の管理（10.2.4）	⑤　チャレンジ部品が使用される場合、識別・管理・検証・校正する（実現可能な場合）。
ポカヨケ装置故障への対応（10.2.4）	⑥　ポカヨケ装置の故障には、対応計画を作成する。

図 10.4　ポカヨケの概要

10.3 継続的改善 (ISO 9001 要求事項)

［ISO 9001 要求事項のポイント］

品質マネジメントシステムの継続的改善に関して、図10.7 ①、②に示す事項を実施することを求めています。

［旧規格からの変更点］（旧規格 8.5.1）変更の程度：中

ISO 9001 の継続的改善の対象は、旧規格では、品質マネジメントシステムの有効性の改善だけでしたが、図10.7 ①に示すように、適切性と妥当性が追加されています。

また、図10.7 ②に示すように、分析・評価の結果およびマネジメントレビューからのアウトプットを検討し、継続的改善の一環として取り組まなければならない必要性・機会があるかどうかを明確にする必要があります。

項目	実施事項
補償管理システム (10.2.5)	① （製品に対して補償を要求される場合）補償管理プロセスを実施する。 ② NTF(no trouble found)を含めて、そのプロセスに補償部品分析の方法を含める。 ③ 顧客に規定されている場合、その要求される補償管理プロセスを実施する。

図10.5　補償管理システム

項目	実施事項
顧客苦情・市場不具合の試験・分析 (10.2.6)	① 顧客苦情・市場不具合に対して、回収された部品を含めて、分析する。 ・そして、再発防止のために問題解決・是正処置を開始する。 ② 顧客の最終製品内での、製品の組込みソフトウェアの相互作用の分析を含める（顧客に要求された場合）。 ③ 試験・分析の結果を、顧客組織内にも伝達する。

図10.6　顧客苦情・市場不具合の試験・分析

10.3.1　継続的改善－補足　(IATF 16949 追加要求事項)

[IATF 16949 追加要求事項のポイント]

品質マネジメントシステムの継続的改善に関して、図 10.7 ③〜⑤に示す事項を実施することを求めています。

継続的改善プロセスの文書化が要求されています。

図 10.7 ⑤では、"継続的改善は、製造工程が統計的に能力をもち安定してから、または製品特性が予測可能で顧客要求事項を満たしてから実施される" と述べています。これは、製造工程が統計的に能力をもちかつ安定していることが、IATF 16949 における顧客の要求であるため、それを満たさないレベルは不適合という考え方です。

[旧規格からの変更点]　(旧規格 8.5.1.1、8.5.1.2)変更の程度：中

図 10.7 ③、④ c)が追加されています。

項　目	実施事項
品質マネジメントシステムの継続的改善(10.3)	①　品質マネジメントシステムの適切性・妥当性・有効性を継続的に改善する。 ②　継続的改善の一環として取り組まなければならない必要性・機会があるかどうかを明確にするために、分析・評価の結果およびマネジメントレビューからのアウトプットを検討する。
継続的改善プロセスの文書化(10.3.1)	③　継続的改善の文書化したプロセスをもつ。
IATF 16949 の継続的改善(10.3.1)	④　継続的改善のプロセスに次の事項を含める。 　　a)　使用される方法論・目標・評価指標・有効性・文書化した情報の明確化 　　b)　製造工程のばらつきと無駄の削減に重点を置いた、製造工程の改善計画 　　c)　リスク分析(FMEA のような) ⑤　注記：継続的改善は、製造工程が統計的に能力をもち安定してから、または製品特性が予測可能で顧客要求事項を満たしてから、実施される。

図 10.7　継続的改善

第Ⅲ部

IATF 16949 のコアツール

IATF 16949 では、顧客固有の要求事項として、先行製品品質計画(APQP)、生産部品承認プロセス(PPAP、サービス PPAP を含む)、故障モード影響解析(FMEA)、統計的工程管理(SPC)および測定システム解析(MSA)の 5 種類のコアツール(core tool)があり、それぞれ参照マニュアルとして準備されています。本書では、AIAG(automotive industry action group、全米自動車産業協会)から発行されているコアツールについて説明しています(図 11.1 参照)。
　詳細については、各参照マニュアルを参照ください。

第 III 部は、次の章で構成されています。
第 11 章　APQP：先行製品品質計画
第 12 章　PPAP：生産部品承認プロセス
第 13 章　FMEA：故障モード影響解析
第 14 章　SPC：統計的工程管理
第 15 章　MSA：測定システム解析

コアツール		内　容
先行製品品質計画(APQP)		・新製品の設計・開発の手順を述べたもので、APQP は、以下の各コアツールと関係する。
生産部品承認プロセス(PPAP)		・自動車生産用の量産品を顧客に出荷するために、顧客の承認を得る手順を述べたもの
	サービス生産部品承認プロセス(サービス PPAP)	・自動車のサービス用の製品(サービスパーツ)を出荷するために、顧客の承認を得る手順を述べたもの
故障モード影響解析(FMEA)		・製品または製造工程で発生する可能性のある故障を予測して、設計段階でリスクを低減させる技法
統計的工程管理(SPC)		・製造工程を安定させ、かつ工程能力を向上させるための技法
測定システム解析(MSA)		・測定器・測定者・測定環境などの測定システムの変動(測定結果のばらつき)を解析する技法

図 11.1　IATF 16949 のコアツール

第11章
APQP：先行製品品質計画

　この章では、IATF 16949 において、プロジェクトマネジメントとして要求されている、APQP(先行製品品質計画、advanced product quality planning)およびコントロールプランについて、AIAG の APQP 参照マニュアルの内容に沿って説明します。

　この章の項目は、次のようになります。

　　　　11.1　　APQP とは
　　　　11.2　　APQP の各フェーズ
　　　　11.3　　コントロールプラン
　　　　11.4　　APQP の様式
　　　　11.5　　APQP と IATF 16949 要求事項

11.1 APQPとは

IATF 16949では、製品の設計・開発の手段として、APQP（先行製品品質計画）などのプロジェクトマネジメント手法を用いることを述べています。APQPは、新製品の計画から量産までの製品実現の一貫した段階を対象としています。APQPの概要を図11.3に示します。

APQPは、(1)プログラムの計画・定義、(2)製品の設計・開発、(3)プロセス（製造工程）の設計・開発、(4)製品・プロセスの妥当性確認、および(5)量産・改善（フィードバック・評価・是正処置）の5つのフェーズ（段階）で構成されています（図11.2参照）。

APQP各フェーズのインプットとアウトプットを図11.4に示します。

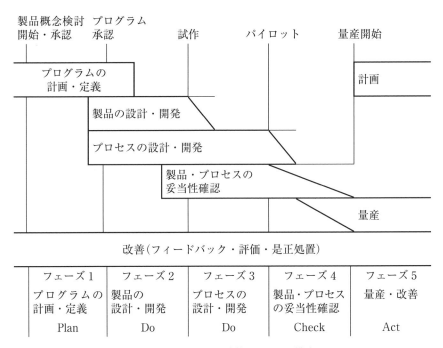

［備考］フェーズ1〜フェーズ5が、PDCA改善サイクルで構成されている。

図11.2 APQPのフェーズ

第11章 APQP:先行製品品質計画

項　目	内　容
APQP(先行製品品質計画)とは	① APQPとは、顧客がその製品に満足することを保証するために必要なフェーズと実施事項を定義し、確実に運用することをいう。新製品品質計画に相当する。
APQPのねらいとメリット	① APQPのすべてのフェーズを期日どおり完了することを保証するために、関係者間の情報伝達を円滑にする。 ② 経営資源を顧客満足のために割り振る。 ③ 必要な変更を早い段階で明確にして実施し、遅い段階での変更を防止する。 ④ 優良製品(quality product)を最低コストで期日どおりに供給する。いわゆるQCD(品質、コスト、納期)のこと。
経営者の役割	① APQPを成功させるためには、経営者のコミットメントが不可欠である。
APQPチーム	① APQP活動の最初のステップとして、APQPプロジェクトのプロセスオーナーを選任する。 ② APQPを効果的に進めるために、部門横断チームを編成する。 ③ このチームには、技術、製造、資材管理、購買、品質、人事、営業、技術サービス、供給者および顧客などの、各部門の代表者を、必要に応じて含める。 ④ なお、プロセスオーナーおよび部門横断チームメンバーは、各フェーズにふさわしいように変更してもよい。
同時並行型エンジニアリング	① 同時並行型エンジニアリングは、APQPのあるフェーズが完了してから、次のフェーズに入るという、逐次処理型エンジニアリングに代わるものである。 ② 同時並行型エンジニアリングの目的は、優れた製品の生産開始を迅速化するためである。 ・APQPの各フェーズが、PDCA改善サイクルで構成されている。
APQPタイミングチャート	① APQPタイミングチャートを、APQPチームとして策定する。 ② このチャートは、次のように利用できる。 ・APQPチームが進捗状況をフォローしたり、会議の議題を設定したりする際の、基準文書となる。 ・現況報告を容易にするため、各イベントについて、"開始日"と"完了日"を設定し、実際の進捗を記録する。

図11.3　APQP(先行製品品質計画)の概要

APQPフェーズ		インプット・アウトプット	
フェーズ1 プログラムの 計画・定義	インプット	・顧客の声 ・事業計画・マーケティング戦略 ・製品・プロセスのベンチマークデータ	・製品・プロセスの前提条件 ・製品信頼性調査 ・顧客インプット
	アウトプット	・設計到達目標 ・信頼性目標・品質目標 ・暫定材料明細表 ・暫定プロセスフロー図	・特殊製品特性・特殊プロセス特性の暫定リスト ・製品保証計画書 ・経営者の支援
フェーズ2 製品の設計・ 開発	アウトプット	・設計故障モード影響解析（DFMEA） ・製造性・組立性考慮設計 ・設計検証 ・デザインレビュー ・試作コントロールプラン ・図面（数学的データ含む） ・技術仕様書 ・材料仕様書	・図面・仕様書の変更 ・新規の装置・治工具・施設の要求事項 ・特殊製品特性・特殊プロセス特性 ・ゲージ・試験装置要求事項 ・実現可能性検討報告書 ・経営者の支援
フェーズ3 プロセスの設 計・開発	アウトプット	・梱包規格・仕様書 ・製品・プロセスの品質システムレビュー ・プロセスフロー図 ・フロアプランレイアウト ・特性マトリクス ・プロセス故障モード影響解析（PFMEA）	・先行生産（量産試作）コントロールプラン ・プロセス指示書 ・測定システム解析計画書 ・工程能力予備調査計画書 ・経営者の支援
フェーズ4 製品・プロセ スの妥当性確 認	アウトプット	・実質的生産 ・測定システム解析（MSA） ・工程能力予備調査（SPC） ・量産の妥当性確認試験 ・梱包評価	・量産コントロールプラン ・生産部品承認（PPAP） ・品質計画承認 ・経営者の支援
フェーズ5 量産・改善	アウトプット	・変動の減少 ・顧客満足の向上 ・引渡し・サービスの改善	・学んだ教訓・ベストプラクティスの効果的な利用

図11.4　APQPの各フェーズのインプットとアウトプット

11.2 APQPの各フェーズ

(1) APQPフェーズ1:プログラムの計画・定義

APQPのフェーズ1は、APQPの最初のフェーズ(段階)で、APQPプログラムの計画と定義のフェーズに相当します。

APQPのフェーズ1のインプット項目の詳細を図11.5に、アウトプットプット項目の詳細を図11.6に示します。

項　目	内　容
顧客の声	① 外部顧客と内部顧客の声を考慮する。 ② 市場調査を行う。 ③ 過去の品質情報を調査する。 ④ APQPチームの経験を調査する。
事業計画・マーケティング戦略	① 顧客の事業計画を調査し、マーケティング戦略を作成する。 ② 事業計画では、APQPに影響を及ぼす条件(スケジュール、コスト、投資、製品の位置づけ、研究開発資源など)を、明確にする。 ③ マーケティング戦略によって、対象顧客、セールスポイント、および競争相手を明確にする。
製品・製造工程のベンチマーク(benchmark)データ	① ベンチマーク(基準となるもの)によって、製品・製造工程の目標を設定するための条件が明確になる。 ② 研究開発の状況からも、ベンチマーク情報が得られる。 ③ ベンチマークを成功させる方法には、次のものがある。 ・適切なベンチマークの特定 ・現状とベンチマークとの間のギャップの理由の理解 ・ギャップを小さくする、ベンチマークに到達する、またはベンチマークを超える計画
製品・製造工程の前提条件	① 製品の特徴、設計・製造工程の前提条件を明確にする。 ② これには、技術革新、先進材料、信頼性評価、および新技術が含まれる。
製品の信頼性調査	① 指定期間内における製品の修理・交換の頻度、および長期信頼性・耐久性試験の結果を考慮する。
顧客インプット	① 製品に対する顧客のニーズと期待をまとめる。 ② 顧客の声は、顧客の定性的な要求と期待、また顧客インプットは、顧客の具体的・定量的な要求と期待と考えるとよい。

図11.5　APQPフェーズ1(プログラムの計画・定義)のインプット

項　目	内　容
設計目標	① 設計目標として、顧客の要求・期待を定量的にまとめる。 ② 顧客の声には、法規制要求事項も含まれる。
信頼性目標・品質目標	① 信頼性目標は、顧客の要求と期待、APQPの目的、および信頼性ベンチマークにもとづいて設定される。 ② 品質目標は、ppm(不良率)、問題水準、またはスクラップ削減量などの指標にもとづいたものとする。
暫定材料明細表	① 製品・製造工程の前提条件をもとに、暫定材料明細表を作成する。これには供給者のリストを含める。
暫定プロセスフロー図	① 暫定材料明細表および製品・製造工程の前提条件をもとに、暫定プロセスフロー図を作成する。
特殊製品特性・特殊プロセス特性の暫定リスト	① 特殊製品特性・特殊プロセス特性は、顧客が特定し、さらに組織が追加する。 ② 特殊特性(special characteristics)を特定するためのインプット情報の例には、次のものが含まれる。 ・顧客のニーズ・期待の分析をもとにした製品の前提条件 ・信頼性到達目標および要求事項の特定 ・想定する製造プロセスにおける特殊プロセス特性の特定 ・類似製品のFMEA
製品保証計画書 (product assurance plan)	① 製品保証計画書は設計目標を設計要求事項(設計インプット)に変換したものであり、顧客のニーズ・期待にもとづく。 ② 製品保証計画書には、次の事項を含める。 ・APQPプログラム要求事項の概要 ・信頼性・耐久性目標、および要求事項の特定 ・新技術、複雑さ、材料、適用、環境、梱包、サービスおよび製造要求事項 ・故障モード影響解析(FMEA)の利用、など ③ 製品保証計画書は、新製品の設計・開発計画書に相当する。
経営者の支援	① 経営者の製品品質計画会議への参加は、不可欠である。 ② APQPの各フェーズの終了時に、経営者に最新情報を提供する。 ③ APQPの目標は、要求事項が満たされていること、および懸念事項が文書化され、解決のスケジュールが立てられていることを実証することによって、経営者の支援を得ることである。 ④ 必要な生産能力を確保するための経営資源および人員配置に関する、APQPプログラムのスケジュールが含まれる。

図11.6　APQPフェーズ1(プログラムの計画・定義)のアウトプット

フェーズ1の初期の段階で、図11.5に記したインプット情報を収集します。そしてフェーズ1のアウトプット情報として、図11.6に記した情報を作成します。

フェーズ1の最終的なアウトプットである製品保証計画書（APQP計画書）には、APQPプログラムの概要、品質・信頼性目標、新技術・材料・製造方法に関する評価などが含まれます（図11.7参照）。

APQPのフェーズ1からフェーズ4までのアウトプットとして、経営者の支援があります。各フェーズにおける経営者の支援は、例えばAPQP会議－1、－2、－3のような会議体として効果的に機能させることが、APQP成功のポイントとなります。

フェーズ1のアウトプットは、次のフェーズ2（製品の設計・開発）のインプットとなります。製品の機能・性能、品質・信頼性、材料リスト、プロセスフロー、および製品と製造工程の特殊特性などは、いずれも次のフェーズ2のインプットですが、これらの目標と計画を、前のフェーズ1のアウトプットとして決めておきます。

(2) APQPフェーズ2：製品の設計・開発

APQPのフェーズ2は、製品の設計・開発のフェーズです。

APQPのフェーズ2のアウトプットプット項目の詳細を図11.8に示します。

ここで設計FMEAは、フェーズ2の最初の段階で行うことが重要です。製品設計・開発の早い段階でFMEAを実施し、その製品のどこに大きなリスクが存在するのかを明確にし、それらのリスクを回避または低減するような製品設計を行うことが必要です。FMEAは、IATF 16949の要求事項であるから、審査や顧客への提出、または工場移管に間に合うように作成すればよい、という考えでは、効果的なFMEAの実施とはいえません。

また、製品の設計・開発のフェーズに製造性や組立性の検討が含まれているのは、例えば製品の構造が複雑であったり、使われている部品点数が多かったりすると、製造が困難になる可能性があります。製造工程が容易か複雑かは、製品の設計に依存するところが大きく、製造性や組立性について、製品の設計・開発の段階で検討しておくことが必要です。

製品保証計画書（APQP 計画書）			
	承認：20xx-xx-xx ○○○○	作成：20xx-xx-xx ○○○○	
		改訂：20xx-xx-xx ○○○○	
開発テーマ	新製品 XX（品番 xxxx）の開発		
顧客	○○自動車（株）		
チームリーダー	設計部　○○○○		
APQP チーム	設計部　○○○○、営業部　○○○○、製造部　○○○○、 品質保証部　○○○○、供給者　○○○○		
設計の インプット	・顧客仕様書（○○○○） ・顧客指定の特殊特性 ・打合せ議事録（20xx-xx-xx） ・ベンチマーク ・当社類似品仕様書	・設計到達目標 ・信頼性目標・品質目標 ・暫定材料明細表 ・暫定プロセスフロー図 ・関連法規制（○○○○）	
設計の アウトプット	・設計 FMEA ・製品図面 ・製品仕様書 ・材料仕様書 ・設計検証結果 ・設計審査結果 ・特殊製品特性 ・特殊プロセス特性 ・実現可能性検討報告書	・プロセスフロー図 ・フロアプランレイアウト ・プロセス FMEA ・プロセス指示書 ・測定システム解析 ・工程能力調査結果 ・プロセス指示書 ・コントロールプラン ・APQP 総括書	

設計目標	項　目	目　標
	特殊特性 A の工程能力	$C_{pk} > 1.67$
	製品特性 B の工程能力	$C_{pk} > 1.33$
	⋮	⋮
	不良率目標	$< 1\%$
	製造コスト	$< 1,000$ 円

APQP 日程	フェーズ	ϕ 1 開始	ϕ 1 終了	ϕ 2 終了	ϕ 3 終了	ϕ 4 終了	生産開始
	計画	xx-xx-xx	xx-xx-xx	xx-xx-xx	xx-xx-xx	xx-xx-xx	xx-xx-xx
	改訂						
	実績						

備　考	・進捗詳細日程は APQP タイミングチャート参照 ・デザインレビュー会議：毎月 1 日開催（チームリーダー主催）

図 11.7　製品保証計画書（APQP 計画書）の例

第 11 章　APQP：先行製品品質計画

項　目	内　容
設計故障モード影響解析（DFMEA）	①　DFMEA は、発生する可能性のある故障の確率と、その故障が発生した場合の影響を評価するための解析的手法である。
製造性・組立性を考慮した設計	①　設計機能（製品特性）と製造・組立の容易さの関係を最適化することを検討する。
設計検証	①　製品設計の結果（アウトプット）が、APQP フェーズ 1 のアウトプット（APQP フェーズ 2 のインプット）である、顧客要求事項を満たしていることを検証する。
デザインレビュー	①　デザインレビューは、設計技術部門が主催する、定期的なレビュー会議である。 ②　デザインレビューには、次の項目に対する評価を含める。 ・設計・機能要求事項 ・信頼性の到達目標 ・コンピューターシミュレーションおよびベンチマークテスト結果 ・DFMEA ・製造性・組立性を考慮した設計のレビュー ・実験計画法（DOE）、など
試作コントロールプラン	①　試作コントロールプランは、試作段階における寸法測定、材料・機能試験について記述したものである。 ②　次の事項について、試作品をレビューする。 ・製品・サービスが、要求どおりに仕様書および報告データを満たしていることを保証する。 ・特殊製品特性・特殊プロセス特性に特別の注意を払う。 ・暫定的な工程パラメータおよび梱包要求事項を設定する。
図面 （数学的データを含む）	①　顧客が設計を行った場合でも、組織には図面を検討する責任がある。 ②　顧客の図面が存在しない場合、組付け、機能、耐久性、および法規制要求事項に影響する特性を決定するために、管理用の図面をレビューする。 ③　実現可能性および業界の製造・測定規格との一貫性を保証するために、寸法評価を行う。 ④　（該当する場合）効果的な双方向コミュニケーションを可能にするために、数学的データを顧客のシステムで扱える形にすることを保証する（顧客と共通の CAD の使用など）。

図 11.8　APQP フェーズ 2（製品の設計・開発）のアウトプット（1/2）

項　目	内　容
技術仕様書	① 仕様書の詳細なレビューと理解は、対象となっているコンポーネントまたは組立品の機能、耐久性および外観に関する要求事項を特定するのに役立つ。 ② どの特性が機能、耐久性および外観に関する要求事項の満足に影響するかを決定する。
材料仕様書	① 図面・性能仕様書に加えて、物理的性質、性能、環境、取扱いおよび貯蔵の各要求事項に関連する特殊特性について、材料仕様書をレビューする。
図面・仕様書の変更	① 図面および仕様書の変更が必要となる場合、その変更が影響する部門に速やかに伝えられ、適切に文書化されることを確実にする。
新規の装置・治工具・施設に関する要求事項	① DFMEA、製品保証計画書およびデザインレビューにおいて、新規装置・施設が、生産能力要求事項を満たすことを特定する。 ② これらの要求事項をタイミングチャートに追加する。 ③ 新規の装置・治工具が、必要な性能を備え、期日どおりに引渡しが行われることを保証する。 ④ 量産テストの予定期日前に施設が完成することを確実にするために、進捗状況を監視する。
特殊製品特性・特殊プロセス特性	① APQPフェーズ1で特定した、暫定特殊特性のリストを検討する。
ゲージ・試験装置の要求事項	① ゲージ・試験装置に関する要求事項を明確にする。 ② これらの要求事項をタイミングチャートに加える。 ③ 要求されるタイミングが満たされていることを保証するために、進捗状況を監視する。
実現可能性検討報告書および経営者の支援	① 製品設計案の実現可能性を評価する。 ② 顧客が設計した場合でも、組織には設計の実現可能性を評価する義務がある。 ③ この設計案によって、十分な数量の製品を期日どおりに、顧客に受け入れられるコストで、製造、組立て、試験、梱包および引渡しができるという確信を得る。 ④ 実現可能性検討報告書（チーム・フィージビリティ・コミットメント）の項目参照（図11.9参照）。

図 11.8　APQP フェーズ 2（製品の設計・開発）のアウトプット（2/2）

このフェーズの最後の段階で、製品の実現可能性(製造フィージビリティ)の検討を行います。製造上の問題点などのリスク分析を含めた検討を行います。実現可能性の検討結果に対して、実現可能性検討報告書(チーム・フィージビリティ・コミットメント)を作成し、経営者の承認を得ます。実現可能性検討報告書の例を図 11.9 に示します。

　なお製品の実現可能性の検討は、APQP フェーズ 2 の製品の設計・開発のアウトプットですが、製品の設計・開発が顧客によって行われており、組織にとっては製品の設計・開発が適用除外となる場合でも、製品の実現可能性の検討を行うことが必要です。

実現可能性検討報告書				
		日付：		
顧客名：				
部品名：				
部品番号：				
考察項目	① 製品および要求事項が定義されているか？		□ Yes	□ No
	② 要求された性能仕様を満たすことができるか？		□ Yes	□ No
	③ 図面に指定された許容差で製造できるか？		□ Yes	□ No
	④ 要求事項を満たす工程能力で製造できるか？		□ Yes	□ No
	⑤ 十分な生産能力はあるか？		□ Yes	□ No
	⑥ 効率的な材料取扱手法が使えるか？		□ Yes	□ No
	⑦ 下記のコストは問題ないか？			
	・主要設備コスト		□ Yes	□ No
	・治工具コスト		□ Yes	□ No
	⑧ 統計的工程管理が要求されるか？		□ Yes	□ No
	⑨ 類似製品の統計的工程管理に関して、			
	・その工程は安定しているか？		□ Yes	□ No
	・その工程の工程能力 C_{pk} は 1.67 以上か？		□ Yes	□ No
結　論	□実現可能　　□条件付実現可能　　□実現不可能			
承　認	APQP チームメンバー： (署名)			

図 11.9　実現可能性検討報告書の例

(3) APQPフェーズ3：プロセスの設計・開発

　APQPのフェーズ3は、プロセス(製造工程)の設計・開発のフェーズに相当します。

　APQPのフェーズ3のアウトプット項目の詳細を図11.10に示します。

　フェーズ3のアウトプットには、梱包規格・仕様書、製品・プロセスの品質システムのレビュー、プロセスフロー図、フロアプランレイアウト、特性マトリクス、プロセスFMEA、先行生産(量産試作)コントロールプラン、プロセス指示書、測定システム解析計画書、工程能力予備調査計画書、経営者の支援などがあります。

　特性マトリクスは、2種類の特性の関係を示すマトリクス図で、例えば、横軸に製品特性(できばえ特性)、縦軸に製造工程の工程ステップを記載した図などがあり、種々の用途に利用することができます(図11.18、p.234参照)。

(4) APQPフェーズ4：製品・プロセスの妥当性確認

　APQPのフェーズ4は、製品の設計・開発と製造工程の設計・開発の妥当性確認のフェーズに相当します。

　APQPのフェーズ4のアウトプットプット項目の詳細を図11.11に示します。

　フェーズ4では、前のフェーズで作成した先行生産(量産試作)コントロールプランに従って、実質的生産(量産試作)と、次のような種々の評価を行います。

① 製品特性評価(評価用サンプルは量産と同じ条件で製作)
② 測定システム解析
③ 工程能力予備調査
④ 量産の妥当性確認試験(試験用サンプルは量産と同じ条件で製作)
⑤ 梱包評価

　フェーズ4の最終段階で、量産コントロールプランを作成します。量産コントロールプランができれば、これまでのAPQPのアウトプットを、顧客に提出できるようにまとめて、顧客にPPAP(生産部品承認)を提出し、顧客の承認を得ます。製品品質計画総括書には、製品特性評価結果、工程能力調査結果、測定システム解析結果などが含まれます(図11.12参照)。

項　目	内　容
梱包規格・仕様書	① 製品の梱包仕様書は、通常顧客から提示される。 ② 顧客から提示されない場合、製品が顧客によって使用されるときまで、その完全性を確保する梱包を設計する。 ③ 個々の製品梱包(内部の仕切りを含む)が設計され、開発されていることを確実にする。
製品・プロセスの品質システムのレビュー	① 製造事業所の品質マネジメントシステム(品質マニュアルなど)をレビューする。 ② 製品を生産するために追加の管理や手順変更が必要な場合は更新し、文書化し、コントロールプランに含める。
プロセスフロー図	① プロセスフロー図は、製造・組立プロセスの始めから終わりまでの、機械、材料、方法および人員の変動源の分析に使うことができる。 ② プロセスフロー図は、組織のAPQPチームがプロセスFMEAを実施し、コントロールプランを作成する際に、プロセスに焦点を絞るのに役立つ。
フロアプランレイアウト	① 検査地点、管理図の置き場所、ビジュアルエイズ(外観見本など)の適用可能性、応急修理場所および不適合品の保管場所などの重要な管理項目が、適切かどうかを判定するため、フロアプランレイアウトを作成する。 ② フロアプランレイアウトは、部材の搬送、取扱いおよびフロアスペースの有効活用という点で最適化する方法で開発する。
特性マトリクス (characteristics matrix)	① 特性マトリクスは、工程パラメータと作業工程の関係を表すために推奨される解析的手法である。 ② 特性マトリクスの例は図11.18(p.234)参照。
プロセス故障モード影響解析 (PFMEA)	① PFMEAは、新規または変更された製造工程のリスク評価・分析方法である。 ② PFMEAは、新規または変更された製品の潜在的なプロセス問題を予測、解決、または監視することが目的である。
先行生産(pre-launch、量産試作)コントロールプラン	① 先行生産(量産試作)コントロールプランは、試作後、かつ量産前に行われる寸法測定および材料・機能試験について記述したものである。 ② 先行生産コントロールプランには、量産プロセスの妥当性が確認されるまでに実施すべき、追加の製品・プロセスの管理を含む。

図11.10　APQPフェーズ3(製造工程の設計・開発)のアウトプット(1/2)

項　目	内　容
先行生産（量産試作）コントロールプラン（続き）	③　先行生産コントロールプランの目的は、量産前または量産初期に起こり得る不適合を封じ込めることである。 ④　先行生産コントロールプランを充実させる項目として、次の例がある。 　・検査頻度の増加　　　　　　　・ロバストな統計的評価 　・工程内および最終地点における　・監査の強化 　　チェックポイントの増設　　　・エラー防止機器の特定
プロセス指示書	①　プロセス指示書は、作業に直接の責任を負う作業員にとって、十分にわかりやすく詳細に記述されたものとする。 ②　この指示書は次の情報をもとに作成する。 　・FMEA　　　　　　　　　　　・梱包規格・仕様書 　・コントロールプラン　　　　　・工程パラメータ 　・図面、性能仕様書、材料仕様書、・プロセス・製品に関す 　　目視標準および業界標準　　　　る専門性・知識 　・プロセスフロー図　　　　　　・取扱い要求事項 　・フロアプランレイアウト　　　・プロセスの作業員 　・特性マトリクス ③　標準作業手順に関するプロセス指示書を掲示する。 ④　これには機械速度、送り、サイクル時間、治工具などの設定パラメータを含める。
測定システム解析計画書	①　必要な測定システム解析の実施計画書を、測定補助具も含めて開発する。 ②　この計画書には、要求される測定・試験に適した試験所適用範囲、ゲージの直線性、正確さ、繰返し性、再現性、および複製ゲージの相関を確実にする責任を含める。
工程能力予備調査計画書	①　工程能力予備調査計画書を作成する。 ②　コントロールプランで特定された特性が、この工程能力予備調査計画書の基礎となる。
経営者の支援	①　プロセスの設計・開発段階の終了時に、経営者のコミットメントのためのレビューを行う。 ②　このレビューは、未解決問題解決の助けとなる支援を得るだけでなく、上層経営陣に情報提供するためにも重要である。 ③　経営者の支援には、計画内容の確定、ならびに必要な生産能力を満たすための経営資源と人員の提供を含む。

図 11.10　APQP フェーズ 3（製造工程の設計・開発）のアウトプット（2/2）

項　目	内　容
実質的生産 (significant production run)	① 実質的生産は、基本的に量産用治工具、量産設備、量産環境(作業員を含む)、施設、量産用ゲージおよび生産能率を用いて実施する。 ② 実質的生産の最少数量は、通常顧客が決定する。 ③ 実質的生産のアウトプット製品は、次のために使用される。 　・工程能力予備調査　　　・梱包評価 　・測定システム解析　　　・初回能力 　・生産能率実証　　　　　・品質計画承認署名 　・プロセスレビュー　　　・生産部品サンプル 　・量産の妥当性確認試験　・マスターサンプル 　・生産部品承認
測定システム解析 (MSA)	① コントロールプランで特定された特性を技術仕様書に照らして評価する際には、指定された監視・測定装置ならびに方法を用いる。 ② これらの装置および方法に対して、実質的生産の間またはその実施前に、測定システム評価を行う。 ③ MSA の詳細については、第 15 章参照。
工程能力予備調査	① 工程能力予備調査を、コントロールプランで特定した特性に対して実施する。 ② 工程能力予備調査の方法については、第 14 章参照。
生産部品承認(PPAP、production part approval process)	① PPAP の目的は、組織がすべての顧客の技術設計文書・仕様要求事項を適切に理解し、製造プロセスは実際の量産において、指定の生産能率でこれらの要求事項を満たして製品を安定して生産する能力を有している証拠を提供することである。 ② PPAP の詳細については、第 12 章参照。
量産の妥当性確認試験	① 量産用の治工具・プロセスで製造された製品が、顧客の技術規格(外観要求事項を含む)を満たしていることの妥当性を確認する。
梱包評価	① すべての試験出荷および試験方法によって、製品を通常の運送中の損傷や有害な環境要因から保護できるかどうかを評価する。 ② 顧客が梱包方法を指定する場合でも、組織による評価は必要である。

図11.11　APQPフェーズ4(製品・プロセスの妥当性確認)のアウトプット(1/2)

項　目	内　容
量産コントロールプラン	① 量産コントロールプランは、量産段階の製品・プロセスを管理するシステムについて記述した文書である。 ② 量産コントロールプランは生きた文書であり、常に最新の内容に更新する。 ③ コントロールプランの内容については、IATF 16949規格の附属書 A および APQP 参照マニュアルに記載されている。 ④ 量産コントロールプランは、顧客の承認が必要なことが多い。
品質計画承認署名 (quality planning sign-off) および経営者の支援	① APQP チームは製造事業所でレビューを行い、正式な承認署名のための調整を行う。 ② 製品品質承認署名によって、適切な APQP 活動が完了していることが経営者に示される。 ③ 承認署名は初品出荷の前に行い、次の事項のレビューを含む。 ・製造プロセスは、プロセスフロー図に従っていることを検証する。 ・各作業は、コントロールプランに従って実施されていることを検証する。 ・プロセス指示書にはコントロールプランで規定されたすべての特殊特性が記載されており、またすべての PFMEA の推奨措置が対処されていることを検証する。 ・プロセス指示書、PFMEA およびプロセスフロー図をコントロールプランと比較する。 ・コントロールプランにより、特別なゲージ、治具、試験装置または機器が必要とされる場合、ゲージ繰返し性・再現性(ゲージ R&R)ならびに適切な使用について検証する。 ・要求される生産能力の実証には、量産用のプロセス、装置、および要員を用いる。 ④ 承認署名の完了に際し、APQP プログラムの状況の情報を経営者に伝え、未解決問題に対する経営者の支援を獲得するために、経営者とのレビューを行う。 ⑤ 製品品質計画総括・承認書参照(図 11.12 参照)。

図 11.11　APQP フェーズ 4(製品・プロセスの妥当性確認)のアウトプット(2/2)

第11章 APQP：先行製品品質計画

製品品質計画総括・承認書

日付：
製品名称：　　　　　　　　　　部品番号／改訂：
顧客：　　　　　　　　　　　　製造工場：

1. 工程能力予備調査

	要求 P_{pk}	合格数	保留数*
特殊特性の P_{pk}			

2. コントロールプラン承認（要求される場合）

承認済か？	承認日
☐Yes ☐No	

3. 初回生産サンプル特性分類

	サンプル数	検査済数	合格数	保留数*
寸法				
目視				
試験所				
性能				

4. ゲージおよび試験装置測定システム解析

	要求規格値	合格数	保留数*
特殊特性			

5. 工程の監視

	サンプル数	合格数	保留数*
工程監視指示書			
工程シート			
ビジュアルエイズ			

6. 梱包／出荷

	要求事項か？	合格か？	保留*
梱包承認	☐Yes ☐No	☐Yes ☐No	
試験出荷	☐Yes ☐No	☐Yes ☐No	

承認

_____　　　_____
チームメンバー／役職／日付　　チームメンバー／役職／日付

＊対応処置計画書を添付

図11.12　製品品質計画総括・承認書の例

(5) APQPフェーズ5：量産・改善

　APQPのフェーズ5は、APQPの最後のフェーズで、量産・改善（フィードバック・評価・是正処置）のフェーズに相当します。フェーズ5では、フェーズ4のアウトプットである量産コントロールプランと作業指示書などに従って量産を行い、APQPプログラムの有効性を評価し、継続的な改善を行います。フェーズ5のアウトプットには、図11.13に示すものがあります。

項　目	内　容
変動の減少	①　工程変動を減少させるツールとして、管理図などの統計的手法を用いる。 ②　継続的改善を進めるためには、変動の特別原因だけでなく、共通原因の理解およびこれらの変動源を減少させる方策を追求する。 ③　共通原因を減少させ、除去することによって、コスト削減という付加的な利益が得られる。 ④　品質を改善し、コストを削減するために、組織は価値分析や変動の減少というツールを利用する。
顧客満足の向上	①　製品・サービスの詳細な計画活動および実証された工程能力は、顧客満足の重要な構成要素である。
引渡しおよびサービスの改善	①　顧客による部品交換やサービス業務も、品質、コスト、引渡しに関する要求事項を満たさなければならない。 ②　到達目標は初回品質である。しかし、市場で問題または不具合が発生した場合、組織と顧客は、問題を是正するために、効果的なパートナーシップを組むことが不可欠である。
学んだ教訓・ベストプラクティスの効果的な利用	①　学んだ教訓やベストプラクティスの一覧は、知識の獲得、保持、応用に役立つ。 ②　学んだ教訓・ベストプラグティスへのインプットは、次のものを含む様々な方法から得ることができる。 ・成功事例・失敗事例（TGR／TGW）のレビュー ・保証および他のパフォーマンス指標のデータ ・是正処置計画 ・類似の製品・プロセスの研究 ・DFMEAおよびPFMEAの調査

［備考］TGR：成功（things gone right）、TGW：失敗（things gone wrong）

図11.13　APQPフェーズ5（量産・改善）のアウトプット

11.3　コントロールプラン

(1)　コントロールプラン

　コントロールプラン(control plan)は、製品と製造工程の管理方法を記述した文書で、いわゆるQC工程図に相当するものです。コントロールプランに含める項目は、IATF 16949規格(附属書A)で規定されており、その詳細については、APQP参照マニュアルに記載されています(図11.15、図11.16参照)。

　さらにIATF 16949規格では、図11.14に示す項目をコントロールプランに含めることを述べています。

　コントロールプランは、次の3つの段階で作成します。

① 　試作コントロールプラン(顧客の要求がある場合に要求事項となる)
② 　先行生産(量産試作)コントロールプラン
③ 　量産コントロールプラン

　製品の製造は、コントロールプランに従って行います。コントロールプランに記載されていることは必ず実施することが必要で、またコントロールプランに記載されていないことを実施してはなりません。コントロールプランは、IATF 16949において最も重要な文書です。

箇条番号	コントロールプランに含める項目
7.1.5.1.1	・測定システム解析(MSA)
8.3.3.3	・特殊特性
8.5.1.1	・作業の段取り替え検証 ・初品・終品の妥当性確認 ・特殊特性の管理方法 ・不適合製品が検出された場合の対応計画 ・工程が統計的に不安定または能力不足になった場合の対応計画
8.6.2	・レイアウト検査および機能試験
8.7.1.4	・手直し確認のプロセス
8.7.1.5	・修理確認のプロセス
9.1.1.1	・統計的に能力不足または不安定な特性に対する対応計画
10.2.4	・ポカヨケ手法の活用のプロセス、および採用された手法の試験頻度

図11.14　コントロールプランに含める項目

項　目	内　容
コントロールプランとは	① コントロールプランは、製品およびプロセス（製造工程）を管理するためのシステムを記述した文書である。
3段階のコントロールプラン	① 試作コントロールプランは、試作段階での寸法測定、ならびに材料・性能試験について記述したものである。
	② 先行生産（量産試作）コントロールプランは、試作後、量産前の段階における寸法測定、ならびに材料・性能試験について記述したものである。
	③ 量産コントロールプランは、量産段階における製品・プロセス特性、プロセス管理、試験、測定システムについて総合的に文書化したものである。
コントロールプランの目的	① コントロールプランの目的は、顧客の要求事項に従った優良製品（quality product）の製造を支援することである。
	② コントロールプランは、プロセス・製品の変動を最小限に抑えるために用いられる、システムの総括文書である。
	③ コントロールプランは、プロセスと製品を管理するためのシステムを記述した文書である。
	④ 同じ工場の同じプロセスによって生産される製品ファミリーには、1つのコントロールプランを用いてもよい。
	⑤ コントロールプランに記述されるのは、プロセスの各段階において必要とされる処置であり、これにはすべてのプロセスアウトプットが管理状態にあることを保証するための受入れ、工程内、出荷および定期的な要求事項を含む。
	⑥ 量産においては、特性の管理に用いられる工程の監視・管理方法をコントロールプランで規定する。
コントロールプランの作成	① コントロールプランは、部門横断チーム（APQPチーム）で作成する。
コントロールプランは生きた文書	① コントロールプランは、製品ライフサイクルを通じて維持され、利用される。
	② 製品ライフサイクル初期段階のコントロールプランの目的は、プロセス管理の計画を文書化し伝達することである。
	③ その後、製造現場におけるプロセス管理、および製品の品質確保の要領を示すものになる。
	④ 最終的には、コントロールプランは生きた文書として、適用される管理方法と測定システムを反映していく。

図11.15　コントロールプランの概要（1/2）

項　目	内　容
コントロールプラン は生きた文書(続き)	⑤　コントロールプランは、測定システムおよび管理方法の評価・改善に応じて、更新される。 ⑥　コントロールプランは、次の場合にレビューし更新する。 ・不適合製品を顧客に出荷した場合 ・製品、製造工程、測定、物流、供給元、生産量変更またはリスク分析(FMEA)に影響する変更が発生した場合 ・顧客苦情および関連する是正処置が実施された場合 ・定期的に(リスク分析にもとづく設定された頻度で)
コントロールプランのインプット情報	①　コントロールプランのインプット情報には、次のものがある(図11.17参照)。 ・プロセスフロー図 ・システム・設計・プロセス故障モード影響解析 ・特殊特性 ・類似部品から学んだ教訓 ・プロセスに関するチームの知識 ・デザインレビュー
コントロールプランのメリット	①　品質に関して： ・コントロールプランによって、設計、製造および組立てのムダが減り、製品品質が改善される。 ・この体系的な方式によって、製品・プロセスの徹底的な評価が可能となる。 ・コントロールプランは、プロセス特性を特定し、変動源(インプット変数)の管理手法を特定する。この変動源は製品特性(アウトプット変数)の変動を引き起こすものである。 ②　顧客満足に関して： ・コントロールプランにより、経営資源の配分を顧客にとって重要な特性に絞ることができる。 ・これら主要な項目に経営資源を適切に配分することは、品質を低下させることなくコストを削減するのに役立つ。 ③情報伝達に関して： ・コントロールプランは、生きた文書として、製品・プロセス特性、管理方法および特性の測定に関する変更を明確にし、伝達する。

図 11.15　コントロールプランの概要(2/2)

コントロールプラン　　　□試作　□量産試作　■量産

製品名	自動車部品○○	組織名	○○精機（株）	コントロールプラン番号 CP-xxx	
製品番号 xxxx		サイト（工場）名／コード ○○工場／xxxx		発行日付 20xx-xx-xx	改訂日付 20xx-xx-xx
顧客名／顧客要求事項 ○○社／仕様書 xxxx		顧客承認・日付 ○○社○○○○, 20xx-xx-xx		主要連絡先 ○○部 ○○○○	
技術変更レベル（図面・仕様書番号・日付） xxxx（xxxx, 20xx-xx-xx）		APQPチーム ○○○○, ○○○○, ○○○○		サイト（工場）長承認・日付 ○○○○（印）, 20xx-xx-xx	

| 番号 | 工程名 | 装置・治工具 | 特性 | | 分類 | 管理方法 | | | | 対応計画 |
			製品	工程		仕様・公差	測定方法	数量	頻度	管理方法	是正処置
						⋮					
11	研削工程	旋盤	寸法1		△	105 ± 0.5	ノギス	2個	ロットごと	図面A	手順書A
12	焼入工程	熱処理炉		熱処理温度	△	1000 ± 20	温度計	連続	ロットごと	手順書B	手順書B
				熱処理時間	△	10 ± 0.1	時計				
			硬度		△	25 ± 2	硬度計	2個	ロットごと	手順書C	手順書C
13	研磨工程	研磨機	寸法2		△	100 ± 0.2	ノギス	2個	ロットごと	図面B	手順書A
			寸法2 工程能力		△	$C_{pk} \geq 1.67$	ノギス	30個	1週間ごと	手順書D	手順書D
						⋮					

図11.16　コントロールプランの様式の例

第11章 APQP：先行製品品質計画

番号	工程名	装置 治工具	特性			分類	管理方法					対応計画
			製品	工程			仕様公差	測定方法	数量	頻度	管理方法	是正処置

コントロールプラン

⇐ ⇐ ⇐ ⇐ ⇐ ⇐ ⇐ ⇐ ⇐ ⇐

プロセスフロー	プロセスフロー MSA	DFMEA	PFMEA	DFMEA PFMEA	DFMEA PFMEA	DFMEA PFMEA SPC MSA	PFMEA SPC	DFMEA PFMEA SPC	DFMEA PFMEA SPC

図11.17 コントロールプランの項目とインプット情報

[備考] DFMEA：設計FMEA、PFMEA：プロセスFMEA、分類：特殊特性などの識別

(2) コントロールプランのインプット情報

コントロールプランの各項目は、プロセスフロー図、設計 FMEA、プロセス FMEA、SPC および MSA などをインプット情報として作成することになります(図 11.17 参照)。

すなわちコントロールプランは、APQP の各フェ―ズ内の最後のアウトプットとして、FMEA、SPC、MSA などの結果を取り入れて作成するようになっています。

したがって、これを逆に FMEA、SPC、MSA などを行わずに、先にコントロールプランを作成しようとすると大変です。また、よいコントロールプランを作成することはできません。コントロールプラン作成の手順が重要です。

11.4　APQP の様式

APQP 参照マニュアルには、APQP(先行製品品質計画)とコントロールプランについて記載されていますが、APQP を実施する課程で利用することができる、チェックリストと解析手法の紹介についても含まれています。これらの詳細については、APQP 参照マニュアルを参照ください(図 11.19 参照)。

工程＊＼特性	寸法A	寸法B	特性C	特性D	特性E
工程1					
工程2	○				
工程3			○		
工程4		○			
工程5					○
工程6				○	
工程7	○				

［備考］　＊はプロセスフローチャートの工程ステップを示す。

図 11.18　特性マトリクスの例

11.5 APQP と IATF 16949 要求事項

　IATF 16949 規格では、APQP について、図 11.20 に示すように述べています。すなわち、IATF 16949 規格(箇条 8.3.2.1)では、新製品の設計・開発は、APQP のようなプロジェクトマネジメント手法を用いて行うことを求めています。

チェックリスト	解析手法
・設計 FMEA チェックリスト ・設計情報チェックリスト ・新規の装置、治工具および試験装置チェックリスト ・製品・プロセス品質チェックリスト ・フロアプラン・チェックリスト ・プロセスフロー図チェックリスト ・プロセス FMEA チェックリスト ・コントロールプラン・チェックリスト	・部品組立変動解析 ・ベンチマーキング ・特性要因図 ・特性マトリクス ・クリティカルパス法 ・実験計画法(DOE) ・製造性および組立性を考慮した設計 ・設計検証計画および報告書(DVP&R) ・ミス防止法・エラー防止法 ・プロセスフロー図法 ・品質機能展開(QFD)

図 11.19　APQP 参照マニュアルのチェックリストと解析手法の例

項　目	要求事項の内容
7.2.3　内部監査員の力量	・品質マネジメントシステム監査員、製造工程監査員、および製品監査員は、コアツール要求事項の理解の力量を実証する。
7.2.4　第二者監査員の力量	・第二者監査員は、適格性確認に対する…コアツール要求事項の理解の力量を実証する。
8.3.2.1　設計・開発の計画 − 補足	・部門横断的アプローチで推進する例には、プロジェクトマネジメント(例えば、APQP または VDA-RGA)がある。
9.1.1.2　統計的ツールの特定	・適切な統計的ツールが、先行製品品質計画(APQP)プロセスの一部として含まれている。

図 11.20　APQP と IATF 16949 要求事項

APQP参照マニュアルに含まれているコントロールプランについて、IATF 16949規格では図11.21に示すように述べています。

項　目	要求事項の内容
4.4.1.2　製品安全	・製品安全に関係する製品と製造工程の運用管理に対する文書化したプロセスをもつ。これには、コントロールプランの特別承認を含める。
7.1.3.1　工場、施設および設備の計画	・リスクに関連する定期的再評価を含めて、工程承認中に行われた変更、コントロールプランの維持、および作業の段取り替え検証を取り入れるために、工程の有効性を維持する。
7.2.3　内部監査員の力量	・品質マネジメントシステム監査員、製造工程監査員、および製品監査員は、コアツール要求事項の理解の力量を実証する。 ・製造工程監査員は、監査対象となる製造工程のコントロールプランを含む、専門的理解を実証する。
7.2.4　第二者監査員の力量	・第二者監査員は、適格性確認に対する…コアツール要求事項の理解の力量を実証する。
7.5.3.2.2　技術仕様書	・技術規格・仕様書の変更が、コントロールプランのような生産部品承認プロセス文書に影響する場合、顧客の生産部品の再承認が要求される。
8.3.2.1　設計・開発の計画－補足	・部門横断的アプローチで推進する例には、製造工程リスク分析の実施・レビュー（例えば、コントロールプラン）がある。
8.3.3.3　特殊特性	・特殊特性を特定するプロセスを確立し、文書化し、実施する。特殊特性をコントロールプランに含める。
8.3.4.3　試作プログラム	・顧客から要求される場合、試作プログラムおよび試作コントロールプランをもつ。
8.3.5.2　製造工程設計からのアウトプット	・製造工程設計からのアウトプットには、コントロールプランなどを含める。

図11.21　コントロールプランとIATF 16949要求事項（1/2）

第11章 APQP：先行製品品質計画

項　目	要求事項の内容
8.5.1.1　コントロールプラン	・コントロールプランは、該当する製造サイトおよびすべての供給する製品に対して、システム、サブシステム、構成部品または材料のレベルで、バルク材料を含めて策定する。
	・量産試作および量産に対して、製造工程のリスク分析のアウトプット（FMEAのような）からの情報を反映する、コントロールプランを作成する。
8.5.6.1.1　工程管理の一時的変更	・コントロールプランに引用され、承認された代替工程管理方法のリストを作成し、定期的にレビューする。
	・コントロールプランに定められた標準作業の実施を検証するため、代替工程管理の運用を日常的にレビューする。
8.6.1　製品・サービスのリリース－補足	・製品・サービスの要求事項が満たされていることを検証するための計画した取決めが、コントロールプランを網羅し、かつコントロールプランに規定されたように文書化されていることを確実にする。
8.6.2　レイアウト検査・機能試験	・レイアウト検査および顧客の材料・性能の技術規格に対する機能検証は、コントロールプランに規定されたとおりに、各製品に対して実行する。
8.7.1.4　手直し製品の管理	・コントロールプランに従って、原仕様への適合を検証する手直し確認の文書化したプロセスをもつ。
8.7.1.5　修理製品の管理	・コントロールプランに従って、修理確認の文書化したプロセスをもつ。
9.1.1.1　製造工程の監視および測定	・統計的に能力不足または不安定な特性に対して、コントロールプランに記載された対応計画を開始する。
9.2.2.3　製造工程監査	・製造工程監査には、コントロールプランが効果的に実施されていることの監査を含める。
10.2.3　問題解決	・文書化した情報（例えば、コントロールプラン）のレビュー・更新を含む、問題解決の文書化したプロセスをもつ。
10.2.4　ポカヨケ	・ポカヨケ手法の活用について決定する文書化したプロセスをもつ。
	・採用された手法の試験頻度は、コントロールプランに文書化する。

図 11.21　コントロールプランと IATF 16949 要求事項（2/2）

第12章
PPAP：生産部品承認プロセス

　この章では、IATF 16949規格（箇条8.3.4.4）の製品承認プロセスに相当する、PPAP（生産部品承認プロセス、production part approval process）およびサービスPPAP（サービス生産部品承認プロセス）について、AIAGのPPAP参照マニュアルおよびサービスPPAP参照マニュアルの内容に沿って説明します。

　IATF 16949におけるコアツールの位置づけ、すなわち各コアツールが要求事項かどうかに関して、PPAPを除く4つのコアツール（APQP、FMEA、SPCおよびMSA）の参照マニュアルでは、"参照マニュアルの内容は、要求事項ではなく参照事項である"と述べています。しかし、PPAP参照マニュアルでは、"その内容は要求事項である"と述べています。PPAPはIATF 16949の要求事項です。これが各コアツールの参照マニュアルの基本的な位置づけとなります。

　この章の項目は、次のようになります。

　　　12.1　　PPAP要求事項
　　　12.2　　PPAPの提出・承認
　　　12.3　　バルク材料のPPAP
　　　12.4　　PPAPの様式
　　　12.5　　サービスPPAP
　　　12.6　　PPAPとIATF 16949およびコアツールとの関係

12.1 PPAP 要求事項

(1) PPAP とは

　生産部品承認プロセス(PPAP)とは、製品に対する顧客の承認手順のことです。PPAPの呼び名に関して、PPAP参照マニュアルでは、生産部品承認プロセス(production part approval process)と呼んでいますが、IATF 16949規格では、製品承認プロセス(product approval process)と呼んでいます(図12.1参照)。

　PPAPは、生産部品、サービス部品、生産材料またはバルク材料を供給する、社内・社外の組織の生産事業所(製造サイト)に適用されます。なお、バルク材料やサービス部品に対しては、少し異なるPPAP要求事項があり、本章の12.3節および12.5節で説明します。

　製品と製造工程の両方がPPAPの対象となり、供給者の製品(組織の部品・材料)とその製造工程もPPAPの対象となります。生産部品承認プロセスはまた、製品や製造工程を変更した場合や、製品の特別採用など、すでに顧客に承認されているものと異なる内容の製品や製造工程に対しても適用されます。

　PPAPは、顧客がアメリカのビッグスリーの場合は、本書で述べるAIAGのPPAP参照マニュアルに従います。それ以外の顧客に対しては、それぞれの顧客の要求に従うことになります。

　PPAPの目的は、顧客要求事項を満たす製品を、所定の生産能率で製造する能力をもっていることを判定するためです。したがって、PPAPのための評価用のサンプルは、量産と同じ条件(生産事業所、設備、製造工程、材料、作業員)で製造することが必要です。またPPAP用サンプル製品の個数は、原則として1時間～8時間の操業時間で、連続300個以上とします。

(2) PPAP 要求事項の扱い

　PPAP要求事項の扱いに関して、PPAPの顧客への提出(submit)・承認(approve)が必要な場合と、PPAPの顧客への通知(notify)が必要な場合に分けることができます。それぞれの場合のケースと対象となる製品および手順について、図12.2に示します。

第12章　PPAP：生産部品承認プロセス

項　目	内　容
PPAPの呼び名	① IATF 16949規格では、製品承認プロセス(product approval process)と呼んでいる。 ② PPAP参照マニュアルでは、生産部品承認プロセス(production part approval process)と呼んでいる。
PPAPの目的	① 顧客の設計文書および仕様書に示された要求事項を、組織が正しく理解しているかどうかを判定するため。 ② 製造プロセスが、所定の生産能率における実生産において、要求事項を満たす製品を一貫して製造する能力をもっていることを判定するため。
PPAPの適用範囲	① PPAPは、生産部品、サービス部品、生産材料またはバルク材料を供給する、社内・社外の組織の生産事業所に適用される。
PPAP対象製品	① PPAP用の製品は、実質的生産から採取する。 ② 実質的生産は、顧客の指定がない場合、1時間から8時間の操業時間で、指定される生産個数の合計は連続する300個以上とする。 ③ 実質的生産では、量産する事業所において、所定生産能率で、量産用治工具、量産用ゲージ、量産用プロセス、量産用材料および量産を担当する作業員を用いる。
PPAP要求事項	① PPAP要求事項および顧客固有のPPAP要求事項を満たすこと。 ② 生産部品は、すべての顧客の技術設計文書および仕様要求事項(安全・法規制要求事項を含む)を満たすこと。 ③ バルク材料のPPAP要求事項は、バルク材料要求事項チェックリストに規定される。
バルク材料 (bulk material)	① バルク材料とは、接着剤，シール材，化学薬品，コーティング材，布，潤滑材などの物質(例：非定形固体，液体，気体)のことをいう。 ② バルク材料に関しては、部品の数については要求されていない。提出サンプルは、プロセスの定常状態における操業を代表するように採取する。 ③ バルク材料のPPAPに関しては、12.3節参照。
PPAP記録の保管	① PPAPの記録は、その部品(製品)が現行である期間プラス1暦年の間保管する。

図12.1　PPAP(生産部品承認プロセス)の概要

区分		内容
顧客へのPPAPの提出(submit)・承認(approve)が必要な場合	対象製品	① 新しい部品・製品(顧客にとっての新製品) ② 以前に提出された部品の不具合の是正 ③ 生産用製品に対する、設計文書、仕様書または材料の技術変更 バルク材料に対して： ④ その材料に対して以前使用されたことがなく、その組織にとって新しいプロセス技術
	PPAP提出・承認の手順	① 顧客が要求事項を免除しない限り、最初の製品出荷に先立って、PPAP承認を得るために提出する。
顧客へのPPAPの通知(notify)が必要な場合	対象製品	① 以前に承認された部品・製品に用いられたものとは異なる構造・材料の使用 ② 新規または修正された治工具(消耗性治工具を除く)、金型、鋳型、パターン等による生産(治工具の追加・取替を含む) ③ 現在の治工具または装置のアップグレードまたは再配置後の生産 ④ 異なる生産事業所から移設された治工具・装置による生産 ⑤ 部品、非等価材料またはサービス(例：熱処理、メッキ)の供給者の変更 ⑥ 量産に使用されない期間が12カ月以上あった治工具で製造される製品 ⑦ 社内で製造または供給者が製造する、生産部品のコンポーネントに関係する製品・プロセスの変更 ⑧ 試験・検査方法の変更－新技術(合否判定基準に影響を与えない場合) バルク材料に対して： ⑨ 新規または既存の供給者からの原材料の新規供給 ⑩ 製品外観属性の変更
	PPAP通知の手順	① 設計、プロセスまたは生産事業所に対する計画された変更について、顧客に通知する。 ② 提案された変更が通知され、顧客によって承認され、そしてその変更が実施された後に、PPAP提出が要求される。

図12.2　PPAP要求事項の扱い(提出・承認と通知)

(3) PPAP 要求事項

PPAP 要求事項の項目(18項目)とその内容を図12.3に示します。APQPのアウトプットが並んでいることがわかります。なおバルク材料に関しては、少し異なる PPAP 要求事項があり、12.3節で説明します。

項 目	内 容
製品設計文書	① 製品図面、製品仕様書などの文書。 ② その製品に使われる部品についての設計文書を含む。 ③ 設計文書が電子媒体の場合、測定箇所を明記したハードコピーを添付する。
技術変更文書(顧客承認)	① 設計文書には反映されていないが、製品、部品または治工具に組み入れられた技術変更に対する顧客承認の文書。
顧客技術部門承認	① 要求事項のうち、事前に顧客の技術部門の承認を得ている場合は、その証拠。
設計 FMEA	① 顧客指定の要求事項(例:FMEA 参照マニュアル)に従った設計 FMEA。
プロセスフロー図	① 製造プロセスのステップと、つながりを明記したプロセスフロー図。
プロセス FMEA	① 顧客指定の要求事項(例:FMEA 参照マニュアル)に従ったプロセス FMEA。
コントロールプラン	① 製造工程の管理に用いるすべての方法を規定した、顧客指定の要求事項(例:APQP 参照マニュアル、IATF 16949 規格附属書 A)に適合したコントロールプラン。
測定システム解析(MSA)	① 新規または変更されたゲージ、測定および試験装置のすべてに対して、適切な MSA 調査を行う。 ② MSA 調査の方法には、例えば、ゲージ R&R、偏り、直線性、安定性調査などがある(MSA 参照マニュアル参照)。 ③ コントロールプランに記載された測定システムが、MSA 調査の対象となる。
寸法測定結果	① 設計文書およびコントロールプランに規定された、すべての寸法について、寸法検査を実施する。 ② 各製造プロセス(例:セルまたは生産ライン、およびキャビティ、鋳型、パターンまたは金型)ごとに寸法測定を行う。

図12.3 PPAP 要求事項(1/3)

項　目	内　容
寸法測定結果（続き）	③　寸法検査に対する要求事項は、IATF 16949 規格（箇条 8.6.2）ではレイアウト検査として規定されている。
材料試験・性能試験結果	①　次の各要求事項が、設計文書またはコントロールプランで規定されている場合、すべての製品・材料に対して試験を行う。 ・化学的、物理的または冶金的要求事項 ・性能・機能に関する要求事項
初期工程調査	①　顧客または組織が指定したすべての特殊特性に対して、初期工程能力（C_{pk}）または初期工程性能（P_{pk}）の調査を行う。 ②　PPAP 提出に先立って、初期工程能力・初期工程性能評価のための指標に対する顧客の同意を得る。 ③　$\overline{X}$-R 管理図を用いて調査が可能な特性については、連続した 100 個以上（サブグループ 25 以上）のサンプルを用いる。 ④　安定した工程の初期工程調査結果を評価するために、次の合否判定基準を用いる。 | 結　果	解　釈	
---	---	---
$C_{pk}(P_{pk})>1.67$	工程は合否判定基準を満たしている。	
$1.33 \leq C_{pk}(P_{pk}) \leq 1.67$	工程は受入れ可能とされる場合がある。	調査結果内容の確認のため、顧客代表に連絡する。
$C_{pk}(P_{pk})<1.33$	工程は合否判定基準を満たしていない。		 ⑤　不安定な工程は顧客の要求事項を満たさない。PPAP 提出に先立って、変動の特別原因を調査・評価し、（また可能な場合は）除去する。不安定な工程があれば顧客代表に通知し、PPAP 提出前にその是正処置計画を顧客に提出する。 ⑥　初期工程能力（C_{pk}）および初期工程性能（P_{pk}）評価の方法については、SPC 参照マニュアルおよび本書の第 14 章参照。
有資格試験所文書	①　試験所（laboratory）とは、製品の検査、試験または測定機器の校正を行う施設をいう。 ②　試験所には、内部試験所（組織内部の試験所）と外部試験所があり、それぞれに対する要求事項は、IATF 16949 規格（箇条 7.1.5.3）に規定されている。 ③　PPAP のための検査・試験は、顧客要求事項で定められているとおり、有資格試験所（例：認定試験所）で実施する。

図 12.3　PPAP 要求事項（2/3）

第 12 章　PPAP：生産部品承認プロセス

項　目	内　容
有資格試験所文書 （続き）	④　（組織内部・外部の）有資格試験所は、試験所適用範囲、および実施される測定・試験の種類に対して、その試験所が資格認定されていることを示す文書を準備する。
外観承認報告書 （appearance approval report、AAR）	①　外観承認報告書は、顧客から外観品目として指定された製品に対して要求される。外観品目に対する要求事項は、IATF 16949 規格（箇条 8.6.3）に規定されている。 ②　設計文書において製品の外観要求事項が指定された場合、個々の製品ごとに、外観承認報告書（AAR）を作成する。 ③　AAR と生産部品の代表サンプルを、顧客の指定に従って提出し、判定を受ける。
製品サンプル	①　顧客の評価用のサンプルを、顧客の指定どおり提供する。 ②　サンプルは、量産と同じ製造工程で製造する。
マスターサンプル	①　マスターサンプル（標準サンプル）は、マスターサンプルであることがわかるように識別し、顧客承認日付を表示する。 ②　マスターサンプルは、PPAP の記録と同じ期間保管する。
検査補助具	①　検査補助具とは、製品の検査に使用する製品固有の検査治工具をいう。 ②　（顧客から要請のある場合）検査補助具を、PPAP 提出に添えて提出する。 ③　検査補助具は、その妥当性を確認し、製品寿命期間中は適切に予防保全を行う。 ④　顧客要求事項に従って MSA 調査を行う。
顧客固有要求事項適合記録	①　すべての顧客固有要求事項に適合している記録を維持する。 ②　バルク材料に関しては、適用される顧客固有要求事項をバルク材料要求事項チェックリストに記載する。
部品提出保証書 （part submission warant、PSW）	①　すべての PPAP 要求事項が完了した際、部品提出保証書（PSW）を顧客に提出して、承認を得る。 ②　生産部品が 2 つ以上のキャビティ、鋳型、治工具、金型、パターンまたは生産プロセスから製造される場合、その各々から 1 つの部品について完全な寸法評価を行う。
バルク材料チェックリスト	①　バルク材料に関しては、PPAP 参照マニュアルの附属書 F "バルク材料固有要求事項" に規定された要求事項に従う。

［備考］　類似製品ファミリーに対して、設計 FMEA、プロセス FMEA、プロセスフロー図およびコントロールプランは、それぞれファミリーとして作成してもよい。

図 12.3　PPAP 要求事項（3/3）

12.2 PPAPの提出・承認

(1) PPAPの提出・承認レベル

PPAPの提出・承認レベルは、図12.4に示すように5つに区分されています。また、PPAP要求事項の項目と顧客の承認レベルの関係を図12.5に示します。PPAPの各要求事項のそれぞれに対して、次の3つの区分があります。

① 顧客の承認のために、顧客への提出が必要なもの
② 顧客の要請があれば、顧客への提出・承認が必要なもの
③ 顧客の要請があれば顧客が利用できるように、保管することが必要なもの

図12.5に示した顧客の承認レベル1～5のうちのいずれを適用するかは、顧客によって指定されます。この図から、S(submit、顧客の承認が必要)が最も厳しく、R(retain、保管しておけばよい)が最も緩いことがわかります。顧客からの指定がない場合は、最も厳しいレベル3を標準レベルとして適用することになっています。

区分	内容
レベル1	部品提出保証書(PSW)のみを顧客に提出(指定された外観品目については外観承認報告書も)
レベル2	部品提出保証書に製品サンプルおよび支援データの一部を添えて顧客に提出
レベル3	部品提出保証書に製品サンプルおよび完全な支援データを添えて顧客に提出
レベル4	部品提出保証書およびその他顧客により規定されたものを顧客に提出
レベル5	部品提出保証書に製品サンプルおよび完全な支援データを添えたものを組織の製造場所で確認

[備考]
① 上記の表で分類されるレベルで規定された品目および記録を提出する。
② 各提出レベルの提出・承認要求事項については、図12.5参照。
③ 顧客が別途定めない場合は、レベル3を標準レベルとして適用する。
④ バルク材料に関する最低提出要求事項は、部品提出保証書とバルク材料チェックリスト(図12.8参照)である。

図12.4 PPAP提出・承認レベル

なお図12.5において、製品設計文書に関して記載されている"組織が専有権を持つ場合"とは、組織が特許・ノウハウなどの独占権を所有し、詳細内容を顧客に開示できない設計の場合です。この場合は、特許・ノウハウなどの詳細内容を顧客に開示する代わりに、組付け時の合い、機能(性能、耐久性を含む)などについて、組織と顧客が共同でレビューすることが必要となります。

	提出・承認レベル 要求事項	レベル1	レベル2	レベル3	レベル4	レベル5
1	製品設計文書	R	S	S	X	R
	・組織が専有権を持つ場合	R	R	R	X	R
2	技術変更文書(顧客承認)*	R	S	S	X	R
3	顧客技術部門承認*	R	R	S	X	R
4	設計FMEA	R	R	S	X	R
5	プロセスフロー図	R	R	S	X	R
6	プロセスFMEA	R	R	S	X	R
7	コントロールプラン	R	R	S	X	R
8	測定システム解析(MSA)	R	R	S	X	R
9	寸法測定結果	R	S	S	X	R
10	材料・性能試験結果	R	S	S	X	R
11	初期工程調査結果	R	R	S	X	R
12	有資格試験所文書	R	R	S	X	R
13	外観承認報告書(AAR)*	S	S	S	X	S
14	製品サンプル	R	S	S	X	R
15	マスターサンプル	R	R	R	X	R
16	検査補助具	R	R	R	X	R
17	顧客固有要求事項適合記録	R	R	S	X	R
18	部品提出保証書(PSW)	S	S	S	S	R
	バルク材料チェックリスト	S	S	S	S	R

[備考] S(submit、提出・承認):PPAPを顧客に提出して承認を得ることが必要
　　　X:顧客の要請があれば、PPAPを提出して承認を得ることが必要
　　　R(retain、保管):顧客が利用できるように、PPAPを保管しておくことが必要
　　　*:該当する場合に要求事項となる。
・顧客からの指定がない場合は、レベル3を標準レベルとして適用する。

図12.5　PPAP要求事項と提出・承認レベル

PPAPを顧客に提出する際には、部品提出保証書（PSW、part submission warrant）に、図12.5に示したその他の必要なものを添付して提出します。

　部品提出保証書、外観承認報告書（AAR）などのPPAP提出のための標準様式は、PPAP参照マニュアルに記載されています。部品提出保証書の記載項目を図12.6に示します。

区分	記載項目、考察項目		
ヘッダー	部品名、顧客部品番号、図面番号、組織部品番号、技術変更レベルなど		
記載項目	安全・政府規制の有無	購買注文書番号	重量
	検査補助具番号	検査補助具技術変更レベル	
	組織製造情報	顧客提出情報	
	組織名称、サプライヤー／ベンダーコード	顧客名称／部門	
	組織の所在地	バイヤー／バイヤーコード	
	材料報告：顧客が要求する懸念物質に関する情報報告の有無 （IMDSまたはその他顧客書式により提出）		
	ポリマー部品の識別の有無		
PPAP提出理由	☐新規提出　　　　　　　　　　　　☐構造・材料の変更 ☐技術変更　　　　　　　　　　　　☐供給者・材料ソースの変更 ☐治工具：移送、置換、再研磨、追加　☐部品加工処理の変更 ☐不具合の是正　　　　　　　　　　☐他の場所で製造された部品 ☐治工具1年以上不使用　　　　　　☐その他		
要求される提出レベル	☐レベル1　☐レベル2　☐レベル3　☐レベル4　☐レベル5 （各レベルの提出文書については、図12.5参照）		
提出結果	☐寸法測定　　　　　　　　　　☐材料および機能試験 ☐外観基準　　　　　　　　　　☐統計的工程パッケージ		
	これらの結果は、すべての設計文書要求事項を満たす。 ☐Yes　☐No		
	鋳型／キャビティ／生産プロセス		
声明・署名	組織署名		
顧客使用欄	PPAP保証判定：☐　承認　☐　暫定承認　☐　リジェクト 顧客署名		

［備考］　IMDS：自動車産業の禁止物質・要申告物質リスト（international material data system）

図12.6　部品提出保証書（PSW）の記載項目

(2) PPAPの顧客承認

　PPAPを顧客に提出した後、顧客による評価の結果、顧客から、PSWに結果が通知されます。結果は、承認、暫定承認、リジェクト(非承認)に区分されます(図12.7参照)。結果が"承認"の場合は、顧客からの納入指示に従って、製品を出荷することが許可されますが、"暫定承認"の場合は、限定された期間または数量の出荷許可となり、"リジェクト(非承認)"の場合は、再度PPAPの承認を得る必要があります。

承認状態	内　容
承　認	① 顧客からの納入指示に従って、注文数量の製品を出荷することが許可される。
暫定承認	① 生産要求事項に対して、限定された期間または数量の製品の出荷が許可される。 ② 暫定承認は、次の場合に組織に与えられる。 ・承認の障害となった不適合を明確に特定し、かつ、 ・顧客の同意を得た対応処置計画が作成された場合 ③ "承認"の状態を得るためには、PPAPの再提出が要求される。
リジェクト (非承認)	① 顧客の要求事項を満たしていない。 ② 製品およびプロセスを、顧客要求事項を満たすよう是正することが必要となる。

図12.7　PPAP顧客承認状態

12.3　バルク材料のPPAP

　バルク材料(bulk material)とは、接着剤、シール材、化学薬品、コーティング材、潤滑油などの非定形物質(すなわち、液体・粉体・粒体などの形のないもの、寸法測定のできないもの)のことです。

　バルク材料に関しては、通常の製品とは異なるPPAP要求事項が、PPAP参照マニュアルの附属書F"バルク材料固有の要求事項"として規定されています。その中の、バルク材料チェックリストの例を図12.8に示します。バルク材料に関する要求事項の詳細については、PPAP参照マニュアルの附属書Fを参照ください。

バルク材料チェックリスト					
	要求期日／目標期日	責任者		コメント／条件	承認者／承認日
		顧客	組織		
製品設計・開発検証					
設計マトリクス					
設計FMEA					
特殊製品特性					
設計文書					
試作コントロールプラン					
外観承認報告書					
マスターサンプル					
試験結果					
寸法測定結果					
検査補助具					
技術部門承認					
プロセス設計・開発検証					
プロセスフロー図					
プロセスFMEA					
特殊工程特性					
先行生産コントロールプラン					
量産コントロールプラン					
測定システム解析					
暫定承認					
製品・プロセス妥当性確認					
初期工程調査					
部品提出保証書					
該当する場合					
顧客工場との関連					
顧客固有要求事項					
変更の文書化					
供給者に対する懸念					
計画承認者(氏名／部門)	会社名／役職／日付				

図12.8 バルク材料チェックリストの例

12.4 PPAPの様式

PPAP参照マニュアルには、PSWなどの種々の様式と、バルク材料固有要求事項などのその他の部品・材料のPPAP要求事項が含まれています(図12.9参照)。

詳細に関しては、PPAP参照マニュアルを参照ください。

区分	内容
PPAP記録様式	・附属書A　部品提出保証書 ・附属書B　外観承認報告書 ・附属書C　生産部品承認-寸法測定結果 ・附属書D　生産部品承認-材料試験結果 ・附属書E　生産部品承認-性能試験結果
その他の部品・材料のPPAP要求事項	・附属書F　バルク材料固有要求事項 ・附属書G　タイヤ産業固有要求事項 ・附属書H　トラック産業固有要求事項

図12.9　PPAPの様式とその他のPPAP要求事項

12.5 サービスPPAP

自動車部品には自動車の生産に使われるもの(生産部品)と、保守サービス用に使われるもの(サービス部品)があります。

生産部品の顧客承認手続きを述べたものがPPAP(生産部品承認プロセス)であり、サービス部品の顧客承認手続きを述べたものが、サービスPPAP(サービス生産部品承認プロセス、service production part approval process)です。サービスPPAPに対しては、サービスPPAP参照マニュアルが発行されています。

サービスPPAPの要求事項は、PPAP要求事項を基準として、これにサービス部品固有の要求事項が追加されています。サービスPPAPの要求事項を図12.10に示します。

詳細に関しては、サービスPPAP参照マニュアルを参照ください。

項　目	サービスPPAP追加要求事項
実質的生産の数量	① 生産数量が少なく、300個の連続生産または8時間の操業というPPAP要求事項が現実的でない場合、サービスPPAPに必要とされる部品数は、次のいずれかとする。 ・1年間のサービスリリース数量に対して統計的に有意なサンプルとする。 ・顧客のサービス部品品質責任部門の決定による。 ② 生産部品に伴うサービス部品は、次の各条件を満たす。 ・PPAPプロセスに含める。 ・すべての自動車メーカー固有要求事項を満たす。
PPAP要求事項	① 生産部品およびサービス部品は、顧客の技術設計文書・仕様要求事項(安全および法規制要求事項を含む)を満たす。 ② PPAPの一部として提出されるサービス部品のサンプルは、サービス部品の量産用治工具で製造する。 ③ 自動車メーカー固有の承認プロセスに従って、寸法報告書およびサンプルを顧客のサービス部品品質責任部門が承認するまで、部品を出荷しない。 ④ サービスPPAP提出の際には、梱包承認の証拠を提出する。
設計文書	① サービスキットおよび梱包には、部品構成表(BOM、bill of materials)をPPAP提出とともに提出する。 ② 指示シート(Iシート)がサービスキットまたは梱包の一部である場合、承認されたコピーをPPAP文書とともに提出する。
プロセスフロー図	① 生産部品とは異なるプロセスを伴うサービス部品には、部品処理取扱い、梱包およびラベル貼付を含めた、サービス部品プロセスフロー図が要求される。
コントロールプラン	① PPAPを提出する際、サービス部品のPFMEAおよびプロセスフロー図に適用されているコントロールプランを提出する。
サービス部品のプロセスに関する要求事項	① ユニークなサービス部品(量産最終品と比較して)には、出荷に先立ち、または顧客要求事項で定められた場合に、PPAP文書を提出する。
第三者梱包業者のPPAP提出	① 第三者によって梱包された部品は、調達部品と委託部品に分類する。 ② 調達部品は、第三者梱包業者によって購入され、小売り用の容器に個別に梱包されて、部品流通センターまたはディーラーに出荷される、部品またはキットコンポーネントである。

図12.10　サービスPPAP要求事項(PPAPに対する追加要求事項)　(1/2)

第12章 PPAP：生産部品承認プロセス

項　目	サービスPPAP追加要求事項
第三者梱包業者の PPAP提出（続き）	③ 委託部品は、顧客によって購入され、第三者梱包業者によって小売り用の容器に梱包されて、部品流通センターまたはディーラーに出荷される、組立品の部品またはコンポーネントである。
再生品の要求事項	① 再生品には、通常のPPAP要求事項が適用される。 ② 再生品に対する追加PPAP要求事項： ・再生とはフィールドからのコア組立品を回収し、リサイクルして、顧客仕様を満たす交換用組立品に加工するためのプロセスをいう。 ・再生にはコア組立品の完全な分解、清浄および検査が要求される。 ・再生品は顧客仕様に従って、新品、再加工品および手直し品を組み合せて作られ、試験される。 ・再生品にはPPAP、APQPおよび製品・プロセス監査が適用される。
サービス用化学品の PPAP提出	サービス用に梱包された自動車メーカー生産用化学品および自動車メーカー市販化学品の両方に対するPPAP要求事項： ① 自動車メーカー生産用化学品－サービス用に梱包された生産用製品： ・プロセスシート、部品情報シート、プロセスフロー、コントロールプラン、プロセスFMEA、BOM、容器のサイズ、材料試験結果、充填能力調査、および部品提出保証書 ② 自動車メーカー市販化学品－サービス用に開発された新製品： ・上記①に加えて、適用一覧表、DVP&R、および測定システム解析 ③ 顧客のサービス部品品質責任部門は、プロセスワークフローで次のものに関する承認を確認する。 ・変更通知、図面、容器のサイズ、産業衛生フォーミュレーションの提出、危険物質に関する提出、MSDS、規制に関する提出、梱包およびグラフィックの承認
ソフトウェアの要求事項	① サービス部品のためのソフトウェアの改訂は、機能要求事項を満たすために、生産の妥当性確認・認証を得る。

［備考］　DVP&R：設計検証計画・報告書（design verification plan and report）
　　　　　MSDS：化学物質安全データシート（material safety data sheet）

図12.10　サービスPPAP要求事項（PPAPに対する追加要求事項）（2/2）

12.6　PPAPとIATF 16949およびコアツールとの関係

（1）　PPAPとIATF 16949要求事項

　IATF 16949規格では、PPAPについて、図12.12に示すように述べています。

　また、PPAPの各要求事項が、IATF 16949規格ではどの要求事項として扱われているかの関係を図12.11に示します。PPAPの各要求事項は、IATF 16949規格の要求事項として含まれていることがわかります。

	PPAP要求事項	IATF 16949要求事項
1	製品設計文書	8.3.5.1　設計・開発からのアウトプット 8.3.5.2　製造工程設計からのアウトプット
2	技術変更文書（顧客承認）*	8.3.4.4　製品承認プロセス 8.3.6.1　設計・開発の変更
3	顧客技術部門承認*	8.3.4.4　製品承認プロセス
4	設計FMEA	8.3.5.1　設計・開発からのアウトプット
5	プロセスフロー図	8.3.5.2　製造工程設計からのアウトプット
6	プロセスFMEA	8.3.5.2　製造工程設計からのアウトプット
7	コントロールプラン	8.5.1.1　コントロールプラン
8	測定システム解析（MSA）	7.1.5.1.1　測定システム解析
9	寸法測定結果	8.6.2　レイアウト検査および機能試験
10	材料・性能試験結果	8.6.2　レイアウト検査および機能試験
11	初期工程調査結果	9.1.1.1　製造工程の監視・測定
12	有資格試験所文書	7.1.5.3　試験所要求事項
13	外観承認報告書（AAR）*	8.6.3　外観品目
14	製品サンプル	－
15	マスターサンプル	8.6.3　外観品目
16	検査補助具	8.5.1.6　生産治工具ならびに製造、試験、検査の治工具および設備の運用管理
17	顧客固有要求事項適合記録	8.6.1　製品およびサービスのリリース
18	部品提出保証書（PSW）	8.3.4.4　製品承認プロセス
	バルク材料チェックリスト	－

＊該当する場合

図12.11　PPAP要求事項とIATF 16949規格要求事項との関係

第 12 章　PPAP：生産部品承認プロセス

(2)　PPAP と SPC との関係

　IATF 16949 規格（箇条 9.1.1.1）製造工程の監視・測定では、工程能力に関して、"顧客の部品承認プロセス（すなわち PPAP）要求事項で規定された製造工程能力（C_{pk}）または製造工程性能（P_{pk}）の結果を維持すること"と述べています。PPAP 要求事項の初期工程調査では、特殊特性に対する工程能力指数・工程性能指数について、$C_{pk}(P_{pk})>1.67$ を要求しています（図 12.13 参照）。

項　目	要求事項の内容
7.2.3　内部監査員の力量	・品質マネジメントシステム監査員、製造工程監査員、および製品監査員は、コアツール要求事項の理解の力量を実証する。
7.2.4　第二者監査員の力量	・第二者監査員は、適格性確認に対する…コアツール要求事項の理解の力量を実証する。
7.5.3.2.2　技術仕様書	・技術規格・仕様書の変更は、生産部品承認プロセス文書に影響する場合、顧客の生産部品承認の再承認の記録が要求される。
8.3.4.4　製品承認プロセス	・顧客に要求される場合、出荷に先立って、文書化した顧客の製品承認を取得する。
9.1.1.1　製造工程の監視および測定	・顧客の部品承認プロセス要求事項で規定された製造工程能力（C_{pk}）の結果を維持する。

図 12.12　PPAP と IATF 16949 要求事項

製品特性の工程能力	判　定	処　置
$C_{pk}(P_{pk})>1.67$	合　格	工程は顧客要求事項を満たしている。
$1.33 \leq C_{pk}(P_{pk}) \leq 1.67$	条件付合格	工程は受入れ可能であるが、改善の検討が必要。
$C_{pk}(P_{pk})<1.33$	不合格	工程は顧客の要求を満たしていない。顧客と連絡をとることが必要。

図 12.13　PPAP における工程能力評価基準

第13章
FMEA：故障モード影響解析

　この章では、IATF 16949 で要求している FMEA（故障モード影響解析、failure mode and effects analysis）に関して、AIAG の FMEA 参照マニュアルの内容について説明します。そして、設計 FMEA およびプロセス FMEA の実施手順について、事例を含めて説明します。

　この章の項目は、次のようになります。

- 13.1 　　FMEA の基礎
- 13.1.1 　FMEA とは
- 13.1.2 　FMEA の要素
- 13.1.3 　FMEA の評価基準
- 13.1.4 　改善処置の優先順位
- 13.1.5 　設計 FMEA とプロセス FMEA
- 13.2 　　FMEA の実施
- 13.2.1 　FMEA の実施手順
- 13.2.2 　設計 FMEA の実施例
- 13.2.3 　プロセス FMEA の実施例
- 13.2.4 　FMEA 実施のポイント
- 13.3 　　IATF 16949 における FMEA の特徴
- 13.4 　　FMEA と IATF 16949 要求事項

13.1　FMEA の基礎

13.1.1　FMEA とは

(1)　FMEA の目的と種類

　FMEA(故障モード影響解析)は、製品や製造工程において発生する可能性のある潜在的に存在する故障を、あらかじめ予測して実際に故障が発生する前に、故障の発生を予防または故障が発生する可能性を低減させるための解析手法です。IATF 16949 の設計・開発の対象には、製品の設計・開発と製造工程(製造プロセス)の設計・開発の両方があります。設計 FMEA(DFMEA、design FMEA)は製品の FMEA、そしてプロセス FMEA(PFMEA、process FMEA)は製造工程の FMEA です(図 13.1 参照)。

(2)　FMEA の顧客

　FMEA では、次に示す 4 者の顧客がいるといわれています。これらの顧客の意見が、故障モードや顧客への影響を検討する際の助けとなります。
　①　エンドユーザー(最終顧客)：自動車の購入者または使用者
　②　直接顧客：自動車メーカーまたは製品の購入者
　③　サプライチェーン：組織の次工程および供給者
　④　法規制：安全・環境に関連する法規制

(3)　FMEA の実施時期

　FMEA は、次のそれぞれの時期に実施します。
　①　新規設計・開発の場合に FMEA を実施する。
　②　設計変更や製品の使用環境が変わった場合に FMEA を見直す。
　なお、FMEA は生きた文書として、常に最新の内容にしておくことが必要です。

13.1.2　FMEA の要素

　IATF 16949 の FMEA の様式を図 13.2 に、FMEA 様式に含まれる各要素(項

目）を図 13.3 に示します。FMEA における設計管理・工程管理の方法に、検出管理だけでなく予防管理の欄があるのが IATF 16949 における FMEA の特徴です。

項　目	内　容
目　的	①　製品または製造工程における、潜在的な故障モードと顧客への影響を検討する。 ②　潜在的故障モードに対する故障リスク低減のための改善処置の優先順位を検討して、実施する。
レベル	①　設計 FMEA には、システム、サブシステムおよび部品レベルの FMEA がある。 ②　プロセス FMEA には、プロセス、サブプロセスおよび要素レベルの FMEA がある。
顧　客	①　FMEA では、次の 4 者の顧客について考慮する。 ・エンドユーザ：自動車の購入者または使用者 ・直接顧客：自動車メーカーまたは製品の購入者 ・サプライチェーン：次工程および供給者 ・法規制：安全・環境に関する法規制
FMEA チーム	①　FMEA は、製品の設計技術者または製造工程の設計技術者を中心として、設計、技術、製造、品質、生産部門などの関連部門の要員を含めた部門横断的アプローチで進める。 ②　必要に応じて顧客および供給者を含める。
実施時期	①　FMEA は、次のそれぞれの時期に実施する（いずれも製品と製造工程について）。 ・新規設計の場合 ・設計変更の場合 ・使用環境が変わった場合 ②　FMEA は、次の時期に見直す。 ・市場不良など、品質問題が発生したとき ・定期的な見直し（リスクの継続的低減のため）
設計管理 ・工程管理との関係	**設計 FMEA** ①　設計の弱点を工程管理によって補うことは考慮しない。 ②　工程能力などの製造工程の技術的な限界を考慮する。 **プロセス FMEA** ①　プロセスにおける弱点を、製品の設計変更によって対応することは考慮しない。 ②　設計 FMEA で特殊特性として考慮した製品特性に影響するプロセスパラメータを、プロセス FMEA で考慮する。 ③　プロセス FMEA に入ってくる部品・材料は問題ないものと見なす。

図 13.1　FMEA の条件

第Ⅲ部　IATF 16949のコアツール

FMEA																			
	□設計　　（□システム　□サブシステム　□部品） □プロセス　（□プロセス　□サブプロセス　□要素）																		
品名・品番		FMEAレベル																	
車のモデル		FMEA番号																	
FMEAチーム		責任部門						作成者											
完了期限		作成日						（初版）						（改訂版）					
							現行の管理方法			危険度 RPN	改善処置計画	責任者予定日	改善処置	改善処置結果					
														処置後の評価					
DFMEA 品目／機能	要求事項	故障モード	故障影響	影響度 S	分類	故障原因	予防管理	発生度 O	検出管理	検出度 D					S	O	D	RPN	
PFMEA 工程／機能																			

図13.2　FMEAの様式

要　素	内　容
品名・品番	・FMEA の対象となる製品の名称と番号
車のモデル	・FMEA が適用される車の車種名とモデル年または開発プログラムなどの、製品が使用されるシステムの名称
FMEA チーム	・FMEA チーム各メンバーの氏名、所属部門など
完了期限	・FMEA の完了予定期限（PPAP 提出期限内）
FMEA レベル	・**DFMEA**：システム、サブシステムおよび部品の区別 ・**PFMEA**：プロセス、サブプロセスおよび要素プロセスの区別
FMEA 番号	・FMEA を識別するための FMEA の文書番号
責任部門	・**DFMEA**：製品設計の責任部門名 ・**PFMEA**：製造工程設計の責任部門名
作成者	・FMEA の作成責任者の氏名、所属部門、連絡先
作成日	・初版 FMEA 作成日付および改訂版作成日付
品目・機能 工程・機能	・**DFMEA**：対象となる製品名・部品名または機能 ・**PFMEA**：対象となる工程名または機能
要求事項	・品名・機能または工程・機能に対する要求事項
故障モード	・発生する可能性のある潜在的な故障モード ・顧客の気づく内容ではなく、物理的・技術的な用語で表現する。 ・故障モードの例： 　**DFMEA**：割れ、緩み、破壊など 　**PFMEA**：割れ、変形、回路断線、電気的ショートなど
故障影響	・故障が起こった場合の、顧客が気づく機能への影響。安全性や法規制に影響するかどうかも明確にする。 ・一つの故障モードに対して複数の影響が考えられる。 ・故障影響の例： 　**DFMEA**：動作不能、誤作動、騒音、外観不良など 　**PFMEA**： 　－最終顧客への影響：動作不能、誤動作、騒音、外観不良など 　－次工程への影響：取付不可、装置の損傷、作業員の危険など
影響度(S)	・"S" は severity（厳しさ）の略。故障が発生した場合の、顧客への影響の程度を、10 段階で評価する。 ・プロセス FMEA では、顧客への影響と、次工程への影響の両方を考慮する（図 13.4、図 13.6 参照）。
分　類	・製品の特殊特性などの重要な特性の記号を記載

図 13.3　FMEA の要素(1/2)

要素	内容
故障原因	・潜在的故障モードの原因。一般的に複数の原因が考えられる。 ・故障原因の例： 　**DFMEA**：不適切な材料仕様、不適切な設計寿命仮定、過大応力などの原因や、疲労、摩耗、腐食などのメカニズムなど 　**PFMEA**：不適切な溶接、不適切なトルク、不適切な熱処理など
現行の管理方法	・発生する可能性のある故障とその原因に対して、現在行われている設計管理または工程管理の方法。予防管理と検出管理がある。
予防管理	・故障の予防方法。発生度の低減につながる。 ・予防管理の例： 　**DFMEA**：フェールセーフ設計、ポカヨケなど 　**PFMEA**：統計的工程管理(SPC)、ポカヨケなど
発生度(O)	・"O" は occurrence(発生頻度)の略。故障が発生する可能性(程度)を、10段階で評価する(図13.5参照)。
検出管理	・生産開始後に発生する可能性のある故障を検出するもので、検出度の低減につながる。 ・検出管理の例： 　**DFMEA**：設計審査・検証・妥当性確認、実車試験など 　**PFMEA**：(工程内製品・完成品に対する)検査・試験など
検出度(D)	・"D" は detection(検出)の略。故障が発生した場合に、それを検出できる可能性を、10段階で評価(図13.7、図13.8参照)。 ・プロセスFMEAの検出の方法は、人手による検査、ゲージ(測定機器)を使用した測定、自動制御測定機器による管理およびポカヨケによる予防管理などに分類される。
危険度(RPN)	・"RPN" は risk priority number(リスク優先数)の略。リスクの程度(改善処置の優先度)を示す指標。 RPN = S × O × D
改善処置計画	・影響度およびRPNを低減する改善処置計画。 ・危険度のランク低減の優先順位は、RPNではなく、影響度、発生度、検出度の順。
責任者、予定日	・改善処置の責任者名と完了期限。
改善処置	・実施した改善処置の内容。
改善処置後の評価(S,O,D)	・実施した改善処置後の影響度、発生度および検出度を再評価。
危険度(RPN)	・実施した改善処置後のRPNを再算出。RPN = S×O×D ・改善処置前後のRPNの比較によって、その有効性がわかる。

図13.3　FMEAの要素(2/2)

13.1.3　FMEA の評価基準

FMEA における故障の影響度(厳しさ、S、severity)、故障の発生度(O、occurrence)および故障の検出度(D、detection)の評価基準の例を、それぞれ図 13.4 ～図 13.8 に示します。

影響度	故障の顧客への影響の程度		ランク
安全性に影響、法規制に違反する。	車の安全性に影響する。法規制に違反する。	事前警告なし	10
		事前警告あり	9
車の主要機能に影響を及ぼす。	車の主機能が動作不能となる。		8
	車の主機能が劣化する。		7
車の二次機能に影響を及ぼす。	車の二次機能が動作不能となり、快適性が悪化する。		6
	車の二次機能が劣化し、快適性が低下する。		5
騒音など顧客が不快に感じる。	多くの顧客(＞75%)が故障に気づく。		4
	半数の顧客が故障に気づく。		3
	少数の顧客(＜25%)が故障に気づく。		2
顧客への影響なし。	顧客は故障に気がつかない。		1

図 13.4　設計 FMEA の影響度(厳しさ、S)の評価基準

発生度	故障発生の程度	工程性能指数 P_{pk}*	ランク
非常に高い(故障が継続する)	≧ 100/1000	≦ 0.55	10
高い (故障が頻繁に発生する)	≒ 50/1000	≒ 0.65	9
	≒ 20/1000	≒ 0.78	8
	≒ 10/1000	≒ 0.86	7
中程度 (故障がときどき発生する)	≒ 2/1000	≒ 1.0	6
	≒ 0.5/1000	≒ 1.2	5
	≒ 0.1/1000	≒ 1.3	4
低い (故障は比較的少ない)	≒ 0.01/1000	≒ 1.5	3
	≦ 0.001/1000	≧ 1.6	2
非常に低い(故障しそうにない)	予防管理により故障は発生しない		1

＊ P_{pk} の値は、Excel 関数の NORMINV などを用いて、故障発生率から求めることができる。

図 13.5　設計 FMEA とプロセス FMEA の発生度(O)の評価基準

図13.4の設計FMEAの影響度の評価基準は、自動車のエンドユーザー(自動車の使用者)に対する影響にもとづいた内容になっています。一方、図13.6のプロセスFMEAの影響度の評価基準の左半分は、設計FMEAの場合と同じで、自動車のエンドユーザーを対象とし、右半分は、直接顧客または次工程の顧客を対象としています。

影響度	顧客への影響の程度		直接顧客・次工程への影響の程度			ランク
安全性に影響、法規制に違反する。	車の安全性に影響する。法規制に違反する。	警告なし	安全性に影響する。法規制に違反する。	作業者が負傷する可能性がある。	警告なし	10
		警告あり			警告あり	9
車の主要能に影響を及ぼす。	車の主要機能が動作不能となる。		重大な影響を及ぼす。	全数廃棄することがある。ライン停止・出荷停止となる。		8
	車の主要機能が劣化する。		大きな影響を及ぼす。	製品の一部を廃棄することがある。ライン速度の減少または作業者の追加が必要となる。		7
車の二次機能に影響を及ぼす。	車の二次機能が動作不能となる。		中程度の影響を及ぼす。	全数を組立ライン外で修理することがある。		6
	車の二次機能が劣化する。			製品の一部を組立ライン外で修理することがある。		5
騒音など顧客が不快に感じる。	多くの顧客(>75%)が故障に気づく。			全数を使用前に修理することがある。		4
	半数の顧客が故障に気づく。			製品の一部を使用前に修理することがある。		3
	少数の顧客(<25%)が故障に気づく。		わずかな影響を及ぼす。	製造または作業者にとって多少の不便がある。		2
影響なし。	顧客は故障に気がつかない。		影響なし。	作業者は故障に気がつかない。		1

図13.6 プロセスFMEAの影響度(厳しさ、S)の評価基準

第 13 章　FMEA：故障モード影響解析

　図 13.5 の設計 FMEA およびプロセス FMEA の発生度の評価基準に対する評価は、類似製品などがある場合は、過去のデータから容易に判断できますが、新製品や新しい製造工程の場合は、FMEA チームで検討することが必要です。発生度は、故障原因と予防管理の内容によって決まります。

　図 13.7 の設計 FMEA の検出度の評価基準に関して、設計検証、妥当性確認、信頼性試験などは、いずれも予防管理ではなく検出管理に含まれていることに注意が必要です。設計 FMEA では、設計・開発段階で試作品を作って検査・試験する方法は検出管理で、フェールセーフ設計やポカヨケなどの、故障が発生しないような方法を織り込んで設計することが予防管理であると考えるとよいでしょう。

　図 13.7 の設計 FMEA の検出度の評価基準、および図 13.8 のプロセス FMEA の検出度の評価基準において、故障が発生する可能性がない場合をランク 1 としています。故障が発生しない、検出以前レベルと考えるとよいでしょう。

検出度	故障の検出の程度		ランク
故障は検出不可能である。	現在の設計管理では検出不可能である。		10
故障は設計段階で検出できそうにない。	設計管理で検出できる可能性は低い。CAE、FEA などの仮想分析（バーチャルアナリシス）が実際の動作条件に対応していない。		9
故障は設計完了後、量産前に検出できる。	設計検証・妥当性確認が行われている。	合格・不合格テストを実施している。	8
		耐久性試験を実施している。	7
		劣化試験を実施している。	6
故障は設計完了前に検出できる。	信頼性試験などの妥当性確認が行われている。	合格・不合格テストを実施している。	5
		耐久性試験を実施している。	4
		劣化試験を実施している。	3
仮想分析が実施されている。	設計管理が十分な検出能力を持っている。CAE、FEA などの仮想分析が、実際の動作条件に対応している。		2
予防管理が実施されている。	設計段階で完全な予防管理が行われている。故障とその原因が発生する可能性はない。		1

図 13.7　設計 FMEA の検出度（D）の評価基準

検出度	検出の程度		ランク
故障は検出できない。	現在のプロセス管理では検出不可能である。		10
	故障モードまたはその原因が、製造工程で容易に検出されない。		9
故障は作業者の感覚によって検出できる。	ゲージは使用されない。	製造終了後検出	8
		問題発生時点で検出	7
作業者がゲージを使用し、故障が検出できる。	計数ゲージ(Go/NoGo ゲージ)が使用される。	製造終了後検出	
		問題発生時点で検出	6
	計量ゲージが使用される。	製造終了後検出	
		問題発生時点で検出	
自動制御装置が故障を検出し、作業者に知らせる。	自動制御装置によって故障を検出し、作業者に知らせる。	問題発生時点で検出	5
故障は自動制御装置によって検出・制御できる。	自動制御装置によって故障を検出し、封じ込めが行われる。	製造終了後検出	4
		問題発生時点で検出	3
	自動制御装置によって故障を検出し、原因が検出される。		2
予防管理が実施されている。	製品と製造プロセスが完全にポカヨケ防止の予防管理設計となっているため、故障製品は製造されない。		1

図 13.8　プロセス FMEA の検出度(D)の評価基準

	IATF 16949 の FMEA の場合	一般的な FMEA の場合
改善処置の優先順位	次の順序で改善処置をとる。 ① 影響度(S)のランクが高い(10 または 9)故障モード ② 発生度(O)のランクが高い故障モード ③ 検出度(D)のランクが高い故障モード	RPN の値が高い故障モードの順に改善処置をとる。
改善対象とする RPN の基準値の設定	改善対象とする RPN の基準値は設定しない(継続的改善のため)。	改善対象とする RPN の基準値を設定する(例えば、RPN ≧ 100)。

図 13.9　改善処置の優先順位づけと改善対象の RPN 基準値の設定

13.1.4 改善処置の優先順位

(1) 改善処置の優先順位の決定

FMEAでは、一般的には危険度(リスク優先数、RPN、risk priority number)の値の高い故障モードが、改善すなわちリスク低減の優先度が高いとして扱われていますが、IATF 16949では、まず故障の影響度が高い(10または9)故障モードに対して、改善処置の検討を行うことが必要です。そして次に、発生度、検出度の順に高い故障モードに対して改善処置を実施します(図13.9参照)。

(2) 改善対象とするRPNの基準値の設定について

改善処置を行う故障モードの優先順位づけの方法には、RPNの値が高い項目、例えばRPNが100以上など、ある基準よりも高い故障モードに対して改善処置を計画するというように、改善対象とするRPNの目標値を設定するのが一般的です。しかしIATF 16949では、改善対象とするRPNの値を設定するのはよくないと述べています。その理由は、改善処置をとるべきRPNの値を決めることによって、目標を達成した後は、それ以降の改善が行われなくなり、IATF 16949で重要視している継続的改善につながらないからです。

13.1.5 設計FMEAとプロセスFMEA

設計・開発とFMEAの関係を図13.18(p.278)に示します。設計FMEAは製品設計・開発の早い段階で開始し、設計・開発が終了する前に完成させます。同様にプロセスFMEAはプロセス(製造工程)設計・開発の早い段階で開始し、プロセス設計・開発が終了する前に完成させます。プロセスFMEAでは、設計FMEAの結果を考慮します。また、量産後品質問題などが発生し、設計変更や製造工程変更が行われた場合に、FMEAを見直します。

設計FMEAは、ブロック図(block diagram)(またはパラメータ図、parameter diagram)などをインプット情報として実施します。ブロック図は、製品を構成する部品のつながりや、製品に要求される機能の関係を図示したものです。またプロセスFMEAのインプット情報は、プロセスフロー図となります。ブロック図の例を図13.19(p.278)に示します。

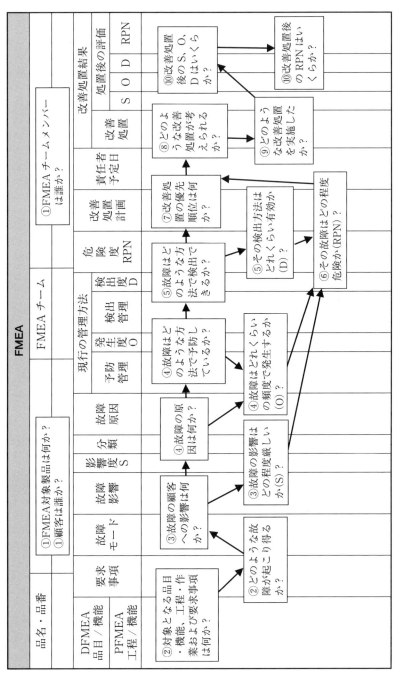

図 13.10　FMEA 実施のステップ

[備考] ①〜⑩の番号は、それぞれ図 13.11 のステップ番号を示す。

13.2 FMEA の実施

13.2.1 FMEA の実施手順

　FMEA の実施ステップを FMEA の様式に図示すると図 13.10 のようになります。また、それらを詳細に示した FMEA の実施手順を図 13.11 に示します。

ステップ	実施項目	実施事項
準備 ステップ 1	FMEA 範囲の決定	①　FMEA 対象の製品(または製造工程)と顧客を決定する。 ②　FMEA では、最終顧客、直接顧客、次工程、法規制の 4 人の顧客について考慮する。
	FMEA チームの編成	①　FMEA チームリーダーを決定し、FMEA チームを編成する。 ②　FMEA チームは、設計・製造・技術・品質・生産などの関係部門の要員で構成する。 ・必要に応じて、顧客や供給者を含める。
FMEA 実施 ステップ 2	製品またはプロセスのレビュー	**DFMEA** ①　インプット情報として、製品のブロック図またはパラメータ図を作成し、レビューする(図 13.19、p.278 参照)。 ・実際に製品・試作品を見るとよい。
		PFMEA ①　インプット情報として、プロセスフロー図を作成し、レビューする。 ・実際に製造工程を見るとよい。
	要求事項のレビュー	①　製品またはプロセスの要求事項をレビューする。 ②　プロセス FMEA の要求事項は、製品(出来ばえ)の要求事項とプロセスの要求事項(製造条件)に分けることができる。
	故障モードのリストアップ	①　製品のブロック図(パラメータ図またはプロセスフロー図)に従って、起こり得る(潜在的な)故障モードをリストアップする。 ②　プロセス FMEA では、設計 FMEA で明確になった故障モードに対応するプロセスについてもレビューする(図 13.18、p.278 参照)。

図 13.11　FMEA の実施手順(1/4)

ステップ	実施項目	実施事項
ステップ2（続き）	故障モードのリストアップ（続き）	③ 故障モードは、類似製品または類似製造工程で過去に発生した故障モードだけでなく、過去に一度も発生していないが、理論的に発生する可能性のある故障モード（潜在的故障モード）について考えることが必要。 ④ 故障モードは、物理的・技術的な用語で表現する。 ⑤ 要求事項を満たさないことも、故障モードと考えることができる。
ステップ3	故障の顧客への影響の検討	① ステップ2でリストアップした各故障モードの顧客への影響を検討する。 ② 顧客には、最終顧客だけでなく、直接顧客や次工程の要員や法規制を含む。 ③ 顧客への影響は、物理的・技術的な表現ではなく、顧客が気づく用語で表現する。
	顧客への影響度（S）の評価	① 顧客への影響度を10段階で評価する。 ② 安全性（事故、けが）や法規制に影響する故障の影響度は、10または9という高い値となる（図13.4、p.263／図13.6、p.264 参照）。
ステップ4	故障原因の検討	① ステップ2で検討した各故障モードの原因を検討する。 ② 故障モードに対する原因の究明には、特性要因図（cause and effect diagram）やFT図（fault tree、故障の木図）を使うと効果的である。 ③ なお、プロセスFMEAの故障原因に関して、次の2つのケースが考えられる。 　a) 工程設計（製造条件の設定）が適切でなかった。 　b) 製造が適切に行われなかった（工程設計で設定された製造条件どおりに製造されなかった）。
	現行の設計管理・工程管理方法（予防）のレビュー	① 故障に対して、現在行われている設計管理または工程管理の方法をレビューする。 ② 設計管理・工程管理の方法には、予防管理と検出管理の2種類がある。

図13.11　FMEAの実施手順（2/4）

第 13 章　FMEA：故障モード影響解析

ステップ	実施項目	実施事項
ステップ4（続き）	現行の設計管理・工程管理方法（予防）のレビュー（続き）	③　予防管理は、量産開始後に発生する可能性のある故障を、設計段階で予防する方法で、発生度の低減につながる。 ④　設計FMEAにおける予防管理には、フェールセーフ設計や設計段階でのポカヨケなどがある。 ⑤　プロセスFMEAにおける予防管理には、プロセス設計段階でのポカヨケなどがある。
	故障の発生度（O）の評価	①　故障および故障の原因が発生する頻度（発生度）を、10段階で評価する（図13.5、p.263参照）。
ステップ5	現在の設計管理・工程管理方法（検出）のレビュー	①　検出管理は、量産開始後に発生する可能性のある故障を、設計段階で検出する方法で、検出度の低減につながる。 ②　設計FMEAにおける検出管理には、製造フィージビリティ（実現可能性の検討）、設計審査、設計検証、設計の妥当性確認、試作品試験、実車試験、加速試験などの、試作品を作って行う評価がある。 ③　プロセスFMEAにおける検出管理には、製造工程の各段階における検査・試験がある。 ④　予防管理および検出管理欄は、あるべき内容ではなく、類似製品や類似プロセスなどの現行のレベルを記載する。
	故障の検出度（D）の評価	①　現行の設計管理・工程管理の方法で、故障を検出できる程度（検出度）を10段階で評価する（図13.7、p.265／図13.8、p.266参照）。
ステップ6	危険度（RPN）の算出	①　RPNを、次の式を用いて算出する。 RPN = S × O × D
改善 ステップ7	改善処置の優先順位づけ	①　改善処置（リスク低減）を行う故障モードの優先順位づけを行う。 ②　IATF 16949では、まず故障の影響度が高い（10または9）故障モードに対して、影響度およびRPNを下げるための検討を行う。 ③　次に、発生度、検出度の高い故障モードに対して、改善処置を計画する。

図 13.11　FMEA の実施手順（3/4）

ステップ	実施項目	実施事項
ステップ7（続き）	改善処置の優先順位づけ（続き）	④ すなわち、ランク低減の優先順位は、影響度、発生度、検出度の順となる。 ⑤ IATF 16949 では、継続的改善のため、改善対象とする RPN の値は設定しない方がよい。 ⑥ 必ずしもすべての故障モードに対して、改善処置を行う必要はない。影響度の大きなものの他は、例えば RPN のトップ 10 や、今年は RPN 200 以上というように、優先順位をつけることができる。
ステップ8	改善処置の計画	① 故障の影響度の低下に効果があるのは、設計変更であり、故障の発生度の低下に効果があるのは、設計変更と予防管理である。 ② 設計検証、妥当性確認および検査の強化などの検出度を下げる方法は、コストがかかる一方、品質改善に結びつかない応急処置にすぎない。 ③ 発生度のランクを低下させる望ましい方法は、発生度の低減につながるポカヨケを用いることである。
ステップ9	改善処置の実施	① ステップ8で計画した改善処置を検討する。検討の結果、計画とは異なる処置になる可能性もある。 ② この際、実施した改善処置による他への影響がないかどうかの評価を行うことが必要である。 ③ 改善処置の実施後、コントロールプランなどの関連する文書の見直しを行う。
ステップ10	改善処置後のS、O、D の再評価	① ステップ9で実施した改善処置後の影響度、発生度および検出度を再評価する。
	改善処置後のRPN の算出	① 改善処置後の RPN を、再算出する。 RPN＝S×O×D ② 改善処置前後の RPN を比較することによって、改善処置の有効性、すなわち改善処置の効果の程度がわかる。
	継続的改善	① ステップ7～ステップ10を繰り返して、継続的改善活動とする。

図 13.11　FMEA の実施手順（4/4）

13.2.2　設計 FMEA の実施例

　設計 FMEA は、製品を構成する部品と、各部品間のつながりを示したブロック図をもとにして行います。図 13.19(p.278)に示したブロック図の例では、製品は A、B、C、D および E の 5 つの部品で構成され、それぞれの部品が、図に示す方法で接合しています。すなわち、設計 FMEA では、製品の各部品とそれらのつながりについて、考えられる故障モードをレビューすることで、FMEA の検討が開始されます。

　自動車のカーナビ用の電子基板アセンブリ(電子部品を搭載したプリント基板、すなわちプリント基板組立品)について、設計 FMEA を実施してみましょう。電子基板アセンブリの構造図(図 13.12 参照)から、そのブロック図は、図 13.13 のように表すことができます。

　図 13.11 で述べた FMEA の実施手順に従って、電子基板アセンブリの設計 FMEA を実施すると、図 13.15 のようになります。影響度の最大値は 10 で、RPN の最大値は 216 となっています。IATF 16949 では、まず影響度の大きな故障モードに対して、そして次に発生度、検出度の順に大きな故障モードに対して、改善処置をとることを求めています。

　なお図 13.15 では、改善処置後の結果は省略しています。

13.2.3　プロセス FMEA の実施例

　プロセス FMEA は、製造工程フロー図をもとにして行います。13.2.2 項で検討した電子基板アセンブリについて、プロセス FMEA を実施してみましょう。

　図 13.14 に示した電子基板アセンブリのプロセスフロー図と、図 13.11 で述べた FMEA の実施手順に従って、電子基板アセンブリのプロセス FMEA を実施すると、図 13.16 のようになります。影響度の最大値は 8 で、RPN の最大値は 128 となっています。

　設計 FMEA と同様、まず影響度の大きな故障モードに対して、そして次に発生度、検出度の順に大きな故障モードに対して、改善処置を検討します。

　なお図 13.16 では、改善処置後の結果は省略しています。

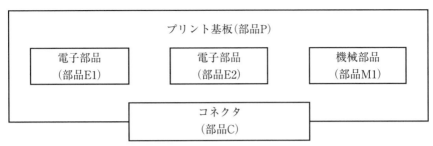

図 13.12　電子基板アセンブリの構造図の例

図 13.13　電子基板アセンブリのブロック図の例

プロセスステップ	工程名	主要設備・治工具
1	部品受入	納品伝票
2	プリント基板への電子部品(E1、E2)搭載	マウンター(搭載機)
3	はんだリフロー(自動はんだ付け)	リフロー炉
4	プリント基板への機械部品(M)搭載	マウンター
5	かしめ	かしめ機(ロボット)
6	プリント基板へのコネクタ(C)搭載	ピンセット
7	はんだ付け	はんだごて
8	外観検査	外観検査員
9	特性試験	テスター
10	包装・ラベル貼付・出荷	包装紙、バーコードラベル

図 13.14　電子基板アセンブリのプロセスフロー図の例

第13章　FMEA：故障モード影響解析

品目・機能	要求事項	故障モード	故障影響	S	故障原因	現在の管理 予防管理	O	現在の管理方法 検出管理	D	危険度 RPN	改善処置
プリント基板 (部品 P)	製品図面 XX	配線断線	動作不能	6	エッチング規格不適切	基板設計規格	4	設計検証	6	144	
		配線ショート	動作不能	6	エッチング規格不適切	基板設計規格	4	設計検証	6	144	
電子部品 (部品 E1)	特性規格 XX	特性不良	誤動作	6	部品規格設定ミス	部品規格	2	妥当性認試験	6	72	
	信頼性規格 XX	信頼性不良	発火	10	信頼性規格設定ミス	信頼性規格	4	信頼性試験	4	160	
機械部品 (部品 M)	特性規格 XX	強度不良	破損動作不良	6	熱処理規格設定ミス	部品規格	2	妥当性認試験	8	96	
	図面 XX	寸法不良	取付不可	5	受入部品不良	部品規格	2	寸法検査	6	60	
部品 E1 − 部品 P 接合	組立図 XX	接合不良	動作不能	6	搭載条件設定不適切	電子装置設計規格	6	特性試験	6	216	
		配線ショート	動作不能	6	搭載条件設定不適切	電子装置設計規格	6	外観検査	6	216	
部品 M − 部品 P 接合	組立図 XX	接合不良	動作不能	6	搭載条件設定不適切	電子装置設計規格	6	特性試験	6	216	
		接合不安定	動作不安定	8	かしめ条件設定不適切	電子装置設計規格	2	妥当性認試験	8	128	

図 13.15　設計 FMEA の実施例

工程・作業	要求事項	故障モード	故障影響	S	故障原因	現在のプロセス管理 予防管理	現在のプロセス管理 検出管理	O	D	危険度 RPN	改善処置
部品受入											
電子部品 E1, E2 搭載	部品リスト XX	搭載もれ	動作不能	6	マウンター誤動作	設備予防保全	特性試験 外観検査	6	2	72	
	組立図 XX	位置ずれ	取付不可	6	マウンター動作不安定	設備予防保全	特性試験 外観検査	6	2	72	
はんだリフロー	リフロー規格 XX	はんだ未溶融	動作不能	6	リフロー炉温度不良	管理図管理	特性試験 外観検査	4	2	48	
	リフロー規格 XX	位置ずれ	動作不能	6	コンベアスピード不良	設備速度監視	特性試験 外観検査	4	2	48	
機械部品 M 搭載	部品リスト XX	搭載もれ	動作不能	6	マウンター誤動作	設備予防保全	特性試験 外観検査	6	2	72	
	組立図 XX	位置ずれ	取付不可	6	マウンター動作不安定	設備予防保全	特性試験 外観検査	6	2	72	
かしめ	かしめ強度規格 XX	取付不可	動作不能	6	かしめ機動作不良	設備予防保全	特性試験 外観検査	4	2	48	
		強度不足	信頼性不足	8	かしめ温度不良	C_{pk} 管理		2	8	128	
...											
特性試験	特性規格 XX	合否判定不良	不良品流出	6	試験装置誤動作	定期MSA実施	始業点検	4	4	96	
				6	試験装置校正不良	測定器定期校正	定期校正, 始業点検	2	4	48	

図 13.16 プロセス FMEA の実施例

13.2.4 FMEA 実施のポイント

FMEA 実施のポイントを図 13.17 に示します。

項　目	FMEA 実施のポイント
故障モードの範囲	・故障モードは、類似品または類似製造工程で過去に発生した故障モードだけでなく、過去に一度も発生していないが、理論的に発生する可能性のある故障モード(潜在的故障モード)について考えることが必要。
潜在的故障モードの表現方法	・故障モードは、割れ、欠けなど、物理的・技術的な故障を記載することになっているが、要求事項を満たさない内容でもよい。例えば、寸法規格外れや要求特性規格外れなど。
顧客への影響の記載方法	・顧客への影響は、最終顧客と直接顧客(または次工程)の両方を考慮する。これによって、顧客への影響度の 10 段階の評価が明確になる。
顧客への影響－故障モード－原因のつながり	・故障モードに対する原因として、直接原因の他に、その原因、またその原因というように何段階もの原因が考えられる。そのような場合は、FT 図などを描いて原因を究明するとよい。
現行管理の予防・検出欄	・現行管理の予防管理・検出管理の欄は、あるべき内容ではなく、類似品などの現行レベルを記載する。あるべきレベルの内容は、改善処置欄に記載するようにする。
改善処置の対象範囲	・すべての故障モードに対して、改善処置を行う必要はない。影響度の大きなものの他は、例えば RPN のトップ 10 や、今年は RPN100 以上のように、優先順位をつけることができる。
改善処置は、常に完璧なものが必要か？	・改善処置を検討した結果、効果的な処置案が見つかったとしても、そのためには、高価な設備を購入する必要があるような場合は、RPN の低減度合いが完璧でなくても、組織にとって実現可能な処置に留めることも可能である。
FMEA は設計・開発の最初の段階で行うことが必要	・FMEA は、製品(または製造工程)の設計・開発の最初の段階で行い、その結果を考慮した設計を行って、設計終了時点で、再度見直すようにすると効果的な FMEA となる。 ・製品(または製造工程)の設計・開発が終わってから FMEA を実施したのでは、顧客や審査のための FMEA となり、組織にとって役に立たない。

図 13.17　FMEA 実施のポイント

13.3　IATF 16949におけるFMEAの特徴

　FMEAは、種々の産業分野において利用されています。一般的なFMEAとIATF 16949におけるFMEAの相違点を図13.20に示します。

　一般的には、危険度(リスク優先数、RPN)の値が大きな故障モードに対して、RPN低減の処置をとりますが、IATF 16949では、RPNの値にかかわらず、影響度の値が大きな故障モードに対して、そしてその次に発生度および検出度の値が大きな故障モードに対して、リスク低減のための改善処置をとることを求めています。

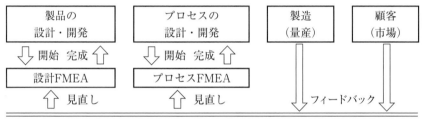

図13.18　設計・開発とFMEA

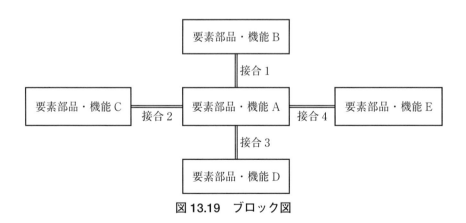

図13.19　ブロック図

第13章　FMEA：故障モード影響解析

	IATF 16949 の FMEA	一般的な FMEA
FMEA の対象	・設計 FMEA とプロセス FMEA の両方を求めている。	・FMEA は製品の FMEA、すなわち設計 FMEA のことをいう。
FMEA のインプット	・設計 FMEA は製品のブロック図をもとに実施すること、そしてプロセス FMEA はプロセスフロー図をもとに実施することを述べている。	・FMEA のインプットについては特に述べていない。
現行管理の方法	・予防管理と検出管理の2種類は必要である。	・一般的には検出管理だけである。
S、O、D の評価基準	・故障が発生した場合の、影響度、発生度および検出度の評価基準は、それぞれ10段階で評価することを求めている。	・3段階または5段階の評価基準が用いられている。
リスク低減処置の対象	・RPN の値にかかわらず、まず第一に影響度の値が大きな故障モードに対して、そしてその次に発生度および検出度の値が大きな故障モードに対して、リスク低減のための改善処置をとることを求めている。	・RPN の値が大きなものに対して、RPN 低減の処置をとる。
改善対象とする RPN の基準	・改善対象の RPN の基準値を決めることは、継続的改善の弊害になると述べている。	・改善対象とする RPN の値をあらかじめ決めておく。
FMEA の維持・管理	・FMEA は、生きた文書であり、常に最新の内容を維持することを求めている。	・FMEA の維持・管理については、特に求めていない。
顧客承認	・FMEA の評価基準や処置基準を顧客が規定する場合がある。 ・実施した FMEA の内容は、顧客の承認が必要なことが多い。	・顧客は FMEA の評価基準や処置基準を規定しない。 ・実施した FMEA の内容は、顧客の承認が必要でない。
FMEA の様式	・FMEA 参照マニュアルで FMEA の様式の例を示している。	・FMEA の様式は特に決まっていない。

図 13.20　IATF 16949 における FMEA の特徴

IATF 16949 の FMEA 参照マニュアルでは、いくつかの FMEA の様式の例を示しています。したがって FMEA の様式は、FMEA 参照マニュアルの標準のものではなく、それぞれの産業界に適した様式を使用するのもよいでしょう。

13.4 FMEA と IATF 16949 要求事項

IATF 16949 規格では、FMEA について、図 13.21 に示すように述べています。FMEA は、設計・開発のツールであるといわれていますが、設計・開発だけでなく、製造工程管理、変更管理、是正処置、安全管理を含めた種々の項目での活用を求めていることがわかります。IATF 16949 では、設計 FMEA（製品の FMEA）とプロセス FMEA（製造工程の FMEA）の両方を求めています。

あらゆる産業に適用される品質マネジメントシステム規格 ISO 9001 でも、2015 年版の改訂において、リスク対応が導入され、組織のリスクを回避・低減するための品質マネジメントシステムの構築と運用が求められています。IATF 16949 の FMEA の考え方は、種々のリスク管理に広く活用することができます。

項　目	要求事項の内容
4.4.1.2　製品安全	・製品安全に関係する製品と製造工程の運用管理に対する文書化したプロセスをもつ。これには設計 FMEA に対する特別承認を含める。
7.2.3　内部監査員の力量	・品質マネジメントシステム監査員、製造工程監査員、および製品監査員は、コアツール要求事項理解の力量を実証する。 ・製造工程監査員は、監査対象となる製造工程の、工程リスク分析（PFMEA のような）を含む、専門的理解を実証する。
7.2.4　第二者監査員の力量	・第二者監査員は、適格性確認に対する…PFMEA およびコントロールプランを含む製造工程の力量を実証する。
7.5.3.2.2　技術仕様書	・技術規格・仕様書の変更は、リスク分析（FMEA のような）のような生産部品承認プロセス文書に影響する場合、顧客の生産部品承認の更新された記録が要求される。

図 13.21　FMEA と IATF 16949 要求事項（1/2）

第 13 章　FMEA：故障モード影響解析

項　目	要求事項の内容
8.3.2.1　設計・開発の計画－補足	・部門横断的アプローチで推進する例には、次のものがある。 　－製品設計リスク分析（FMEA）の実施・レビュー 　－製造工程リスク分析の実施・レビュー（例えば、FMEA）
8.3.3.3　特殊特性	・特殊特性を特定するプロセスを確立する。 ・それにはリスク分析（FMEA のような）における特殊特性の文書化を含める。
8.3.5.1　設計・開発からのアウトプット－補足	・製品設計からのアウトプットには、設計リスク分析（DFMEA）を含める。
8.3.5.2　製造工程設計からのアウトプット	・製造工程設計からのアウトプットには、製造工程FMEA（PFMEA）を含める。
8.5.1.1　コントロールプラン	・量産試作および量産に対して、製造工程のリスク分析のアウトプット（FMEA のような）からの情報を反映する、コントロールプランを作成する。
8.5.6.1.1　工程管理の一時的変更	・代替管理方法の使用を運用管理するプロセスを文書化する。このプロセスにリスク分析（FMEA のような）にもとづいて、内部承認を含める。
8.7.1.4　手直し製品の管理	・手直し工程におけるリスクを評価するために、リスク分析（FMEA のような）の方法論を活用する。
8.7.1.5　修理製品の管理	・修理工程におけるリスクを評価するために、リスク分析（FMEA のような）の方法論を活用する。
9.1.1.1　製造工程の監視および測定	・PFMEA が実施されることを確実にする。
9.2.2.3　製造工程監査	・製造工程監査には、工程リスク分析（PFMEA のような）が効果的に実施されていることの監査を含める。
9.3.2.1　マネジメントレビューへのインプット－補足	・マネジメントレビューへのインプットには、リスク分析（FMEA のような）を通じて明確にされた潜在的市場不具合の特定を含める。
10.2.3　問題解決	・適切な文書化した情報（例えば、PFMEA）のレビュー・更新を含む、問題解決の方法を文書化したプロセスをもつ。
10.2.4　ポカヨケ	・ポカヨケ手法の詳細は、プロセスリスク分析（PFMEAのような）に文書化する。
10.3.1　継続的改善－補足	・継続的改善の文書化したプロセスをもつ。このプロセスには、リスク分析（FMEA のような）を含める。

図 13.21　FMEA と IATF 16949 要求事項（2/2）

第14章 SPC：統計的工程管理

この章では、IATF 16949 で要求している SPC (統計的工程管理、statistical process control) に関して、AIAG の SPC 参照マニュアルの内容に沿って説明します。そして、管理図や工程能力指数の算出・評価手順について、事例を含めて説明します。

なお本書では、標準偏差などの計算には、パソコンソフトのエクセル (Excel) 関数を利用しました。これらの統計的な計算には、各種の市販のソフトウェアパッケージを利用することができます。また、各計算式で用いる係数は、SPC 参照マニュアルまたは日科技連数値表を利用することができます。

この章の項目は、次のようになります。

- 14.1　　SPC の基礎
- 14.1.1　SPC とは
- 14.1.2　不安定な工程と能力不足の工程
- 14.1.3　工程改善の手順
- 14.2　　管理図の基本
- 14.2.1　平均値－範囲管理図（$\bar{X}-R$ 管理図）
- 14.2.2　$\bar{X}-R$ 管理図の作成例
- 14.3　　種々の管理図
- 14.3.1　計量値管理図と計数値管理図
- 14.3.2　不適合品率管理図（p 管理図）
- 14.4　　工程能力
- 14.4.1　工程能力指数
- 14.4.2　工程能力指数算出・評価の手順
- 14.4.3　工程能力指数の算出・評価例
- 14.4.4　工程能力指数と不良率
- 14.5　　IATF 16949 における SPC の特徴
- 14.6　　SPC と IATF 16949 要求事項

14.1 SPCの基礎

14.1.1 SPCとは

(1) SPCとは

　SPC（統計的工程管理）とは、製造工程（プロセス）を統計的技法を用いて管理することです。IATF 16949では、安定し、かつ能力のある製造工程とすることを求めています。

　SPCには種々の技法がありますが、IATF 16949でよく使われているものには、製造工程が安定しているかどうか、すなわち統計的に管理状態にあるかどうかを判断するための管理図（control chart）と、製造工程が製品の規格値を満たす能力があるかどうかを判断するための工程能力指数（process capability index、C_{pk}）があります。

(2) 特性データの分布

　同じ製造工程で製品を製造しても、常にまったく同じ特性の製品ができるわけではありません。製造された製品の特性にはばらつき（変動）があります。製品特性の分布の例を図14.1に示します。測定サンプル数を十分大きな値になるまで増やして行くと、このように特性の分布を曲線で表すことができます。

　測定データの分布パターンには、次の3つの要素（性質）があります。

① 位置：中央値（中心値）

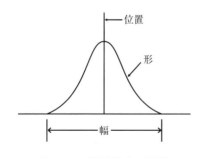

図14.1　特性分布の要素

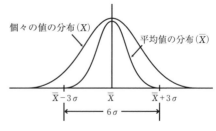

図14.2　個々の分布と平均値の分布

② 幅：最大値と最小値の幅(広がり)
③ 形：分布の形(左右対称性、ゆがみなど)

測定結果が変動(ばらつき)する原因には、5M1E、すなわち材料(material)、製造装置(machine)、製造方法(method)、作業者(man)、測定方法(measurement)および製造環境(enviroment)などの要素の変動が考えられます。

14.1.2 不安定な工程と能力不足の工程

(1) 安定した工程と不安定な工程

図14.3は、異なる測定時間における測定結果の分布の関係を示します。(a)のような、時間 t_1、t_2 および t_3 のそれぞれ異なる時間における特性の分布(特性分布の位置と幅)が同じになる特性分布の状態を統計的管理状態(in control)にあるといい、そのような製造工程を安定した工程といいます。

一方(b)のような、時間 t_1、t_2 および t_3 における分布がそれぞれ異なる(分布の位置または幅が異なる)場合の特性分布の状態を、統計的管理外れの状態(out of control)にあるといい、そのような製造工程を不安定な工程といいます。

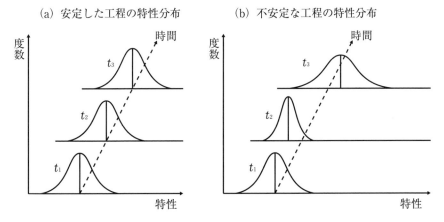

図14.3 測定データの分布－時間による変化

(a)に示す安定した工程では、その後の特性の分布や製品の合格率などを予測することができますが、不安定な工程では予測することはできません。安定した工程の場合は、工程の中心位置は変わりませんが、特性は変動(ばらつき)しています。すなわち、特性分布には幅が存在します。この安定した工程における特性の変動の原因を、変動の共通原因(common cause)といいます。一方、(b)に示す不安定な工程の場合は、特性分布の中心位置や分布の幅が、時間によって変動します。この不安定な工程の特性の変動の原因を、変動の特別原因(special cause)といいます。

安定した工程では、変動の共通原因のみが存在し、不安定な工程では、変動の共通原因と特別原因の両方が存在します。安定した工程は正常な状態の工程、不安定な工程は異常な状態の工程ということができます。

安定した工程における共通原因の影響は、後で述べる管理図ではランダムな(特徴のない)パターン(点の推移)として表されます。また、不安定な工程における特別原因の影響は、管理図では管理限界を超えた点、あるいは管理限界内の特徴のあるパターンとして表されます。

次に、測定データの個々の値の分布と、各サブグループの平均値の分布の関係を図14.2(p.284)に示します。平均値の値の分布の幅は、$\overline{X} \pm 3\sigma$の範囲すなわち6σとなります。ここで、Xは測定値、σ(シグマ)は標準偏差を表します。以降に述べる管理図の作成や工程能力の計算には、一般的には平均値の分布が使用されています。

(2) 不安定な工程と能力不足の工程

製品特性の分布がすべて製品規格内に入っている製造工程を能力のある工程といい、一方、製品特性の分布が製品規格から外れた部分がある製造工程を能力不足の工程といいます。

図14.4の4つの特性分布について考えましょう。(a)の製造工程は、時間(t_1およびt_2)によって製品特性の分布(中心位置と幅)が変わらず安定した工程であり、かつ製品特性の分布が製品規格内にあります。この製造工程は、特別原因による変動がなく統計的管理状態にあり、かつ共通原因による変動も少なく規格を満たす能力のある望ましい工程です。

(b)の製造工程は、時間によって製品特性の分布が異なり不安定な工程ですが、製品特性の分布は規格内にあります。この製造工程は、製品規格を満たしており能力のある工程ですが、特別原因の変動があり統計的管理状態ではありません。

一方(c)の製造工程は、時間によって製品特性の分布は変わらず安定した製造工程ですが、製品特性の分布は製品規格から外れています。この製造工程は、特別原因による変動はなく統計的管理状態にありますが、共通原因による変動が大きすぎるために、製品規格を満たす能力がありません。

そして(d)の製造工程は、時間によって製品特性の分布(位置と幅)が異なり不安定な工程であるとともに、特性の分布の幅が製品規格から外れています。この製造工程は、統計的管理外れの状態であるうえに、規格を満たす能力もありません。IATF 16949では、能力がありかつ安定した製造工程、すなわち図14.4(a)の特性の製造工程を求めています。

(a) 安定かつ能力あり

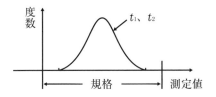

(b) 不安定しかし能力あり

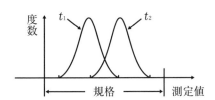

(c) 安定しかし能力不足

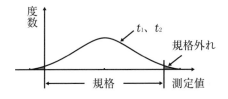

(d) 不安定かつ能力不足

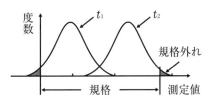

図14.4 工程の安定性と工程能力

(b)の工程は、安定した工程にするために、特別原因をなくすことが必要です。(c)の工程は、能力のある工程にするために、共通原因による変動を小さくすることが必要です。そして(d)の工程は、安定し、かつ能力のある工程にするために、特別原因をなくすとともに、共通原因による変動を小さくすることが必要です。

14.1.3 工程改善の手順

(1) 工程改善の手順

図14.4(d)に示した、不安定でかつ能力不足の工程に対する工程改善の手順は、図14.5のようになります。

ステップ	実施項目	実施事項
ステップ1	工程を安定した状態(統計的管理状態)にする。	① 管理図を用いて製造工程の管理状態を調査する。すなわち、管理図で特別原因があるかどうかを調査する。 ② 特別原因がある場合は不安定な工程ということになり、変動の原因(特別原因)を調査して除去する。 ③ 工程は安定した状態(統計的管理状態)になる。
ステップ2	特性分布の中心と規格の中心を一致させる。	① ヒストグラムなどを描いて、特性分布の中心と規格の中心のずれを調査する。 ② 中心の不一致がある場合は、その原因を調査し不一致の原因を除去する。不一致原因の除去方法には、設計変更などがある。 ③ 特性分布の中心と規格の中心が一致する。
ステップ3	特性分布を規格内に収める。	① 特性分布幅と規格幅の関係を調査する。 ② 特性分布の規格外れがある場合は、分布幅が大きい原因(共通原因)を調査する。 ③ 共通原因を除去する処置をとる。 ④ 特性分布の幅が小さくなり、規格内に納まる。
ステップ4	継続的改善	① 特性分布の幅(ばらつき)を縮小し、工程能力を継続的に改善する。

図14.5 工程改善の手順

(2) 過剰管理と管理不足

工程管理では、次の2つの点に注意が必要です。

① 工程変動の原因が、実際は共通原因であるにもかかわらず、特別原因によるものと考えてしまい、不適切な処置をとってしまう。

② 工程変動の原因が、実際は特別原因であるにもかかわらず、共通原因によるものと考えて、何も処置を行わない。

①の場合、直前の測定結果だけにもとづいて製造条件を調整(変更)してしまうと、その後の測定データの中心は管理図の中心線から外れてしまい、かえって工程の変動が大きくなることになります。このように、統計的に適切でない工程調整を行うことを、オーバーアジャストメント(over-adjustment、過剰管理、タンパリング(tampering)、第一種の誤り)といいます。管理図の意味を十分に理解していないと、このように間違った判断と処置を行ってしまう可能性があり、注意が必要です。

一方②の場合は、工程は改善されません。これを管理不足(第二種の誤り)といいます(図14.6参照)。

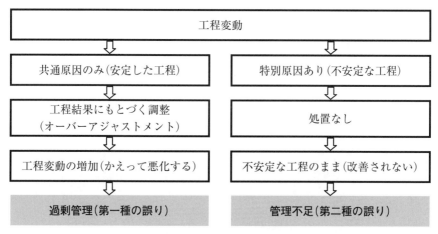

図14.6 過剰管理と管理不足

14.2 管理図の基本

14.2.1 平均値-範囲管理図($\bar{X}-R$管理図)

(1) 管理図の要素

測定データが正規分布を示す場合、中心から±1σ内には68.27%、±2σ内には95.45%、そして±3σ内には99.73%のデータが含まれます。この図を横向きにすると、管理図(control chart)の管理限界線を表す図になります(図14.7参照)。最も代表的な管理図であり、IATF 16949でもよく用いられている、平均値-範囲管理図($\bar{X}-R$管理図)について、管理図の例を図14.8に示します。

なお、$\bar{X}-R$管理図の各要素および管理図作成の手順については、市販のSPCの参考書を参照ください。

(2) $\bar{X}-R$管理図に対する処置(異常判定ルール)

不安定な工程において、工程変動の特別原因が存在する場合、$\bar{X}-R$管理図は特徴のある変動のパターン(傾向)を示します。特別原因による工程変動が存在する可能性が高いと判定する、IATF 16949の異常判定ルールを図14.9に、その例を図14.10に示します。

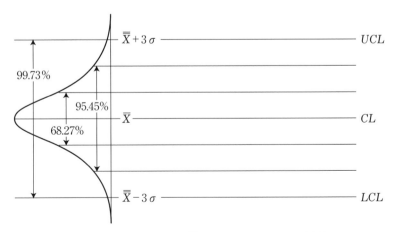

図14.7　正規分布と$\bar{X}-R$管理図の管理限界線

第 14 章 SPC：統計的工程管理

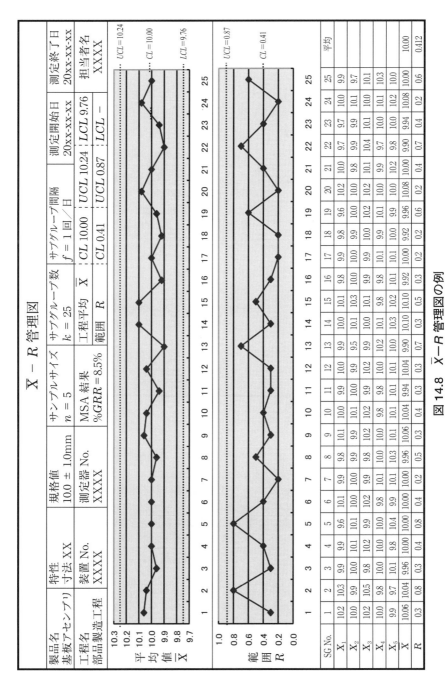

図 14.8 $\bar{X}-R$ 管理図の例

291

なお、IATF 16949 の SPC 参照マニュアルには、AT ＆ T 社（the American telephone ＆ telegraph company）の管理図異常判定ルールについても紹介されています。また日本では、JIS のシューハート管理図の異常判定ルール（JIS Z 9020-2、ISO 7870-2）が使われています。なお、図 14.9 のルールを含めて、これらのルールはいずれも絶対的なものではなく、一種の指針として使用することが望ましいとされています。

分　類	ルール	考えられる原因
管理限界を超える点がある。	①管理限界の外側（UCL の上側または LCL の下側）に点がある。	・特性分布の中心位置が変化または特性分布の広がりが増加（製品特性が悪化） ・管理図の記入ミス（管理限界または管理統計量の計算違いなど） ・測定システムが変化（装置の異常、未熟な測定者への交代など） ・測定システムが不適切
"連"が、特徴のあるパターンを示す。	②中心線の片側に、連続して7つの点（連）がある。	・測定値のばらつきの増加（装置の不良、取付不良など）、または工程の変動（新しいまたは均質でない原材料の使用など） ・測定システムの変化（新しい測定器、新しい検査員など）
	③連続して増加または減少する7つの点（連）がある。	・上記②に同じ
描いた点の中心線からの距離の分布が異常を示す。	④管理限界幅の中央 1/3（±1σ）の範囲内の点が、2/3 よりもはるかに多い（90％以上など）。	・管理限界または管理統計量（点）の計算違い、または記入ミス ・サンプリング方法が不適切（層別サンプリングなど） ・データが編集されている（平均値から大きく外れたサブグループのデータを除いているなど）
	⑤管理限界幅の中央 1/3（±1σ）の範囲内の点が、2/3 よりもはるかに少ない（40％以下など）。	・管理限界または描いた点の計算違い、または記入ミス ・サンプリング方法が原因で、連続するサブグループに著しく異なる変動を持つ2つ以上の工程の測定値が含まれている（インプット材料の混成ロットなど）

図 14.9　IATF 16949 における管理図の異常判定ルール

第14章 SPC：統計的工程管理

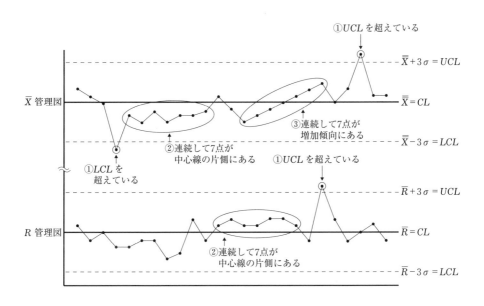

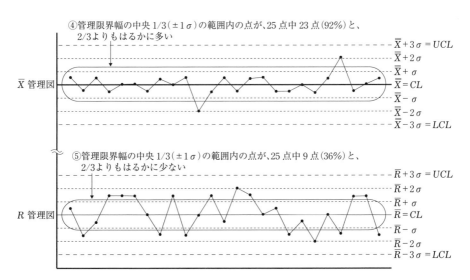

図 14.10　$\bar{X}-R$ 管理図における異常判定のサイン

14.2.2　$\bar{X}-R$ 管理図の作成例

　$\bar{X}$ 管理図の管理限界 ($\bar{\bar{X}}\pm3\sigma$) は、図 14.11 に示す $\bar{X}-R$ 管理図の公式から算出することができます。また管理図の公式で使用する定数は図 14.25 (p.311) を参照してください。

　図 14.8 (p.291) に示した管理図において、図 14.9 (p.292) に示した、工程の異常を示すいずれかのサイン (傾向) があるかどうかを調査します。図 14.8 の管理図からは、そのような工程の異常を示す傾向は見つかりません。したがって、この工程は安定していると判断することができます。

　もし管理図において、図 14.9 に示した、いずれかのサイン (傾向) が見つかった場合は、工程に異常があることを示しています。その場合は、異常の特別原因を調査します。特別原因の調査のためには、管理図の出来事欄の記載内容を調査します。例えば、装置が故障して修理をした、異常音が聞こえていたというような装置に関する記録がある場合は、その出来事の後の段取り替え検証が十分でなかった可能性があります。また例えば、その日から作業者が新しい人に交替していたかも知れません。このように、出来事欄にはできるだけ詳しく記録しておくと、その後の調査に役立ちます。

　判明した特別原因を取り除いて、工程を管理状態にした後、再度データを測定し、$\bar{X}-R$ 管理図を再度作成し、R 管理図および $\bar{X}$ 管理図の CL、UCL および LCL を、以降の量産工程に適用します。

管理図	中心線 CL	上方管理限界線 UCL	下方管理限界線 LCL
$\bar{X}$ 管理図	$\bar{\bar{X}}$	$\bar{\bar{X}} + A_2 \times \bar{R}$	$\bar{\bar{X}} - A_2 \times \bar{R}$
R 管理図	$\bar{R}$	$D_4 \times \bar{R}$	$D_3 \times \bar{R}$

［備考］X：測定値、R：範囲、A_2, D_3, D_4：管理図の定数 (図 5.34 参照)

図 14.11　$\bar{X}-R$ 管理図の公式

14.3 種々の管理図

14.3.1 計量値管理図と計数値管理図

　管理図は、計量値(variables data)に対する管理図と計数値(attributes data)に対する管理図に分けることができます。計量値とは、データが連続する性質をもつもの(長さ、重さ、電圧、濃度など)で、計数値とは、データが不連続な性質のもの(合格・不合格、不良数・不良率など)です。

　計量値に関する管理図および計数値に関する管理図の例、ならびにこれらの各管理図について、管理図の用途、特徴および適用例を図14.12に示します。各管理図の公式を図14.13に、各定数を図14.25(p.311)に示します。また、サンプル数と定数の値の関係について図14.13の備考に示します。

　$\bar{X}-R$管理図に対する異常判定ルールは図14.9(p.292)に示しました。上記の各管理図のUCLおよびLCLに対する対応方法についての考え方は、基本的に$\bar{X}-R$管理図と同じです。しかし管理図によっては、異なる解釈が必要となる場合があります。例えば、$\bar{X}-R$管理図において7つ以上の点がCLの下側に並んでいれば、管理外れの状態を示しますが、このことがp管理図で起きている場合には、不適合製品が減少、すなわち工程の改善が進んでいることを表します。

14.3.2 不適合品率管理図(p管理図)

　不適合品率管理図(p管理図)は、不適合品率などの計数値を管理するための、代表的な計数値管理図です。サブグループ内のサンプル数nが変動する場合に利用されます。サンプル数nと不適合品率pをかけた不適合品数npが5以上($np \geqq 5$)とすることが望ましいといわれています。pはprobability(率)またはproportion nonconforming(不適合品率)の略です。

　p管理図は、例えば、半導体製品の歩留り、出荷検査合格率などに対して適用することができます。管理図といえば、$\bar{X}-R$管理図で代表される計量の管理図が一般的ですが、管理する特性の種類によっては、p管理図のような計数値の管理図も利用するとよいでしょう。

　p管理図の適用例を図14.14に示します。

	管理図の種類	用途・特徴	適用例
計量値の管理図	平均値−範囲管理図 ($\overline{X}-R$ 管理図)	・最も一般的な計量値管理図。 ・サブグループ内サンプル数 n が 8 以下の場合に有効。	・製品の外径寸法（mm） ・貨幣の重量(g) ・電気回路の抵抗値(Ω)
	平均値−標準偏差管理図 ($\overline{X}-s$ 管理図)	・感度は $\overline{X}-R$ 管理図より勝る。 ・サブグループ内サンプル数 n が 9 以上の場合にも有効。 ・標準偏差 s の計算が必要。	
	メディアン(中央値)−範囲管理図 (X_m-R 管理図)	・メディアン(median)は中央値の意味。 ・感度は $\overline{X}-R$ 管理図より劣る。	
	測定値−移動範囲管理図 ($X-MR$ 管理図)	・X は個々の測定値、MR は moving range(移動範囲)で、2つ以上の連続したサンプルにおける最大値と最小値の差を表す。 ・サブグループ内サンプル数 n が均一または 1 個の場合に適用 ・$\overline{X}-R$ 管理図に比べて感度は劣る。	・メッキ液の酸濃度(%) ・室内温度(℃)
計数値の管理図	不適合品率管理図 (p 管理図)	・不適合品率 p を管理。 ・サブグループ内サンプル数 n が変動する場合に適用。 ・$np \geqq 5$ が望ましい。	・半導体製品の歩留り(%) ・出荷検査合格率(%)
	不適合品数管理図 (np 管理図)	・不適合品数 np を管理。 ・サブグループ内サンプル数 n が一定の場合に適用。 ・$np \geqq 5$ が望ましい。	・出荷検査不合格数
	単位あたり不適合数管理図 (u 管理図)	・単位あたりの不適合数 u を管理。 ・サブグループ内サンプル数 n が変化する場合に適用。	・自動車フロントガラスの気泡数 ・自動車ドアの塗装不完全数
	不適合数管理図 (c 管理図)	・製品 1 個あたりの不適合数 c を管理。 ・サブグループ内サンプル数 n が一定の場合に適用。	・液晶ディスプレイパネルの輝点数 ・半導体ウェーハの不良チップ数

図 14.12　計量値管理図と計数値管理図

第14章 SPC：統計的工程管理

管理図の種類		中心 CL	上方管理限界 UCL	下方管理限界 LCL	備考
計量値管理図	$\overline{X}-R$ 管理図	$\overline{X}$: $\overline{\overline{X}}$	$\overline{\overline{X}} + A_2 \times \overline{R}$	$\overline{\overline{X}} - A_2 \times \overline{R}$	X：測定値 R：範囲 A_2、D_3、D_4：定数
		R : $\overline{R}$	$D_4 \times \overline{R}$	$D_3 \times \overline{R}$	
	$\overline{X}-s$ 管理図	$\overline{X}$: $\overline{\overline{X}}$	$\overline{\overline{X}} + A_3 \times \overline{s}$	$\overline{\overline{X}} - A_3 \times \overline{s}$	X：測定値 s：標準偏差 A_3、B_3、B_4：定数
		s : $\overline{s}$	$B_4 \times \overline{s}$	$B_3 \times \overline{s}$	
	X_m-R 管理図	X_m : $\overline{X_m}$	$\overline{X_m} + A_{2m} \times \overline{R}$	$\overline{X_m} - A_{2m} \times \overline{R}$	X_m：中央値 R：範囲 A_{2m}、D_3、D_4：定数
		R : $\overline{R}$	$D_4 \times \overline{R}$	$D_3 \times \overline{R}$	
	$X-MR$ 管理図	X : $\overline{X}$	$\overline{X} + E_2 \times \overline{MR}$	$\overline{X} - E_2 \times \overline{MR}$	X：測定値 MR：移動範囲 E_2、D_3、D_4：定数
		MR : $\overline{MR}$	$D_4 \times \overline{MR}$	$D_3 \times \overline{MR}$	
計数値管理図	p 管理図	$\overline{p}$	$\overline{p} + 3\sqrt{\dfrac{\overline{p}(1-\overline{p})}{\overline{n}}}$	$\overline{p} - 3\sqrt{\dfrac{\overline{p}(1-\overline{p})}{\overline{n}}}$	n：サンプル数 p：不適合品率 np：不適合品数
	np 管理図	$\overline{np}$	$\overline{np} + 3\sqrt{\overline{np}(1-\overline{p})}$	$\overline{np} - 3\sqrt{\overline{np}(1-\overline{p})}$	
	u 管理図	$\overline{u}$	$\overline{u} + 3\sqrt{\dfrac{\overline{u}}{n}}$	$\overline{u} - 3\sqrt{\dfrac{\overline{u}}{n}}$	n：サンプル数 c：不適合数 $u = c/n$
	c 管理図	$\overline{c}$	$\overline{c} + 3\sqrt{\overline{c}}$	$\overline{c} - 3\sqrt{\overline{c}}$	c：不適合数

［備考1］ $s = \sqrt{\sum \dfrac{(X-\overline{X})^2}{n-1}}$

　各管理図の定数は図14.25（p.311）参照。

［備考2］
　図14.25の定数表を見るとわかるように、A_2やA_3のように、サンプル数nの値が大きくなると、測定データの信頼性が大きくなるため、定数の値は小さくなります。一方d_2やc_4のように、除数（割り算）として使われる定数は、サンプル数nの値が大きくなると定数の値も大きくなります。

図14.13　管理図の公式

第Ⅲ部　IATF 16949 のコアツール

p 管理図

製品名	特性	規格値	サンプルサイズ	サブグループ数	サブグループ間隔	測定開始日	測定終了日
半導体XXXX	特性1, 2, 3	平均10%以下	$n=100$	$k=25$	$f=$ロットごと	20xx-xx-xx	20xx-xx-xx
工程名	装置No.	測定器No.	MSA結果	工程平均$\bar{p}$	CL 0.088	UCL 0.173	LCL 0.003
ウェーハ工程	XXXX	半導体テスタXX	%GRR=10%				担当者名 XXXX

SG No.	1	2	3	4	5	6	7	8	9	10	11	12	13	14	15	16	17	18	19	20	21	22	23	24	25	平均
不良特性1	1	2	3	4	5	6	7	8	9	10	4	1	4	3	4	3	3	3	4	3	1	1	4	1	2	
不良特性2	2	3	1	3	3	2	5	3	4	2	2	2	3	3	3	4	4	5	3	5	5	5	1	5	4	
不良特性3	2	2	2	3	2	3	4	4	2	4	5	1	4	4	3	4	6	4	6	3	2	5	5	6	1	
不適合品数 np	4	8	5	9	6	8	12	9	10	8	13	6	11	11	10	11	13	14	14	10	4	6	5	6	7	8.8
サンプル数 n	100	100	100	100	100	100	100	100	100	100	100	100	100	100	100	100	100	100	100	100	100	100	100	100	100	100
不適合品率 p	0.04	0.08	0.05	0.09	0.06	0.08	0.12	0.09	0.10	0.08	0.13	0.06	0.11	0.11	0.10	0.11	0.13	0.14	0.14	0.10	0.04	0.06	0.05	0.06	0.07	0.088

[備考] 特性1～特性3：各特性の不良数、サンプル数 n、不適合品数 np、不適合品率 p (%)

図 14.14　p 管理図の例

14.4 工程能力

14.4.1 工程能力指数

(1) 工程能力指数と工程性能指数

製造工程が製品規格を満たす程度を工程能力(process capability)といいます。工程能力は、製品規格幅を製品特性データの分布幅で割った値で示されます。

$$工程能力 = \frac{製品規格幅(W)}{製品特性データの分布幅(T)}$$

工程能力を表す指数としては、工程能力指数(process capability index、C_pまたはC_{pk})と工程性能指数(process performance index、P_pまたはP_{pk})があります。

工程能力指数は、安定した状態にある製造工程のアウトプット(製品)が、製品規格を満足させる能力を表し、製造工程が安定している量産時の工程能力指標、すなわち管理図を描いて、交替が安定していることがわかっている場合などに利用されます。

一方工程性能指数は、ある製造工程のアウトプット(製品サンプル)が、製品規格を満足する能力を表し、製造工程が安定しているかどうかわからない場合、例えば新製品や工程変更を行った場合などに利用されます。工程能力指数および工程能力指数は、$\overline{X}-R$管理図と同様のデータから求めることができます(図14.15参照)。

製品特性データの分布の中心を考慮しない場合、あるいは製品特性データの分布の中心が製品規格の中心に一致する場合の、製品規格に対する工程変動の指数(工程能力)をC_pまたはP_pで表し、一方製品特性データの分布の中心が製品規格の中心に一致しない場合の工程能力をC_{pk}またはP_{pk}で表します。

図14.16(a)は、製品特性分布の中心が製品規格の中心と一致する場合、または製品特性の中心と製品規格の中心のずれを考慮しない場合の例(C_p)を示し、同図の(b)は、製品特性分布の中心が製品規格の中心と一致しない場合の例(C_{pk})を示します。(b)の場合は、製品特性分布の中心の右半分と左半分について、それぞれのC_{pu}およびC_{pl}を算出し、その小さい方を工程能力指数C_{pk}とします。

	規格に対する工程能力の指数	
	製品特性の中心値のずれを考慮しない場合	製品特性の中心値のずれを考慮した場合
工程能力指数 安定状態にある工程のアウトプット(製品)が規格を満足する能力	C_p	C_{pk}
工程性能指数 ある工程のアウトプット(製品サンプル)が規格を満足する能力	P_p	P_{pk}

図 14.15 工程能力指数と工程性能指数

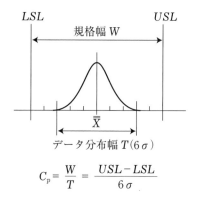

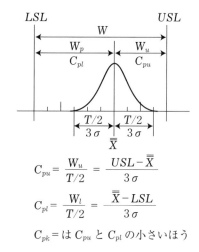

図 14.16 C_p と C_{pk}

(2) 工程能力指数と工程性能指数の算出式
a) 工程能力指数

前項でも述べましたが、工程能力指数 C_p および C_{pk} は、安定状態にある工程のアウトプット(製品)が、規格を満足する能力を表します。工程の中心位置の影響を考慮しない場合の C_p は、次の式で表されます。

$$C_p = \frac{規格幅(T)}{データの分布幅(W)} = \frac{USL - LSL}{6\sigma} = \frac{USL - LSL}{6\overline{R}/d_2}$$

ここで、USL は上方規格限界(規格の最大許容範囲、upper specification limit)、LSL は下方規格限界(規格の最小許容範囲、lower specification limit)、σ(シグマ)は標準偏差、6σ はサブグループ内変動すなわち工程固有の変動の範囲、$\overline{R}$ はサブグループ内の個々のサンプルのデータの範囲(最大値と最小値の差)の平均値、d_2 は統計的な定数です。

一方、工程の中心位置を考慮に入れた場合の C_{pk} は、次の式で表されます。

$$C_{pk} = \frac{規格幅(W)/2 - 偏り(K)}{データの分布幅(T)/2}$$

すなわち C_{pk} は、次の C_{pu} または C_{pl} の小さいほうの値となります。

$$C_{pu} = \frac{USL - \overline{\overline{X}}}{3\sigma} = \frac{USL - \overline{\overline{X}}}{3\overline{R}/d_2} \quad または \quad C_{pl} = \frac{\overline{\overline{X}} - LSL}{3\sigma} = \frac{\overline{\overline{X}} - LSL}{3\overline{R}/d_2}$$

ここで $\overline{\overline{X}}$ は、各サンプルのデータの総平均値です。

これを次の式で表すことがあります。

$$C_{pk} = \min\left(\frac{USL - \overline{\overline{X}}}{3\sigma}, \frac{\overline{\overline{X}} - LSL}{3\sigma}\right)$$

ここで、C_{pk} における "k" という記号は、データ分布の中心と規格の中心との偏りを意味します。"k" は日本語の "かたより(katayori)" から来ています。

b) 工程性能指数

工程の変動には、サブグループ内の変動とサブグループ間の変動がありますが、これらの両方の変動を組み合わせたものを全工程変動(TV、total process variation)と呼びます。

工程性能指数 P_p および P_{pk} は、ある工程のアウトプット(サンプル)が、規

格を満足する能力を表し、工程が安定しているかどうかわからない場合に使用されます。工程の中心位置を考慮しない場合の P_p は、次の式で表されます。

$$P_p = \frac{規格幅(W)}{全工程変動(6s)} = \frac{USL - LSL}{6s}$$

$$s = \sqrt{\sum \frac{(X - \overline{X})^2}{n - 1}}$$

ここで、USLは上方規格限界、LSLは下方規格限界、sは全工程標準偏差です。

一方、工程の中心位置を考慮に入れた場合の P_{pk} は、次の式で表される、P_{pu} または P_{pl} の小さいほうの値となります。

$$P_{pu} = \frac{USL - \overline{\overline{X}}}{3s} \quad または \quad P_{pl} = \frac{\overline{\overline{X}} - LSL}{3s}$$

ここで $\overline{\overline{X}}$ は、各サンプルのデータの総平均値です。

これを次の式で表すことがあります。

$$P_{pk} = \min(\frac{USL - \overline{\overline{X}}}{3s}, \frac{\overline{\overline{X}} - LSL}{3s})$$

これらの工程能力指数および工程性能指数の算出式をまとめたものを図14.17 に示します。

なお、片側規格すなわち規格が上限あるいは下限のいずれか一方のみの場合は、工程能力指数 C_p および工程性能指数 P_p は適用しません。

(3) 工程能力指数および工程性能指数の評価

上記の各指数は、いずれも評価して分析するとよいといわれています。安定した工程の C_{pk} と P_{pk} の値は、ほぼ等しくなります。

C_{pk} が C_p よりも小さい場合や、P_{pk} が P_p よりも小さい場合は、測定データの分布の中心が規格の中心から外れていたり、変動の特別原因が存在することを示しています。

そのような場合は、それらの原因を見つけて適切な処置をとり、工程を安定した状態にすることが必要です。

14.4.2　工程能力指数算出・評価の手順

工程能力指数算出のためのデータを測定する際には、次の条件を満たすことが必要です。

① データを測定する工程は安定している（統計的管理状態にある）。
② 工程データの個々の測定値は、ほぼ正規分布を示す。
③ サンプリングが適切である。
・サブグループ内サンプル数 $n \geqq 4$、サブグループ数 $k \geqq 25$、総サンプル数 $\geqq 100$ とする。

工程能力指数算出・評価の手順は、図 14.18 のようになります。

サブグループ内変動 標準偏差　σ		$\sigma = \overline{R} / d_2$	（注1）
全工程変動標準偏差　s		$s = \sqrt{\sum \dfrac{(X-\overline{X})^2}{n-1}}$	（注2）
工程能力指数	C_p	$C_p = \dfrac{USL - LSL}{6\sigma}$	（注3）
	C_{pk}	$C_{pk} = \min(\dfrac{USL - \overline{\overline{X}}}{3\sigma}, \dfrac{\overline{\overline{X}} - LSL}{3\sigma})$	
工程性能指数	P_p	$P_p = \dfrac{USL - LSL}{6s}$	
	P_{pk}	$P_{pk} = \min(\dfrac{USL - \overline{\overline{X}}}{3s}, \dfrac{\overline{\overline{X}} - LSL}{3s})$	

（注1）　$\overline{R}$ はサブグループ内サンプルデータの範囲 R の平均値、d_2 は定数（図 14.25 参照）。$\overline{X} - R$ 管理図ではなく $\overline{X} - s$ 管理図を使用する場合は、$\overline{R}/d_2$ の代わりに $\overline{s}/c_4$ を用いる。
（注2）　X は各サンプルのデータ、$\overline{X}$ は X の平均値、n はサンプル数
（注3）　USL は上方規格限界、LSL は下方規格限界、$\overline{\overline{X}}$ はサブグループ内サンプルのデータの平均値 $\overline{X}$ の平均値

図 14.17　工程能力指数と工程性能指数の算出式

ステップ	実施項目	実施事項
準備 ステップ1	サンプルの準備	① サンプリング計画を作成する。 ② 工程から製品サンプルを選ぶ。 ③ サブグループ内サンプル数 $n \geq 4$、サブグループ数 $k \geq 25$、総サンプル数 ≥ 100 とする。
管理図作成 ステップ2	$\overline{X}$-R 管理図の作成	① ヒストグラムおよび $\overline{X}$-R 管理図を作成する。
ステップ3	$\overline{X}$-R 管理図の評価	① ヒストグラムが正規分布を示すことを確認する。 ② $\overline{X}$-R 管理図から工程が安定すなわち統計的管理状態にあることを確認する。 ・管理図の異常判定ルールについては図14.9 (p.292)参照。
	$\overline{X}$-R 管理図に対する処置	① ヒストグラムまたは $\overline{X}$-R 管理図に異常が存在する場合は、その原因を究明して、処置をとる。
工程能力算出 ステップ4	標準偏差の算出	① サブグループ内変動標準偏差 σ および全工程変動標準偏差 s を、次の式から求める。 $$\sigma = \overline{R} / d_2 \qquad s = \sqrt{\sum \frac{(X - \overline{X})^2}{n-1}}$$
ステップ5	工程能力指数 C_p の算出	① 工程の中心位置を考慮しない場合の工程能力指数 C_p を、次の式から求める。 $$C_p = \frac{USL - LSL}{6\sigma}$$
	工程能力指数 C_{pk} の算出	① 工程の中心位置を考慮した場合の工程能力指数 C_{pk} を、次の式から求める。 $$C_{pk} = \min\left(\frac{USL - \overline{\overline{X}}}{3\sigma}, \frac{\overline{\overline{X}} - LSL}{3\sigma}\right)$$
ステップ6	工程性能指数 P_p の算出	① 工程の中心位置を考慮しない場合の工程性能指数 P_p を、次の式から求める。 $$P_p = \frac{USL - LSL}{6s}$$
	工程性能指数 P_{pk} の算出	① 工程の中心位置を考慮した場合の工程性能指数 P_{pk} を、次の式から求める。 $$P_{pk} = \min\left(\frac{USL - \overline{\overline{X}}}{3s}, \frac{\overline{\overline{X}} - LSL}{3s}\right)$$

図14.18 工程能力指数評価の手順(1/2)

14.4.3 工程能力指数の算出・評価例

図 14.8 の $\overline{X}-R$ 管理図のデータの工程能力に関する各指数(C_p、C_{pk}、P_p および P_{pk})を、図 14.17 の式を用いて計算すると、図 14.19 のようになります。

IATF 16949 では、生産部品承認プロセス(PPAP)参照マニュアルにおいて、C_{pk} は 1.67 以上を要求しています。しかし品質管理の本によると、工程能力指数は 1.33 以上あればよいと書いてあることが多いようです。

C_{pk} = 1.33 と 1.67 を図示すると、図 14.20 のようになります。すなわち、製造工程の分布(ばらつき)と規格幅の余裕は、一般の工業製品では 1σ 以上あればよいですが、安全と品質が重視される自動車では、2σ 以上の余裕の確保が要求されていることがわかります。

また IATF 16949 規格(箇条 9.1.1.1)では、"統計的に能力不足の特性に対して…対応計画を開始しなければならない。対応計画には、必要に応じて、製品の封じ込めおよび全数検査を含めなければならない"と記載されています。

ステップ	実施項目	実施事項
評価 ステップ7	各指数の評価・分析	① C_p、C_{pk} および P_p、P_{pk} の各指数を評価・分析する。 ② 安定した工程の C_p、C_{pk} と P_p、P_{pk} の値は、ほぼ等しくなる。 ③ C_{pk} が C_p よりも小さい場合や、P_{pk} が P_p よりも小さい場合は、測定データの分布の中心が規格の中心から外れていることを示す。 ④ C_{pk} と P_{pk} の値が異なる場合には、サブグループ間変動(工程変動)があること、すなわち変動の特別原因が存在することを示す。
改善 ステップ8	各指標が異なる場合、原因を調査して処置	① C_p、C_{pk}、P_p および P_{pk} の各指標が異なる場合は、工程が管理状態になく、特別原因が存在する可能性がある。 ② その原因を見つけて適切な処置をとり、工程を安定した状態にする。
	工程能力指数の再算出	① 上記の各ステップを繰り返す。

図 14.18 工程能力指数評価の手順(2/2)

IATF 16949 では、十分な工程能力があることが前提であるため、工程能力が不足した場合に、全数検査が必要であることを述べています（図14.21 参照）。

		算出式	計算結果	
測定データから		平均値 $\overline{\overline{X}} = 10.0$、範囲 $\overline{R} = 0.41$（図5.9 の $\overline{X}$-R 管理図から） 規格幅 $USL = 11.0$, $LSL = 9.0$, $d_2 = 2.326$（図14.25 の定数表(p.311)から）		
サブグループ内変動標準偏差 σ（注1）		$\sigma = \overline{R} / d_2$	$= 0.41 / 2.326 = 0.18$	
全工程変動標準偏差 s（注2）		$s = \sqrt{\sum \dfrac{(X - \overline{X})^2}{n - 1}}$	$= 0.17$	
工程能力指数（注3）	C_p	$C_p = \dfrac{USL - LSL}{6\sigma}$	$= \dfrac{11.0 - 9.0}{6 \times 0.18} = 1.85$	
	C_{pk}	$C_{pu} = \dfrac{USL - \overline{\overline{X}}}{3\sigma}$	$= \dfrac{11.0 - 10.0}{3 \times 0.18} = 1.85$	したがって、 $C_{pk} = 1.85$
		$C_{pl} = \dfrac{\overline{\overline{X}} - LSL}{3\sigma}$	$= \dfrac{10.0 - 9.0}{3 \times 0.18} = 1.85$	
工程性能指数	P_p	$P_p = \dfrac{USL - LSL}{6s}$	$= \dfrac{11.0 - 9.0}{6 \times 0.17} = 1.96$	
	P_{pk}	$P_{pu} = \dfrac{USL - \overline{\overline{X}}}{3s}$	$= \dfrac{11.0 - 10.0}{3 \times 0.17} = 1.96$	したがって、 $P_{pk} = 1.96$
		$P_{pl} = \dfrac{\overline{\overline{X}} - LSL}{3s}$	$= \dfrac{10.0 - 9.0}{3 \times 0.17} = 1.96$	

（注1） $\overline{R}$ はサブグループ内サンプルデータの範囲 R の平均値、d_2 は定数（図14.25、p.312 参照）。
$\overline{X}$-s 管理図を使用する場合は、$\overline{R} / d_2$ の代わりに $\overline{s} / c_4$ を用いる。
（注2） 図14.8 の $\overline{X}$-R 管理図のデータから、図14.13 の式を用いて全工程変動標準偏差 s を算出。X は各サンプルのデータ、$\overline{X}$ は X の平均値、n はサンプル数。
（注3） USL は上方規格限界、LSL は下方規格限界、$\overline{\overline{X}}$ はサブグループ内サンプルのデータの総平均値。

図 14.19 工程能力指数と工程性能指数の算出例

(a) $C_{pk} = 1.33$ (b) $C_{pk} = 1.67$

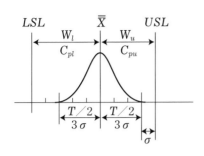
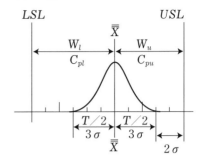

$$C_{pk} = C_{pu} = \frac{W_u}{T/2} = \frac{4\sigma}{3\sigma} = 1.33$$

$$C_{pk} = C_{pu} = \frac{W_u}{T/2} = \frac{5\sigma}{3\sigma} = 1.67$$

図 14.20　$C_{pk} = 1.33$ と $C_{pk} = 1.67$

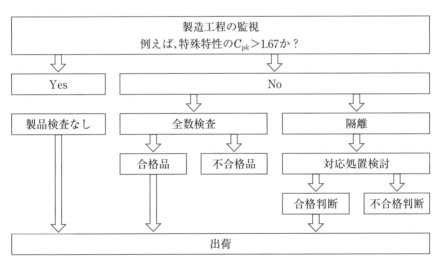

図 14.21　工程能力不足に対する処置の例

14.4.4　工程能力指数と不良率

図 14.17（p.303）に示すように、C_{pk} は、次の式で表されます。

$$C_{pk} = \min\left(\frac{USL - \overline{\overline{X}}}{3\sigma}, \frac{\overline{\overline{X}} - LSL}{3\sigma}\right)$$

工程能力と不良率の関係は、工程の片方の分布幅が 3σ、すなわち $C_{pk}=3\sigma/3\sigma=1.00$ のときの不良率は 0.27%（2,700ppm）、$C_{pk}=4\sigma/3\sigma=1.33$ のときの不良率は 63ppm、$C_{pk}=5\sigma/3\sigma=1.67$ のときの不良率は 0.57ppm となります。IATF 16949 では、12.3 項でも述べましたが、PPAP 参照マニュアルにおいて、C_{pk} は 1.67 以上を要求しています。ここで、ppm（parts per million）は、100万分の1を表します（図 14.22 参照）。

一般的な工業製品に要求される $C_{pk}=1.33$ は、不良率に換算すると 63ppm に相当します。一般の製品ではこのレベルでもよいかもしれませんが、自動車のように、規格外れが出ると安全や環境面での問題が発生するような製品の場合は、1ppm 程度の品質レベルが必要となり、IATF 16949 では、特殊特性などの重要な特性の工程能力指数は、1.67 以上を要求しています。

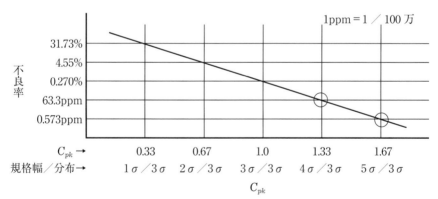

図 14.22　工程能力と不良率

14.5　IATF 16949 における SPC の特徴

　IATF 16949 における SPC の特徴について説明しましょう（図 14.23 参照）。わが国では、管理図に対する異常判定ルールは、JIS Z 9020-2 に従った基準が用いられていますが、IATF 16949 の SPC 参照マニュアルでは、JIS 規格とは異なる異常判定ルールが用いられています。

　IATF 16949 では、工程能力指数 C_{pk} と工程性能指数 P_{pk} の両方が要求されており、それぞれ次の式で表されます。

$$C_{pk} = \min\left(\frac{USL - \overline{\overline{X}}}{3\sigma}, \frac{\overline{\overline{X}} - LSL}{3\sigma}\right), \quad P_{pk} = \min\left(\frac{USL - \overline{\overline{X}}}{3s}, \frac{\overline{\overline{X}} - LSL}{3s}\right)$$

　ここで、USL は上方規格限界、LSL は下方規格限界、σ はサブグループ内変動標準偏差、s は全工程変動標準偏差です。

　一般的にいわれている工程能力指数は、IATF 16949 の工程性能指数に相当します。また工程能力指数 C_{pk} は、一般的には 1.33 あればよいといわれていますが、IATF 16949 では、特殊工程などの重要な特性に対して、PPAP において 1.67 以上が要求されています。

	IATF 16949 における SPC	一般的な SPC
管理図の異常判定ルール	・JIS と異なる異常判定ルールが用いられている。	・JIS Z 9020-2 に従った異常判定ルールが用いられている。
工程能力指数と工程性能指数	・工程能力指数 C_{pk} と工程性能指数 P_{pk} の両方が要求されている。	・一般的にいわれる工程能力指数は、IATF 16949 では工程性能指数に相当する。
工程能力の要求レベル	・IATF 16949 では、工程能力指数 C_{pk} は 1.67 以上が要求されている。	・工程能力は、一般的には 1.33 あればよいといわれている。
品質不良コスト	・不良数、不良率、歩留りなどの品質指標だけでなく、品質の損失を金額で表した品質不良コストや損失関数などの適用が要求されている。	・品質不良コストなどのお金に関することは要求されていない。

図 14.23　IATF 16949 における SPC の特徴

14.6 SPC と IATF 16949 要求事項

IATF 16949 規格では、SPC について図 14.24 に示すように述べています。

箇条 8.3.5.2 では、設計・開発の段階から SPC を活用すること、また箇条 8.5.1.3、箇条 9.1.1.1 および箇条 10.3.1 では、製造工程の管理に SPC を活用することを述べています。IATF 16949 のねらいである不適合の予防と製造工程のばらつきと無駄の削減のために、SPC は不可欠なツールです。

項　目	要求事項の内容
7.2.3　内部監査員の力量	・品質マネジメントシステム監査員、製造工程監査員および製品監査員は、コアツール要求事項の力量を実証する。
7.2.4　第二者監査員の力量	・第二者監査員は、適格性確認に対する…コアツール要求事項の理解の力量を実証する。
8.3.5.2　製造工程設計からのアウトプット	・製造工程設計からのアウトプットには、工程承認の合否判定基準を含める。
8.5.1.3　作業の段取り替え検証	・検証に統計的方法を使用する。
9.1.1.1　製造工程の監視・測定	・すべての新規製造工程に対して、工程能力を検証し、特殊特性の管理を含む工程管理への追加インプットを提供するために、工程調査を実施する。
	・顧客の部品承認プロセス要求事項で規定された製造工程能力 (C_{pk}) または製造工程性能 (P_{pk}) の結果を維持する。
	・統計的に能力不足または不安定な特性に対して、コントロールプランに記載された対応計画を開始する。
9.1.1.2　統計的ツールの特定	・適切な統計的ツールが先行製品品質計画プロセスの一部として含まれていることを検証する。
9.1.1.3　統計概念の適用	・ばらつき、管理(安定性)、工程能力および過剰調整によって起きる結果のような統計概念は、統計データの収集、分析および管理に携わる従業員に理解され、使用される。
10.3.1　継続的改善－補足	・継続的改善は、製造工程が統計的に能力をもち安定してから、または製品特性が予測可能で顧客要求事項を満たしてから、実施される。

図 14.24　SPC と IATF 16949 要求事項

第14章 SPC：統計的工程管理

管理図		管理限界係数	推定値除数
$\overline{X}-R$ 管理図	$\overline{X}$ 管理図	A_2	
	R 管理図	D_3、D_4	d_2
$\overline{X}-s$ 管理図	$\overline{X}$ 管理図	A_3	
	s 管理図	B_3、B_4	c_4
X_m-R 管理図	X_m 管理図	A_{2m}	
	R 管理図	D_3、D_4	d_2
$X-MR$ 管理図	X 管理図	E_2	
	MR 管理図	D_3、D_4	d_2

n / 定数	2	3	4	5	6	7	8	9	10
A_2	1.880	1.023	0.729	0.577	0.483	0.419	0.373	0.337	0.308
A_{2m}	1.880	1.187	0.796	0.691	0.549	0.509	0.432	0.412	0.363
A_3	2.659	1.954	1.628	1.427	1.287	1.182	1.099	1.032	0.975
B_3	−	−	−	−	0.030	0.118	0.185	0.239	0.284
B_4	3.267	2.568	2.266	2.089	1.970	1.882	1.815	1.761	1.716
D_3	−	−	−	−	−	0.076	0.136	0.184	0.223
D_4	3.267	2.575	2.282	2.115	2.004	1.924	1.864	1.816	1.777
E_2	2.659	1.772	1.457	1.290	1.184	1.109	1.054	1.010	0.975
d_2	1.128	1.693	2.059	2.326	2.534	2.704	2.847	2.970	3.078
c_4	0.798	0.886	0.921	0.941	0.952	0.959	0.965	0.969	0.973

［備考］SPC 参照マニュアルまたは日科技連数値表参照。

図 14.25　計量値管理図の定数表

第15章 MSA：測定システム解析

この章では、IATF 16949 で要求している MSA（測定システム解析、measurement system analysis）に関して、AIAG の MSA 参照マニュアルの内容に沿って説明します。そして、偏り、安定性、直線性および繰返し性・再現性（ゲージ R&R）について、それぞれ事例を含めて説明します。

なお本書では、標準偏差や回帰直線などの計算には、パソコンソフトのエクセル（Excel）関数を利用しました。これらの統計的な計算には、市販のソフトウェアパッケージを利用することができます。また、各計算式で用いる係数は、MSA 参照マニュアルまたは日科技連数値表を利用することができます。

この章の項目は、次のようになります。

15.1		MSA の基礎
15.1.1		MSA とは
15.1.2		測定機器の校正
15.1.3		測定システムの変動
15.2		種々の測定システム解析
15.2.1		測定システム解析の準備
15.2.2		安定性の評価
15.2.3		偏りの評価
15.2.4		直線性の評価
15.2.5		繰返し性・再現性の評価（ゲージ R&R）
15.3		計数値の測定システム解析（クロスタブ法）
15.4		MSA と IATF 16949 要求事項

15.1 MSAの基礎

15.1.1 MSAとは

　第14章では、製造工程が変動し、その結果製品特性の測定結果も変動することを述べました。一般的に測定結果は正しいと考えられています。しかし測定結果には、製品の変動（ばらつき）だけでなく、測定システムの変動も含まれています。測定対象製品、測定器、測定者、測定方法、測定環境などの測定システムの要因によって、測定データに変動が出るのが一般的です。したがって、製造工程の変動にくらべて測定システムの変動が十分小さくなければ、測定結果に対する信頼性はなくなります。測定システム全体としての変動がどの程度存在するのかを調査し、測定システムが製品やプロセスの特性の測定に適しているかどうかを判定することが必要となります。この測定システム全体の変動を統計的に評価する方法が、MSA（測定システム解析）です（図15.1参照）。

15.1.2 測定機器の校正

　IATF 16949規格（箇条7.1.5.2）では、測定機器に対して、定期的に校正（calibration）を行うことを要求しています。校正とは、測定機器を用いて標準サンプルを測定し、その値を国際標準などの既知の標準値と比較して、トレーサビリティ（traceability、追跡可能性）を確認することをいいます。

　校正を行っている場所は試験所に相当し、IATF 16949規格（箇条7.1.5.3）の試験所要求事項に適合することが必要です。MSA参照マニュアルでは、測定機器の校正と試験所要求事項について、IATF 16949規格と同様の管理を求めています。

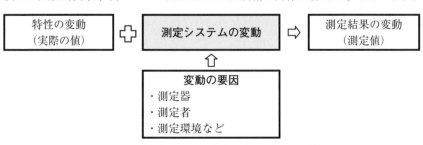

図15.1　測定システム変動の測定結果への影響

15.1.3　測定システムの変動

(1)　測定システム変動の要素

測定結果には、図 15.2 に示すように位置(中心の位置)の変動と幅の変動(広がり)があります。測定システム変動は、次のように分けることができます。

① 　データの位置に関係するもの…偏り、安定性、直線性
② 　データの幅に関係するもの…繰返し性、再現性

これらの測定システム変動のうち、偏り、安定性および直線性などの位置の変動に関しては、測定機器の校正や検証で対処することも可能ですが、繰返し性、再現性およびそれらの組合せであるゲージ R&R(GRR)については、IATF 16949 の測定システム解析(MSA)参照マニュアルで説明されているような、単に測定機器の変動(誤差)だけでなく、種々の変動の要因を考慮した、測定システム全体としての評価が必要となります。

これらの測定システム変動の種類を図 15.3 に、またそれらを図示したものを図 15.4 に示します。

(2)　測定システム変動の影響

a)　測定システム変動の製品評価への影響

測定システムの変動(誤差)が製品の評価(製品の合否判定)に与える影響について考えてみましょう。

図 15.5(a)は、ある製品特性の分布を示しています。この製造工程は、統計的に安定した状態にありますが、工程性能指数は $P_p = P_{pk} = 0.5$ で、工程能力が十分でないために、規格外れの製品が発生しています。したがって、製品の選別検査が必要となります(工程能力および工程性能指数については 14.4.1 項参照)。

この選別検査において、図 15.5(b)に示した領域 A の製品は常に良品と判定され、領域 C の製品は常に不良品と判定されます。しかし、規格の上限値または規格の下限値付近にある領域 B の製品は、測定システムの変動(誤差)のために、良品が不良品と判定されたり(これを誤り警告、第一種の誤りまたは生産者リスクといいます)、また不良品が良品と判定されることがあります(こ

れをミス率、第二種の誤りまたは消費者リスクといいます）。

すなわち、領域Bは灰色領域ということになります。

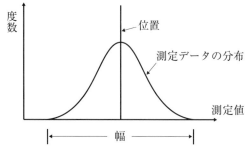

・測定データの分布は、位置と幅で表される。
・製品特性自体の変動（ばらつき）だけでなく、測定システムの変動（誤差）によっても、測定データ分布の位置と幅が変わる。

図15.2　測定データ分布の位置と幅

区　分	変動の種類	内　容
位置の変動	偏り bias	・測定値の平均値と基準値（参照値、真の値）との差。
	安定性 stability	・一人の測定者が、同一製品の同一特性を、同じ測定器を使って、ある程度の時間間隔をおいて測定したときの測定値の平均値の差。 ・ドリフト（drift）ともいう。
	直線性 linearity	・測定機器の使用（測定）範囲全体にわたる偏りの変化。
幅の変動	繰返し性 repeatability	・一人の測定者が、同一製品の同一特性を、同じ測定機器を使って、数回測定したときの測定値の変動（幅）。 ・変動の原因が主として測定機器にあることから、装置変動（equipment variation、EV）ともいわれる。
	再現性 reproducibility	・異なる測定者が、同一製品の同一特性を、同じ測定器を使って、数回測定したときの、各測定者ごとの平均値の変動。 ・変動の原因が主として測定者にあることから、測定者変動（appraiser variation、AV）ともいわれる。

図15.3　測定システム変動の種類（1）

b) 測定システム変動の工程評価への影響

測定システムの変動は、工程の安定性を評価する場合にも影響を与える可能性があります。

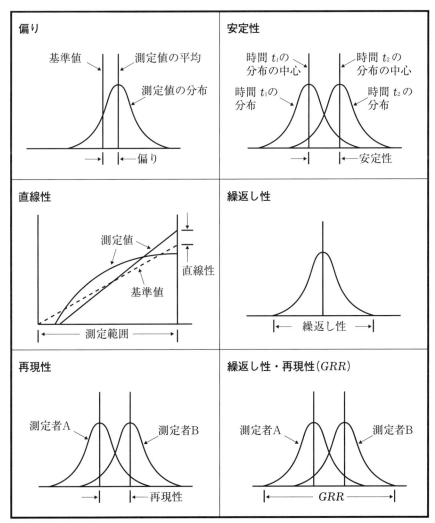

図15.4　測定システム変動の種類(2)

実際の工程変動と測定された工程変動との間の関係は、次の式で表されます。

$$\sigma_{obs}^2 = \sigma_{act}^2 + \sigma_{msa}^2 \quad \cdots ①$$

ここで、

$\sigma_{obs}^2 =$ 測定された工程変動、測定値の変動

$\sigma_{act}^2 =$ 実際の工程変動、製品の変動

$\sigma_{msa}^2 =$ 測定システムの変動、測定誤差

14.4.1項で述べたように、工程能力指数 C_p は、次のように定義されます。

$$C_p = （規格幅）／（測定データの分布幅）= W／T = W／6\sigma$$

ここで、Wは規格幅、Tは測定データの分布幅、σは標準偏差

したがって、測定された工程能力指数と実際の工程能力指数との間の関係は、式①から次のように表すことができます。

$$1／C_{p\ obs}^2 = 1／C_{p\ act}^2 + 1／C_{p\ msa}^2 \quad \cdots ②$$

ここで、

$C_{p\ obs} =$ 測定された工程能力

$C_{p\ act} =$ 実際の工程能力

$C_{p\ msa} =$ 測定システムの工程能力

すなわち、測定された工程能力は、実際の工程能力と測定システムの工程能力との組合せになり、測定値の変動は、製品の実際の変動よりも大きく現れる

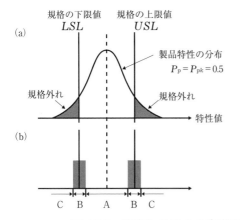

・領域A：良品は常に良品と判定される。

・領域B：良品を不良品または不良品を良品と誤判定される可能性がある。すなわち、測定システムに関する灰色領域。

・領域C：不良品は常に不良品と判定される。

図15.5　測定システムの変動による製品評価への影響

ことになります。そして、製品規格限界付近の製品は誤判定される可能性があり、測定システムの変動を評価することが必要となります(図 15.6 参照)。

例えば、実際の工程能力 $C_{p\,act}$ が 2.0 であるとします。この場合式②を用いて、測定システムの工程能力 $C_{p\,msa}$ が 2.0 の場合は、測定された工程能力 $C_{p\,obs}$ は 1.4 となりますが、測定システムの工程能力 $C_{p\,msa}$ が 1.5 の場合は、測定された工程能力 $C_{p\,obs}$ は 1.2 となります(図 15.7 参照)。

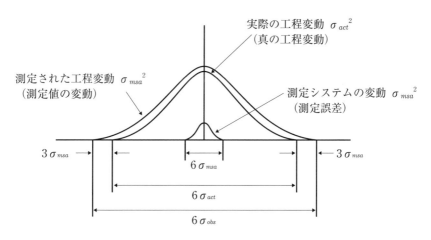

図 15.6　測定システムの変動による工程評価への影響

実際の工程能力 $C_{p\,act}$	測定システムの工程能力 $C_{p\,msa}$	測定された工程能力 $C_{p\,obs}$
2.0	2.0	1.4
2.0	1.5	1.2

図 15.7　測定された工程能力と実際の工程能力の例

15.2 種々の測定システム解析

15.2.1 測定システム解析の準備

　測定システム解析を実施する際の、測定システムに要求される条件と主な準備事項を図 15.8 に示します。

項　目	内　容
測定システム解析の方法	① 用いる測定システム解析の方法の検討する（測定者による影響の有無など）。 ② 測定方法は定められた測定手順に従う。
サンプリング計画	① 測定者数、サンプル数、繰返し測定回数などのサンプリング計画を作成する。 ② サンプルは、製造工程を代表する製品からランダムに選ぶ。 ③ 測定者は、実際にその測定器を使用している人の中から、力量の高い人に偏るのではなく、ランダムに選ぶ。 ④ 例えば、製造現場で測定を行っている場合の測定システム解析に、精密測定室の測定器を使用したり、品質管理部の熟練技術者が測定を行うことは適切ではない。
測定器の目盛	① 測定器は、特性値の工程変動の少なくとも10分の1を読み取れる識別能を有する。すなわち測定器の目盛は、工程の変動および規格限界と比べて十分小さいこと。 ② 例えば、特性値の変動が0.01であれば、測定装置は0.001の変化を読むことができるものである。
測定システムの状態	① 測定システムの変動は、共通原因のみによるもので特別原因は存在しない、統計的管理状態にあること。
測定システム変動の大きさ	① 測定システムの変動は、製品規格の許容差および製造工程の変動にくらべて十分小さいこと。 ② 測定システムの変動は、工程変動（$PV=6\sigma$）またはMSA解析から得られる全変動（TV）に比べて十分小さいこと。
検査治工具の管理	① 検査治工具の設定状態が、測定結果に重大な影響を与える可能性があるため、検査治工具の管理を適切に行う。

図 15.8　測定システム解析の条件と主な準備事項

15.2.2　安定性の評価

(1)　安定性評価の手順

安定性(stability)は、図15.3(p.316)に示すように、一人の測定者が、同一製品の同一特性を、同じ測定器を使って、ある程度の時間間隔をおいて測定したときの測定値の平均値の差をいいます。

安定性の評価は、サンプルの測定データから$\overline{X}-R$管理図を作成して、管理図の異常判定ルールに従って管理図を評価し、管理外れの状態が見つからない場合は、製造工程も測定システムも安定していると考えることができます。

測定システムの安定性の評価において、$\overline{X}-R$管理図で管理外れの状態が発見された場合は、次の2つのいずれかの可能性があります。

① 製造工程が安定していない。
② 測定システムが安定していない。

もし管理外れの状態が発見された場合は、管理図の出来事欄の記録などから、製造工程が安定しているかどうかを調べます。製造工程が不安定であるという証拠が見当たらない場合は、測定システムが不安定である可能性が大きいといえます。

安定性評価の手順は図15.9のようになります。

(2)　安定性評価の実施例

製造工程から、測定範囲のほぼ中央の値を示す製品サンプルを1つ選び、これをこの製品の測定システム安定性評価のマスターサンプル(標準サンプル)とします。このマスターサンプルを毎日5回($r = 5$)、20日間($k = 20$)にわたって測定します。

測定データを安定性評価データシートに記載した例を図15.10に示します。この測定データから、各サブグループ(測定日)ごとに、測定値の平均$\overline{X}$および範囲Rを計算し、データシートに記入します。そして、各サブグループの$\overline{X}$とRの値を$\overline{X}-R$管理図に図示します。

次に、CLおよびUCLおよびLCLを、図14.11(p.294)で述べた$\overline{X}-R$管理図の公式を用いて計算し、これらの管理限界線を管理図に記入して、$\overline{X}-R$管

理図を完成させます。

図 15.10 の管理図を解析し、管理外れの状態があるかどうかを調査します。管理図からは、管理限界線を超える点などの、図 14.9（p.292）に示した管理図の異常判定ルールに示した管理外れの状態は見当たりません。したがって、この測定システムは安定していると考えることができます。

ステップ	実施項目	実施事項
準備 ステップ 1	マスターサンプルの選定	① 製造工程から、測定範囲のほぼ中央の値を示す製品サンプルを 1 つ選び、これを安定性評価のマスターサンプル（標準サンプル）とする。 ② マスターサンプルは、測定範囲の中央近く以外に、測定範囲の上限近くおよび下限近くのサンプルを含めることが望ましい。
	サンプリング計画の作成	① サンプリング計画（測定回数 r、測定期間 k など）を作成する。
測定 ステップ 2	測定の実施	① 対象の測定システムを用いて、マスターサンプルを 1 日 r 回、k 日間にわたって測定し、安定性評価データシートに記入する。
管理図作成 ステップ 3	$\overline{X}$-R 管理図の作成	① 測定データから、平均値 $\overline{X}$ および範囲 R を算出し、$\overline{X}$-R 管理図に時間順に記入する。 ② 測定データから CL、UCL および LCL を算出して、管理図に記入する。 ③ 管理図の作成方法に関しては、市販の参考書を参照。
評価 ステップ 4	管理外れ状態の有無の評価	① 管理図の異常判定ルール（図 14.9、p.292）に従って、管理外れ状態の有無を評価する。 ② 管理外れ状態でなければ、測定システムは安定していると判断できる。
改善 ステップ 5	変動の特別原因の調査と対策	① 管理外れの状態（異常点）が見つかった場合は、製造工程が不安定または測定システムが安定状態でないと考えられる。 ② その場合は、製造工程不安定または測定システム変動の特別原因を見つけて、改善処置をとる。

図 15.9　安定性評価の手順

第15章 MSA：測定システム解析

	1	2	3	4	5	6	7	8	9	10	11	12	13	14	15	16	17	18	19	20	平均
X_1	10.2	10.3	9.9	9.9	9.6	10.1	9.9	9.8	10.1	10.0	9.9	10.0	9.9	10.0	10.1	9.8	9.9	9.8	9.6	10.2	
X_2	10.0	9.9	10.0	10.1	10.1	10.0	10.0	9.9	9.9	10.0	10.0	9.9	9.5	10.1	10.3	10.0	10.0	9.9	10.0	10.0	
X_3	10.2	10.5	9.8	10.2	9.9	10.2	9.9	9.8	10.2	10.2	9.9	10.2	9.9	10.0	10.1	9.9	9.9	10.0	10.2	10.2	
X_4	10.0	9.8	10.0	10.0	10.0	9.8	10.1	10.0	10.0	9.8	9.8	10.0	10.2	10.1	9.8	9.8	10.1	9.9	10.1	10.0	
X_5	9.9	9.7	10.1	9.8	10.4	9.9	10.1	10.3	10.1	10.1	10.1	10.0	10.0	10.3	10.2	10.1	10.1	10.0	9.9	10.0	
$\overline{X}$	10.1	10.0	10.0	10.0	10.0	10.0	10.0	10.0	10.1	10.0	9.9	10.0	9.9	10.1	10.1	9.9	10.0	9.9	10.0	10.1	10.00
R	0.3	0.8	0.3	0.4	0.8	0.4	0.2	0.5	0.3	0.4	0.3	0.3	0.7	0.3	0.5	0.3	0.2	0.2	0.6	0.2	0.40

$\overline{X}$管理図: $CL = \overline{\overline{X}} = 10.00$, $UCL = \overline{\overline{X}} + A_2 \times \overline{R} = 10.23$, $LCL = \overline{\overline{X}} - A_2 \times \overline{R} = 9.77$

R管理図: $CL = \overline{R} = 0.40$, $UCL = D_4 \times \overline{R} = 0.84$

係数: $A_2 = 0.577$, $D_4 = 2.115$

$\overline{X}$管理図: $UCL = 10.23$, $CL = 10.00$, $LCL = 9.77$

R管理図: $UCL = 0.84$, $CL = 0.40$

図15.10　安定性評価データシートと$\overline{X}$-R管理図の例

15.2.3 偏りの評価

(1) 偏り評価の手順

偏り(bias)は、図 15.3(p.316)に示したように、測定値の平均値と基準値との差をいいます。偏りの評価は、前項の安定性の評価と同様、$\bar{X} - R$ 管理図のデータにもとづいて、計算で求めることができます。偏りの評価の手順を図 15.11、図 15.12 に示します。なお、計算する際に使用する定数表を図 15.32(p.345)に示します。

ステップ	実施項目	実施事項
準備 ステップ1	基準値の設定	① 測定範囲のほぼ中央の値を示すマスターサンプル1つを選び、精密測定室で r 回($r \geqq 10$)測定し、その平均値を基準値 X_o とする。 $X_o = \Sigma X / r_o$
測定 ステップ2	サンプリング計画、測定の実施	① 対象の測定システムを用いて、マスターサンプルを1日 r 回、k 日間にわたって測定する。
	測定値の総平均値 $\bar{\bar{X}}$、および範囲の平均値 $\bar{R}$ の算出	① 測定値の平均値 $\bar{X}$、総平均値 $\bar{\bar{X}}$、および範囲の平均値 $\bar{R}$ を算出する。 $\bar{\bar{X}} = \Sigma \bar{X} / k, \quad \bar{R} = \Sigma R / k$ ② $\bar{\bar{X}}$ および $\bar{R}$ は、偏り評価データシートから求めることができる。(k はサンプル測定日数)
管理図作成 ステップ3	$\bar{X} - R$ 管理図の作成・解析	① 測定データから、管理図作成手順にしたがって、$\bar{X} - R$ 管理図を作成する。 ② 管理図で測定データが安定していることを確認する。
解析 ステップ4	偏り B_o の算出	① 偏り B_o を次の式から算出する。 $B_o = \bar{\bar{X}} - X_o$
ステップ5	繰返し性の標準偏差 σ_r、偏りの標準偏差 σ_b、および偏りの統計量 t の算出	① 繰返し性の標準偏差 σ_r、および偏りの標準偏差 σ_b を次の式から算出する。 $\sigma_r = \bar{R} / d_2^*, \quad \sigma_b = \sigma_r / \sqrt{k}$ (d_2^* の値は図 15.32 参照) ② 偏りの統計量 t を、次の式から算出する。 $t = B_o / \sigma_b$

図 15.11 偏り評価の手順(1/2)

ステップ	実施項目	実施事項
ステップ6	偏りの95%信頼区間 B_a の算出	① 有意水準5%($a=0.05$)における偏り B の95%信頼区間 B_a を、次の式から算出する。 $B_a = B_o \pm \sigma_b \times t_{v,\,1-a/2}$
評価 ステップ7	偏りの評価・判定	① 偏り $B=0$ が、上記 B_a の95%信頼区間内にあれば、有意水準5%における偏りは許容できる(図15.13参照)。
改善 ステップ8	偏りの原因調査と改善	① 偏り評価の結果が許容できない場合は、その原因を究明して、改善処置をとる。

(注1) 自由度 v(ニュー)、係数 d_2、d_2^*、および $t_{v,\,1-a/2}$ の値は、MSA参照マニュアルの d_2^* 表、日科技連数値表の範囲を用いる検定の補助表、または数値表の t 表から求めることができる。

(注2) B_a を求める式は、$B_a = B_o \pm d_2 / d_2^* \times \sigma_b \times t_{v,\,1-a/2}$ であるが、サブグループ数 k の値が大きい(例えば $k \geq 20$)ときは d_2^* はほぼ d_2 に等しいため、本書では $d_2^* \fallingdotseq d_2$ として上表の式を用いる。

図15.12 偏り評価の手順(2/2)

(a) 偏り $B=0$ が95%信頼区間 B_a 内にある場合は、偏りは許容できる。

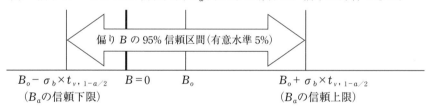

(b) 偏り $B=0$ が95%信頼区間 B_a の外にある場合は、偏りは許容できない。

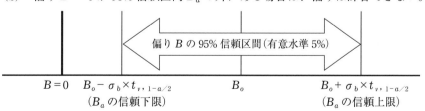

図15.13 偏り評価の判定基準

(2) 偏り評価の実施例

製造工程から、測定範囲のほぼ中央の値を示す製品サンプルを1つ選び、これを偏り評価のマスターサンプル(標準サンプル)とします。このマスターサンプルを精密測定室で熟練検査員によって10回測定し、その平均値を偏り評価の基準値(X_0)とします。本書では得られた基準値は $X_0 = 9.99$ と仮定します。

次に、偏り評価の対象となる測定システムを用いて、上記のマスターサンプルの測定を、毎日5回($r = 5$)、20日間($k = 20$)行い、偏り評価のデータシートを作成します。本書では、図15.10(p.323)に示した安定性評価で用いたデータシートのデータを、偏り評価のデータシートとして利用することにします。

図15.11(p.324)に示した偏り評価の計算式を用いて、測定値の総平均値 $\overline{\overline{X}}$、範囲の平均値 $\overline{R}$、偏り B_0、繰返し性の標準偏差 σ_r、偏りの標準偏差 σ_b および偏りの管理統計量 t の順に計算し、有意水準5%における偏りの95%信頼区間 B_a を算出すると、図15.14のようになります。またこれを図示すると図15.16(p.329)のようになります。

図15.16から、偏りの95%信頼区間 B_a は、$-0.066 \sim +0.086$ の範囲であり、偏り $B = 0$ がこの95%信頼区間内にあることがわかります。したがって、この測定システムの95%信頼区間における偏りは、測定システムとして許容できると判断できます。

もし測定システムの偏り $B = 0$ が、95%信頼区間内に入らない場合は、その測定システムの偏りは許容できないと判断され、その原因を見つけて改善処置をとることが必要です。

偏りが95%信頼区間に入らない原因としては、次のようなことが考えられます。

① マスターサンプルの基準値の誤差が大きすぎる。
② 測定器が摩耗している。
③ 測定器が校正不良である。
④ 測定器の使用方法が不適切である。

なお、t 表の使用方法および自由度 ν(ニュー)の求め方などについては、統計の専門書を参照ください。

第 15 章　MSA：測定システム解析

項　目	計算式	計算結果
基準値 X_o	$X_o = \Sigma X / r_o$	$X_o = 9.99$ とする。
測定値の総平均値 $\overline{\overline{X}}$	$\overline{\overline{X}} = \Sigma \overline{X} / k$	図 15.10 のデータを利用して、 $\overline{\overline{X}} = 200.1 / 20 = 10.00$
範囲の平均値 $\overline{R}$	$\overline{R} = \Sigma R / k$	図 15.10 のデータを利用して、 $\overline{R} = 8.0 / 20 = 0.40$
管理図の作成・解析	$\overline{X} - R$ 管理図の作成・解析	管理図が安定していることを確認する。
偏り B_o	$B_o = \overline{\overline{X}} - X_o$	$B_o = 10.00 - 9.99 = 0.01$
繰返し性の標準偏差 σ_r	$\sigma_r = \overline{R} / d_2^*$	図 15.32 から、 $r = 5$, $k = 20$ のとき、 $d_2^* = 2.334$ $\sigma_r = 0.40 / 2.334 = 0.171$
偏りの標準偏差 σ_b	$\sigma_b = \sigma_r / \sqrt{k}$	$\sigma_b = 0.171 / \sqrt{20} = 0.038$
偏りの統計量 t	$t = B_o / \sigma_b$	$t = 0.01 / 0.038 = 0.263$
有意水準 $a = 0.05$ (5%)における偏りの信頼区間 B_a	$B_a = B_o \pm \times \sigma_b \times t_{v, 1-a\,a/2}$	① MSA 参照マニュアルの d_2^* 表または日科技連数値表の"範囲を用いる検定の補助表"から、 $r = 5$, $k = 20$ のとき、 自由度 v（ニュー）$= 72.7$ ② 数値表の t 表から、 $t_{60, 0.05/2} = 2.00$, $t_{120, 0.05/2} = 1.98$ ③ したがって、$t_{72.7, 0.05/2} = 1.99$ $B_a = 0.01 \pm 0.038 \times 1.99$ $= -0.066 \sim +0.086$
偏りの評価結果	$B = 0$ が上記 95% 信頼区間 B_a 内にあれば、偏りは受け入れられる	$B = 0$ が上記 95% 信頼区間 B_a 内、すなわち $-0.066 \sim +0.086$ の間にあるため、偏りは許容できる（図 15.16 参照）。

図 15.14　偏り評価結果の例

15.2.4　直線性の評価

(1)　直線性評価の手順

　直線性(linearity)とは、図 15.3(p.316)に示したように、測定器の使用(測定)範囲全体にわたる、各基準値における偏りの変化をいいます。

　直線性評価の手順を図 15.15 に示します。

ステップ	実施項目	実施事項
準備 ステップ1	サンプルの選定	①　工程変動または規格値の最大値と最小値近くを含む、g 個($g \geq 5$)のサンプルを選ぶ。
ステップ2	基準値 X の設定 基準値の平均値 $\overline{X}$ の算出	①　選んだサンプルを、精密測定室において熟練検査員によって r 回($r \geq 10$)測定し、その平均値を基準値 X とする。 ②　基準値の平均値 $\overline{X}$ を算出する。 $$\overline{X} = \Sigma X / g$$
測定 ステップ3	測定の実施	①　直線性評価対象の測定器を使用している測定者が、その測定器を使って、上記の各サンプルを r 回($r \geq 10$)測定する。
解析 ステップ4	測定値の偏り y、偏りの平均値 $\overline{y}$ の、および偏りの総平均値 $\overline{\overline{y}}$ の算出	①　各測定値の偏り y およびサンプルごとの偏りの平均値 $\overline{y}$、および偏りの総平均値 $\overline{\overline{y}}$ を、次の式から算出する。 $$y = x - X, \quad \overline{y} = \Sigma y / r, \quad \overline{\overline{y}} = \Sigma \overline{y} / g$$
ステップ5	偏りの最適直線の算出	①　次の計算式を用いて、偏りの最適直線の傾き a、および偏りの最適直線の切片 b を求める。 $$a = (\Sigma xy - \Sigma x \Sigma y / gr) / (\Sigma x^2 - (\Sigma X)^2 / gr)$$ $$b = \overline{\overline{y}} - a \times \overline{X}$$ ・傾き a は、Excel 関数 SLOPE から求めることができる。 ②　次の計算式を用いて、偏りの最適直線(回帰直線)を計算する。 $$Y = aX + b$$ ・ここで、Y:偏りの平均値、X:基準値

図 15.15　直線性評価の手順(1/2)

ステップ	実施項目	実施事項
ステップ6	偏りの95%信頼区間の算出	① 与えられた X に対する95%信頼区間を、次の式から算出する。 ・信頼区間 $Y_a = aX + b \pm t_{gr-2, 0.05/2}$ $\times \sqrt{1/gr + (X - \overline{X})^2 / \Sigma (X_i - \overline{X})^2} \times s$ ・ここで、 $s = \sqrt{(\sum \overline{y}^2 - b \sum \overline{y} - a \sum \overline{xy})/(gr - 2)}$
ステップ7	偏りの最適直線とその95%信頼区間のグラフの作成	① ステップ5およびステップ6の結果から、偏りの最適直線とその95%信頼区間をグラフに示す(図15.17参照)。
評価 ステップ8	直線性変動の受入れ可否の検討	① 図15.17の直線性評価-偏りの最適直線とその95%信頼区間のグラフから、偏り $Y = 0$ の直線が最適直線の95%信頼区間の間に入っていれば、直線性変動は許容できると判断できる。
改善 ステップ9	直線性変動の原因究明と改善	① ステップ8で、直線性が許容範囲内にない場合は、変動の特別原因を究明して改善する。

図 15.15　直線性評価の手順(2/2)

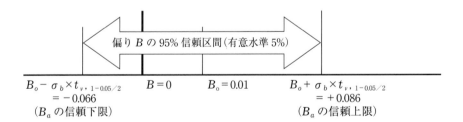

$B_o - \sigma_b \times t_{v, 1-0.05/2}$　　　$B = 0$　　　$B_o = 0.01$　　　$B_o + \sigma_b \times t_{v, 1-0.05/2}$
$= -0.066$　　　　　　　　　　　　　　　　　　　　　　　$= +0.086$
(B_a の信頼下限)　　　　　　　　　　　　　　　　　　　(B_a の信頼上限)

図から、$B = 0$ が95%信頼区間 B_a (-0.066 ～ $+0.086$) の範囲内にあるので、偏りは許容できる。

図 15.16　偏り評価結果の例

（2） 直線性評価の実施例

　直線性の評価を実施する際は、測定システムの使用範囲全体にわたるように、基準値が1から5までの5個の製品サンプルを選び、精密測定室で測定して基準値を決めます。なお図15.18では、これらの基準値は、1.00、2.00、…、5.00となっていますが、基準値は必ずしもこのように切りのよい値である必要はありません。直線性の測定システム評価対象の測定器を使用している作業者が、これらの製品サンプルを10回ずつ測定して、測定値の基準値からの偏りを求めます（図15.18参照）。

　次に、図15.15に示した直線性評価の手順に従って計算し、偏りの最適直線とその95％信頼区間を算出すると、図15.18に示すようになります。そして、偏りの最適直線とその95％信頼区間をグラフに表します（図15.17参照）。

　図15.17のグラフから、"偏り $Y = 0$" の直線は95％信頼区間内に含まれています。したがって、この測定システムの直線性の変動は少なく、使用に適すると判断できます。

　もし、"偏り $Y = 0$" の直線が95％信頼区間内に含まれず、信頼限界線と交差している場合、すなわち、$Y = 0$ の直線が偏りの信頼限界線より外にある場合は、その測定システムは直線性変動が大きく、使用に適しません。測定システムには直線性の問題があり、その原因を見つけて改善することが必要です。

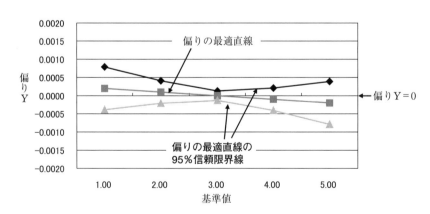

図 15.17　直線性の評価―偏りの最適直線と 95％ 信頼区間

第 15 章　MSA：測定システム解析

直線性評価報告書

製品名	XXXX					製品サンプル数	$g=5$			
特性	XXXX					測定回数	$r=10$			
測定器名	XXXX					測定日	20xx-xx-xx			
測定器 No.	XXXX					測定者	XXXX			

サンプル No.	1	2	3	4	5	サンプル No.	1	2	3	4	5
基準値 $X →$	1.00	2.00	3.00	4.00	5.00	基準値 $X →$	1.00	2.00	3.00	4.00	5.00
測定回数 $r ↓$	測定値 x ↓					測定回数 $r ↓$	偏り $y = x - X$ ↓				
1	1.00	2.01	3.00	3.99	4.98	1	0.00	0.01	0.00	−0.01	−0.02
2	1.00	2.00	3.00	4.01	5.00	2	0.00	0.00	0.00	0.01	0.00
3	1.00	1.99	3.01	4.01	5.01	3	0.00	−0.01	0.01	0.01	0.01
4	1.00	2.00	3.00	3.98	5.00	4	0.00	0.00	0.00	−0.02	0.00
5	0.99	2.01	2.99	4.01	4.99	5	−0.01	0.01	−0.01	0.01	−0.01
6	1.00	2.00	3.00	4.01	5.00	6	0.00	0.00	0.00	0.01	0.00
7	1.00	1.99	3.01	4.01	5.01	7	0.00	−0.01	0.01	0.01	0.01
8	1.00	2.00	3.00	3.99	5.00	8	0.00	0.00	0.00	−0.01	0.00
9	1.00	2.01	2.99	4.00	4.99	9	0.00	0.01	−0.01	0.00	−0.01
10	1.00	2.00	3.00	4.01	5.00	10	0.00	0.00	0.00	0.01	0.00
						平均値 $\overline{y}$	−0.001	0.001	0.000	0.002	−0.002

基準値の平均値 $\overline{X} = \Sigma X / g$		$= (1.00 + 2.00 + 3.00 + 4.00 + 5.00) / 5 = 3.00$
偏りの総平均値 $\overline{\overline{y}} = \Sigma \overline{y} / g$		$= (-0.001 + 0.001 + 0.000 + 0.002 - 0.002) / 5$ $= 0.000$
偏りの最適直線	傾き $a = (\Sigma xy - \Sigma x \Sigma y / gr) / (\Sigma x^2 - (\Sigma X)^2 / gr)$	$= -0.00010$ (傾き a は Excel 関数 SLOPE から求めることができる)
	切片 $b = \overline{\overline{y}} - a \times \overline{X}$	$= 0.000 + 0.0001 \times 3.00 = 0.0003$
	最適直線　$Y = aX + b$	$= -0.0001X + 0.0003$
標準偏差	$s = \sqrt{(\Sigma \overline{y}^2 - b \Sigma \overline{y} - a \Sigma \overline{xy})(gr-2)}$	$= \sqrt{(0.00001 + 0.0003 \times 0.00 - 0.0001 \times 0.001)/(50-2)}$ $= 0.00045$
偏りの最適直線の 95% 信頼区間	$Y_a = aX + b \pm t_{gr-2,\,0.05}$ $\times \sqrt{(1/gr + (X_i - \overline{X})^2 / \Sigma (X_i - \overline{X})}$ $\times s$	数値表の t 表から $t_{gm-2,0.05} = t_{48,\,0.05} = 2.01$ $Y_a = -0.0001X + 0.0003 \pm 2.01$ $\times \sqrt{(1/50 + (X_i - \overline{X})^2 / \Sigma (X_i - \overline{X})^2}$ $\times 0.00045$

	基準値 X	1.00	2.00	3.00	4.00	5.00
	Y	0.00020	0.00010	0.00000	−0.00010	−0.00020
	Y_a 上限	0.00079	0.00041	0.00013	0.00021	0.00039
	Y_a 下限	−0.00039	−0.00021	−0.00013	−0.00041	−0.00079

図 15.18　直線性評価の例

15.2.5　繰返し性・再現性の評価（ゲージ R&R）

（1）　*GRR* 評価の手順

　繰返し性（repeatability）とは、図 15.3（p.316）に示すように、一人の測定者が、同一製品の同一特性を、同じ測定機器を使って、数回にわたって測定したときの測定値の変動（幅）のことです。そして再現性（reproducibility）とは、異なる測定者が、同一製品の同一特性を、同じ測定機器を使って、何回か測定したときの、各測定者ごとの平均値の変動のことです。

　測定システムの変動のうち、幅の変動の原因となる繰返し性変動は、測定装置による変動に起因する点が大きいことから、装置変動（*EV*、equipment variation）とも呼ばれ、また再現性変動は、測定者による変動に起因する点が大きいことから、測定者変動（*AV*、appraiser variation）とも呼ばれます。

　これらを組み合わせた、繰返し性・再現性（*GRR*、gage repeatability and reproducibility）という評価方法があります。*GRR* は、次の式で表されます（図 15.19 参照）。

$$GRR^2 = EV^2 + AV^2$$

あるいは、 $\sigma_{GRR}^2 = \sigma_{EV}^2 + \sigma_{AV}^2$

GRR の評価方法には、次の 3 つがあります。

① 　平均値 – 範囲（$\overline{X} - R$）法

② 　範囲法

③ 　分散分析（ANOVA、analysis of variance）法

本書では、最も一般的に使われている平均値 – 範囲（$\overline{X} - R$）法について説明します。

　製品特性の測定結果の変動（*TV*、total variation）は、製品特性の実際の変動（*PV*、part variation）と、*GRR* を加えた結果となり、次の式で表されます（図 15.20 参照）。

$$TV^2 = PV^2 + GRR^2$$

　GRR 評価の判定基準としては、*GRR* を *TV* で割った、%*GRR* が使用されます。

$$\%GRR = 100 \times GRR / TV = 100 \times GRR / \sqrt{PV^2 + GRR^2}$$

IATF 16949 では、図 15.21 に示すように、%GRR は 10% 未満すなわち GRR が、測定データの変動の 10 分の 1 未満であることを求めています。

なお MSA 参照マニュアルでは、例えば、製造現場と精密測定室では、測定環境の条件が異なるため、測定システムの合否判定は、単に図 15.21 の基準に従って行うのではなく、総合的に判断することを述べています。

また、測定システム変動のもう一つの評価指標として、ゲージ R&R の識別能(分解能)を示す知覚区分数(ndc、number of distinct categories)という指標があります(図 15.22 参照)。これは、PV の幅を GRR の幅でいくつに分割できるかという値です。すなわち、PV を GRR で割った、次の式から求められます。

$$ndc = 1.41 \times PV / GRR$$

ここで係数 1.41 は、97% 信頼区間を考慮した係数で、ndc は小数点以下を切り捨てて整数とし、5 以上であることが求められています。

測定機器の識別能(分解能)は、一般的には少なくとも測定範囲の 10 分の 1 とすべきですが、測定機器の目盛の幅が粗い場合は、1 目盛の半分まで読み取れることから、ndc は 5 以上あればよいと考えられます(図 15.22 参照)。

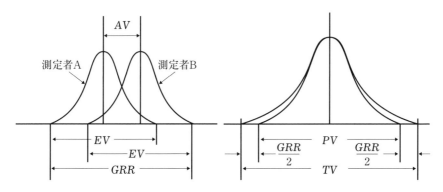

図 15.19 繰返し性(EV)、再現性(AV) および GRR

図 15.20 製品変動(PV)、全変動(TV) および GRR

変動の程度%GRR	%GRR < 10%	10% ≦ %GRR ≦ 30%	30% < %GRR
評価基準	**合　格** ・測定システムは許容できる。	**条件付合格** ・測定の重要性、改善のためのコストなどを検討の結果、許容されることがある。	**不合格** ・測定システムは許容できない。 ・問題点を明確にし、是正努力を要する。

図15.21　繰返し性・再現性(%GRR)の判定基準

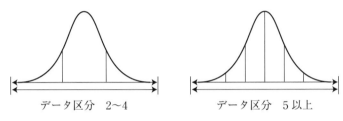

図15.22　知覚区分数 ndc

計測システムの区別	工程内で使用している計測システム (工程のばらつきにもとづいた計測システム)	検査工程で使用している計測システム (公差(規格幅)にもとづいた計測システム)
全変動または公差の使用	TVを使用	TVの代わりに、規格幅W／6を使用してもよい。
%GRRの式	%GRR = 100 × GRR／TV	%GRR = 100 × GRR／(W／6)

図15.23　測定システム受入可否判断の方法

$\bar{X}$-R法によるGRR評価の手順は、図15.24のようになります。GRRデータシートおよびGRR報告書の例と、測定データからGRRの値を求める計算式を、図15.25および図15.26に示します。

ステップ	実施項目	実施事項
準備・測定 ステップ1	サンプル測定の実施	（ステップ1～5は図15.25のGRRデータシートを参照） ① サンプリング計画を作成し、製品、特性、測定器、測定者数m、サンプル数n、測定回数rを決める。 ② 測定範囲を代表するn個（$n>5$）のサンプルを選び、測定者Aにこれらのn個のサンプルをランダムな順でr回測定させる。 ③ 測定者Bと測定者Cにも、同じn個のサンプルをランダムな順でr回測定させる。
	GRRデータシートの作成	① 測定データをGRRデータシートに記入する（図15.25参照）。
管理図評価 ステップ2	平均値（$\overline{X}$）管理図および範囲（R）管理図の作成と評価	① 各測定者、各サンプルについて、測定回数r回の測定値の平均値$\overline{X}_a$、$\overline{X}_b$および$\overline{X}_c$を算出し、$\overline{X}$管理図に記入する。 ② $\overline{X}$管理図から、測定システムが十分な識別能をもっていること、および測定者間の測定値の差の有無を調べる。 ③ $\overline{X}$管理図のUCL、LCL内の領域は、測定感度を表す。調査で用いるサンプルは、工程変動を代表するため、$\overline{X}$管理図において半分以上の点が管理限界線の外にあれば、測定システムが十分な識別能をもっており、使用可能と考えられる。 ④ 各測定者によるr回の測定値の範囲Rを算出してR管理図に記入し、各測定者について、範囲Rが管理状態にあるかどうかを調べる。 ⑤ 変動の特別原因が存在せず管理状態にあれば、測定システムが安定していると判断できる。 ⑥ 管理状態にない場合は、変動の特別原因を特定し、改善処置をとる。

図 15.24　GRR評価の手順（1/4）

ステップ	実施項目	実施事項
数値計算 ステップ3	範囲平均値($\overline{R}$)および管理限界の算出	① 各測定者の測定値の範囲の平均値 $\overline{R}_a$, $\overline{R}_b$ および $\overline{R}_c$ を算出し、これらの範囲の平均値の平均値 $\overline{\overline{R}}$、および UCL を、次の式から算出する。 $\overline{\overline{R}} = (\overline{R}_a + \overline{R}_b + \overline{R}_c) / m$、 $UCL = \overline{\overline{R}} \times D_4$ (測定回数 $r = 3$ のときは、$D_4 = 2.575$) ② 測定回数 $r < 7$ の場合は、範囲の LCL の値はゼロとする(図 14.25, p.311 参照)。
ステップ4	範囲平均値($\overline{R}$)管理図の管理外れに対する処置	① 範囲平均値管理図において、管理外れすなわち UCL より大きい値となった測定値に対して、それらの値を除外して平均値を計算し直し、修正したサンプルサイズにもとづいて、範囲の総平均 $\overline{\overline{R}}$ と UCL を再計算する。 ② 管理外れの特別原因を明確にして改善する。
ステップ5	測定者間範囲($\overline{X}_d$)および製品平均値範囲(R_p)の算出	① 測定者平均値 X_m の最大値と最小値の差 $\overline{X}_d$ を算出する。 ② 製品平均値 X_n の最大値と最小値の差の製品平均値範囲 R_p を算出する。
数値解析 ステップ6	繰返し性(EV)の算出	(ステップ6〜11は図 15.26 GRR 報告書参照) ① EV は、範囲の総平均値 $\overline{\overline{R}}$ および定数 K_1 から、次の式で求められる。 $$EV = \overline{\overline{R}} \times K_1$$ ・K_1 は測定回数によって決まる定数で、d_2 の逆数となる(図 15.32, p.345 参照)。
	再現性(AV)の算出	① AV は、ステップ5で求めた測定者間範囲 $\overline{X}_d$ と定数 K_2 から、次の式で求められる。 $$AV = \sqrt{(\overline{X}_d \times K_2)^2 - EV^2 / nr}$$ ・n はサンプル数、r は測定回数 ・K_2 は測定者数で決まる定数で、d_2^* の逆数となる(図 15.32, p.345 参照)。 ・平方根の中が負になる場合は、$AV = 0$ とする。

図 15.24 GRR 評価の手順(2/4)

ステップ	実施項目	実施事項
ステップ7	繰返し性・再現性(GRR)、製品変動(PV)および全変動(TV)の算出	① GRR は、EV と AV から次の式で算出される。 $$GRR = \sqrt{EV^2 + AV^2}$$ ② PV は、ステップ5で求めた製品平均値範囲 R_p と定数 K_3 から、次の式で算出される。 $$PV = R_p \times K_3$$ ・K_3 は、サンプル数によって決まる定数で、d_2^* の逆数となる(図15.32、p.345 参照)。 ・d_2^* はサンプル数 n およびサブグループ数 k によって決まる定数で、ここでは、$k=1$ となる。 ③ TV は、GRR と PV から、次の式で算出される。 $$TV = \sqrt{GRR^2 + PV^2}$$
ステップ8	%GRR の算出	① 各変動要素の TV に対する割合、すなわち%全変動を、次の式で算出する。 %EV = 100 EV / TV %AV = 100 AV / TV %PV = 100 PV / TV %GRR = 100 GRR / TV ② 工程変動ではなく規格幅にもとづいて解析を行う場合の %GRR は、上の式の分母の TV の代わりに規格幅 W を6で割った値($W/6$)を用いて計算することができる。 ③ 例えば、工程性能指数が小さい($P_p < 1.0$)工程に対する、製品選別用の測定システムには、次の式を用いる。 %GRR = 100 GRR / $(W/6)$ ④ すなわち、工程管理用の計測システム解析には %GRR の式の分母に TV を用い、検査用の計測システム解析には %GRR の式の分母に $W/6$ を用いる(図15.23 参照)。

図 15.24　*GRR* 評価の手順(3/4)

(2) GRR評価の実施例

GRR評価の実施例について説明しましょう。

サンプル数 $n = 10$、測定者数 $m = 3$、測定回数 $r = 3$ とします。測定範囲を代表する10個のサンプル、測定者3人(A、B、C)を選び、それぞれ3回ずつランダムな順番に測定させます。

測定者ごと、サンプルごとおよび測定回数ごとの測定データの例を、図15.25のGRRデータシートに示します。GRRデータシートには、計算を簡単にするために、測定データから製品規格値の200を引いた値が記載されています。

測定データから、製品ごとの平均値(製品平均値)X_n、測定者ごとの平均値 $\overline{X_a}$、$\overline{X_b}$ および $\overline{X_c}$、および測定者ごとの範囲 $\overline{R_a}$、$\overline{R_b}$ および $\overline{R_c}$ を算出し、平均値($\overline{\overline{X}}$)管理図および範囲(R)管理図を作成して評価し、必要な処置をとります。

ステップ	実施項目	実施事項
ステップ9	知覚区分数(ndc)の算出	① 測定システムで確実に区別することのできる ndc を、次の式で算出する(図15.24参照)。 $ndc = 1.41(PV / GRR)$ ndc は切り捨てて整数とする。
評価 ステップ10	測定システムの受入れ可否の判断	① 測定システムに対する受入れ可否を次の判定基準により判定する。 　　　%GRR < 10%：合格 　　10% ≦ %GRR ≦ 30%：条件付合格 　　　30% < %GRR：不合格 ② ndc で判定する場合の合否判定基準は、次のようになる。 　　　$ndc \geq 5$
改善 ステップ11	改善処置の実施	① ステップ10の結果が不合格となった場合は、原因を見つけて改善処置をとる。 ② 改善処置後の %GRR および ndc を再算出する。

図15.24　GRR評価の手順(4/4)

測定値の総平均値 $\overline{X}$、測定値の範囲の総平均値 $\overline{R}$、製品平均値の範囲 R_p および測定者間の範囲 $\overline{X}_d$ を、図 15.25 に示した式を用いて計算し、GRR データシートに記載します。

次に、図 15.26 の GRR 報告書に示した計算式を用いて、次の順に計算を行い、GRR 報告書に記載します。

① 繰返し性（装置変動、EV）、ここで K_1 は測定回数によって決まる定数
② 再現性（測定者変動、AV）、ここで K_2 は測定者数で決まる定数
③ 繰返し性・再現性（GRR）
④ 製品変動（PV）、ここで K_3 はサンプル数によって決まる定数
⑤ 全変動（TV）
⑥ 繰返し性・再現性の全変動比（% GRR）
⑦ 知覚区分数（ndc）

図 15.26 から、%GRR の値は 4.95% となり、この値は 10% 未満であることから、図 15.21 (p.334) の GRR 判定基準に対して合格となります。また知覚区分数（ndc）の値も 28 で、合格基準の 5 以上を満たしています。この測定システムは、変動の大きさ、識別能ともに合格と判断できます。

もし、%GRR の値が合格基準を満たさない場合は、測定システムの変動（誤差）が大きく、使用に適さないため、変動の原因を究明して改善処置をとります。繰返し性（装置変動）（EV）の値にくらべて再現性（測定者変動）（AV）の値が大きい場合は、測定者によるばらつきが大きい可能性があります。

(3) GRR 算出結果に対する考察

ところで、IATF 16949 (ISO/TS 16949) 認証を取得している組織の方から、"毎年製造工程の改善に努めてきたが、5 年前に ISO/TS 16949 認証を取得した際には、特殊特性 X の %GRR は 10% であったが、その後徐々に大きくなり、最近は 20% になってしまった" という内容の話を聞くことがあります。

その原因の一つに、製造工程改善の結果として工程能力が高くなり、PV が小さくなったために、%GRR が大きくなった可能性があります。%GRR は次の式で表されるため、工程変動が小さくなると PV が小さくなり、%GRR は大きくなるのです。

$\%GRR = 100\, GRR\,/\,TV$、ここで $TV = \sqrt{GRR^2 + PV^2}$

GRR を小さくするためには、EV または AV を小さくする必要があり、簡単ではない場合もあります。%GRR の評価には注意が必要です。

GRR データシート

特性 XXXX			規格 200.00 ± 5.00 mm			データ 測定値から規格値の 200 を引いた値					
サンプル数 $n = 10$			測定者数 $m = 3$				測定回数 $r = 3$				

測定者	測定回数	サンプル										測定者平均値 X_m
		1	2	3	4	5	6	7	8	9	10	
A	1	2.00	2.00	5.00	−2.00	−5.00	1.00	−4.00	5.00	0.00	−1.00	
	2	2.10	2.10	5.10	−1.90	−4.90	1.10	−3.90	5.10	0.10	−0.90	
	3	1.90	1.90	4.90	−2.10	−5.10	0.90	−4.10	4.90	−0.10	−1.10	
	平均	2.00	2.00	5.00	−2.00	−5.00	1.00	−4.00	5.00	0.00	−1.00	0.300 $\overline{X}_a$
	範囲	0.20	0.20	0.20	0.20	0.20	0.20	0.20	0.20	0.20	0.20	0.200 $\overline{R}_a$
B	1	2.10	2.10	5.10	−1.90	−4.90	1.10	−3.90	5.10	0.10	−0.90	
	2	2.20	2.20	5.20	−1.80	−4.80	1.20	−3.80	5.20	0.20	−0.80	
	3	2.00	2.00	5.00	−2.00	−5.00	1.00	−4.00	5.00	0.00	−1.00	
	平均	2.10	2.10	5.10	−1.90	−4.90	1.10	−3.90	5.10	0.10	−0.90	0.400 $\overline{X}_b$
	範囲	0.20	0.20	0.20	0.20	0.20	0.20	0.20	0.20	0.20	0.20	0.200 $\overline{R}_b$
C	1	1.90	1.90	4.90	−2.10	−5.10	0.90	−4.10	4.90	−0.10	−1.10	
	2	2.00	2.00	5.00	−2.00	−5.00	1.00	−4.00	5.00	0.00	−1.00	
	3	1.80	1.80	4.80	−2.20	−5.20	0.80	−4.20	4.80	−0.20	−1.20	
	平均	1.90	1.90	4.90	−2.10	−5.10	0.90	−4.10	4.90	−0.10	−1.10	0.200 $\overline{X}_c$
	範囲	0.20	0.20	0.20	0.20	0.20	0.20	0.20	0.20	0.20	0.20	0.200 $\overline{R}_c$
製品平均値 X_n		2.00	2.00	5.00	−2.00	−5.00	1.00	−4.00	5.00	0.00	−1.00	0.300 $\overline{X}$

総平均値	$\overline{X} = (\overline{X}_a + \overline{X}_b + \overline{X}_c) / m = (0.300 + 0.400 + 0.200) / 3 =$	0.300
製品平均値範囲	$R_p = X_{n\,max} - X_{n\,min} = 5.00 + 5.00 =$	10.00
範囲の総平均値	$\overline{R} = (\overline{R}_a + \overline{R}_b + \overline{R}_c) / m = (0.200 + 0.200 + 0.200) / 3 =$	0.200
測定者間範囲	$\overline{X}_d = X_{m\,max} - X_{m\,min} = 0.400 - 0.200 =$	0.200

図 15.25　GRR データシートの例

GRR 報告書		
製品名称・番号　XXXX	測定器名　XXXX	日付　20xx-xx-xx
特性　XXXX	測定器番号　XXXX	作成者　XXXX
規格　200.00 ± 5.00 mm	測定器タイプ　XXXX	
サンプル数　$n = 10$	測定者数　$m = 3$	測定回数　$r = 3$
GRR データシートから (図 15.25 参照)	範囲の総平均値	$\overline{\overline{R}} = 0.200$
	測定者間範囲	$\overline{X_d} = 0.200$
	製品平均値範囲	$R_p = 10.00$
項　目	計算式	計算結果
繰返し性(装置変動)(EV)	$EV = \overline{\overline{R}} \times K_1$	$EV = 0.200 \times 0.591 = 0.118$
再現性(測定者変動)(AV)	$AV = \sqrt{(\overline{X_d} \times K_2)^2 - EV^2/nr}$	$AV = \sqrt{(0.200 \times 0.523)^2 - (0.118)^2/30}$ $= 0.102$
繰返し性・再現性 (GRR)	$GRR = \sqrt{EV^2 + AV^2}$	$GRR = \sqrt{(0.118)^2 + (0.102)^2}$ $= 0.156$
製品変動(PV)	$PV = R_p \times K_3$	$PV = 10.00 \times 0.315 = 3.15$
全変動(TV)	$TV = \sqrt{GRR^2 + PV^2}$	$TV = \sqrt{(0.156)^2 + (3.15)^2} = 3.15$
繰返し性・再現性の全変動比 (% GRR)	$\% GRR = 100 \times GRR/TV$	$\% GRR = 100 \times 0.156 / 3.15 = 4.95\%$ (10.0% 未満であるため許容できる)
知覚区分数(ndc)	$ndc = 1.41 \times PV/GRR$	$ndc = 1.41 \times 3.15 / 0.156 = 28.5 \to 28$ 　　　　(小数点以下切捨て) (5 以上であるため合格)

［備考］　MSA 解析で用いる各定数については、図 15.32(p.345)を参照。

図 15.26　GRR 報告書の例

15.3　計数値の測定システム解析（クロスタブ法）

製造工程の能力が十分でなく、規格外れの製品すなわち不良品が発生する場合について考えてみましょう。その場合製造工程では、規格外れの製品を取り除くための選別検査が必要となります。

選別検査、すなわち規格内にある製品は合格とし、規格外の製品は不合格とするための計数値ゲージ（通止ゲージ、Go/NoGo ゲージ）が使われることがあります。計数値ゲージは、計量値測定器とは異なり、製品がどの程度よいか、またはどの程度悪いかを示すことはできず、単に製品を合格とするか不合格とするかを判断（すなわち2区分に分類）するものです（図15.27 参照）。

目視検査も、Go/NoGo ゲージと同様計数値測定システムに相当しますが、この場合は、例えば非常によい、よい、普通、悪い、非常に悪い、というように数区分に分類されることがあります。

このような計数値測定システム解析データシート（クロスタブ表）の様式の例を図15.28 に、クロスタブ表（分割表、cross-tab）の例を図15.29 に、そしてクロスタブ法による計数値測定システムの許容判定基準の例を図15.31 に示します。クロスタブ法による評価方法は、通止ゲージ（Go/NoGo ゲージ）や外観検査などの、計数値測定システムの評価に使用することができます。外観検査員の資格認定に利用することができます。

本書では、技術者または熟練検査員による合否判定によって、あらかじめサンプルの基準値を決める計数値測定システムの評価方法について説明しました

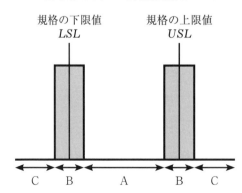

・領域A：常に良品と判定される。
・領域B：良品を不良品または不良品を良品と誤判定される可能性がある。
・領域C：常に不良品と判定される。

図15.27　計数値測定システムによる製品の合否判定

が、本書の15.2.5項で説明したゲージR&Rと同様、サンプルの基準値をあらかじめ決めない評価方法もあります。詳細については、MSA参照マニュアルを参照ください。

なお、図15.31に示した判定基準は絶対的なものではなく、IATF 16949では顧客指定の外観品目の測定システムの場合は、外観検査員の合否判定基準は顧客の了解を得ることが必要となる場合があります。

製品		特性		サンプル数 $n=$		測定回数 $r=$		測定者		測定日	
製品 No.	基準判定	測定者による判定			基準判定と測定者の判定の比較						
		1回目	2回目	3回目	a	b	c	d	e	f	
1											
2											
3											
4											
5											
6											
7											
8											
9											
10											
⋮											
50											
合計											

図15.28 クロスタブ表の様式

		基準判定	
		合格品個数	不合格品個数
基準判定	基準判定個数	a	b
測定者による判定	r回とも合格判定個数	c	
	r回とも不合格判定個数		d
	合格判定回数		e
	不合格判定回数	f	

図15.29 クロスタブ表(分割表)

15.4 MSA と IATF 16949 要求事項

　IATF 16949 規格では、MSA（測定システム解析）について図 15.30 に示すように述べています。第 12 章のはじめに、IATF 16949 のコアツールのうち、PPAP 以外は、要求事項ではなく参照事項であると述べました。しかし、IATF 16949 規格（箇条 7.1.5.1.1）では、図 15.30 に示すように述べています。したがって MSA は、常に AIAG の MSA 参照マニュアルが要求事項というわけではありませんが、顧客指定の参照マニュアルに従うことが必要です。

項　目	要求事項の内容
7.1.5.1.1　測定システム解析	・コントロールプランに特定されている各種の検査、測定、および試験設備システムの、結果に存在するばらつきを解析するために、統計的調査を実施する。 ・使用する解析方法と合否判定基準は、MSA 参照マニュアルに適合する。 ・顧客が承認した場合は、他の解析方法および合否判定基準を使用してもよい。
7.2.3　内部監査員の力量	・品質マネジメントシステム監査員、製造工程監査員、および製品監査員は、コアツール要求事項の理解の力量を実証する。
7.2.4　第二者監査員の力量	・第二者監査員は、適格性確認に対する…コアツール要求事項の理解の力量を実証する。

図 15.30　MSA と IATF 16949 要求事項

項　目	計算式	判定基準		
		合　格	条件付合格[注]	不合格
有効性	$(c+d)/(a+b)$	$\geq 90\%$	$\geq 80\%$	$<80\%$
ミス率	$e/(b\times r)$	$\leq 2\%$	$\leq 5\%$	$>5\%$
誤り警告率	$f/(a\times r)$	$\leq 5\%$	$\leq 10\%$	$>10\%$

注）　条件付合格：測定システムは受入れ可能であるが改善が必要

図 15.31　クロスタブ法による計数値測定システムの受入れ判定基準

第15章 MSA：測定システム解析

用　途	記号	内　容
安定性評価	A_2	$\overline{X}$ 管理図において、サンプル数によって決まる定数
	D_4	R 管理図において、サンプル数によって決まる定数
偏り評価	d_2	サンプル数によって決まる定数
	d_2^*	サンプル数およびサブグループ数によって決まる定数。
GRR 評価	K_1	測定回数によって決まる定数。d_2 の逆数（$K_1 = 1 / d_2$）
	K_2	測定者数によって決まる定数。 サブグループ数 $k = 1$ のときの d_2^* の逆数（$K_2 = 1 / d_2^*$）
	K_3	サンプル数によって決まる定数。 サブグループ数 $k = 1$ のときの d_2^* の逆数（$K_3 = 1 / d_2^*$）

定数＼数	2	3	4	5	6	7	8	9	10
A_2	1.880	1.023	0.729	0.577	0.483	0.419	0.373	0.337	0.308
D_4	3.267	2.575	2.282	2.115	2.004	1.924	1.864	1.816	1.777
d_2	1.128	1.693	2.059	2.326	2.534	2.704	2.847	2.970	3.078
d_2^*	1.144	1.704	2.068	2.334	2.541	2.711	2.853	2.976	3.083
K_1	0.886	0.591	0.486	0.430	0.395	0.370	0.351	0.337	0.325
K_2	0.707	0.523	0.447	0.403	0.374	0.353	0.338	0.325	0.315
K_3	0.707	0.523	0.447	0.403	0.374	0.353	0.338	0.325	0.315

［備考1］　MSA 参照マニュアルまたは日科技連数値表参照。
上表の d_2^* はサブグループ数 $k = 20$ のときの値。
［備考2］
　第14章（図 14.13、p.297）でも述べましたが、上記の定数表を見るとわかるように、サンプル数 n（測定回数、測定者数、サンプル数など）の値が大きくなると、測定データの信頼性が大きくなるため、定数 K_1 や定数 K_2 の値は小さくなります。ただし d_2 のように、除数（割り算）として使われる定数は、サンプル数 n の値が大きくなると定数の値も大きくなります。

図 15.32　MSA 解析で用いられる定数表

参考文献

[1] 日本規格協会編：『対訳 IATF 16949：2016　自動車産業品質マネジメントシステム規格－自動車産業の生産部品及び関連するサービス部品の組織に対する品質マネジメントシステム要求事項』、日本規格協会、2016 年

[2] 『自動車産業認証スキーム IATF 16949 － IATF 承認取得および維持のためのルール』、第 5 版、日本規格協会、2016 年

[3] ISO 9000：2015（JIS Q 9000：2015）『品質マネジメントシステム－基本および用語』、日本規格協会、2015 年

[4] ISO 9001：2015（JIS Q 9001：2015）『品質マネジメントシステム－要求事項』、日本規格協会、2015 年

[5] ISO 19011：2011（JIS Q 19011：2012）『マネジメントシステム監査のための指針』、日本規格協会、2012 年

[6] AIAG：Reference Manuals
  －『Advanced Product Quality Planning（APQP）and Control Plan』2nd edition, 2008
  －『Production Part Approval Process（PPAP）』4th edition, 2006
  －『Service Production Part Approval Process（Service PPAP）』1st edition, 2014
  －『Potential Failure Mode and Effects Analysis（FMEA）』4th edition, 2008
  －『Statistical Process Control（SPC）』2nd edition, 2005
  －『Measurement System Analysis（MSA）』4th edition, 2010

[7] 岩波好夫著：『図解 ISO/TS 16949 よくわかる自動車業界のプロセスアプローチと内部監査』、日科技連出版社、2010 年

[8] 岩波好夫著：『図解よくわかる IATF 16949 －自動車産業の要求事項からプロセスアプローチまで－』、日科技連出版社、2017 年

[9] 岩波好夫著：『図解 IATF 16949 よくわかるコアツール－ APQP・PPAP・FMEA・SPC・MSA －』、日科技連出版社、2017 年

[10] 『IATF 16949：2016 Sanctioned Interpretations（SI）』、IATF、2017 年 10 月、2018 年 4 月、6 月、11 月

索　引

[A−Z]

AIAG	210
APQP	211
CAPDo ロジック	65
COP	50
C_p、C_{pk}	299
CSR	21、76
FMEA	141、257
GRR	332
IATF	16、19、20
LCL	294
LSL	301
MSA	313
ndc	333
OJT	110
P_p、P_{pk}	299
PPAP	239
PSW	248
p 管理図	295
RPN	262、267
SPC	283
TPM	163
UCL	294
USL	301
$\overline{X}$-R 管理図	290

[あ行]

アクセサリー部品	18
アフターマーケット部品	19
安定性	316、321
異常判定ルール	290
インフラストラクチャ	100
疑わしい製品	183
エンパワーメント	114
オクトパス図	50

[か行]

外観承認報告書	245
外観品目	178
外部試験所	108
偏り	316、324
監査員の力量	112、113
監査計画	59
監査プログラム	58
管理図	290
企業責任	82
技術仕様書	119
機能試験	178
機密保持	123
供給者選定プロセス	146
供給者の開発	154
供給者の監視	152
供給者の品質マネジメントシステム開発	150
緊急事態対応計画	94
組込みソフトウェア	132、151

347

索引

繰返し性・再現性	316、332
クロスタブ	342
計数値	295、342
コアツール	209
工程管理の一時的変更	175
校正	103、314
工程性能指数	299
工程能力	299
効率	48、82
顧客固有要求事項	30、76
顧客志向プロセス	50
故障モード影響解析	257
コントロールプラン	158、229

[さ行]

サービスPPAP	239、251
サービス契約	171
サービス部品	18
再現性	316
サイト	18
支援プロセス	50
支援部門	26
試験所	107
試作プログラム	140
実現可能性検討報告書	221
シャットダウン	161
修理製品	183
上申プロセス	87
初回認証審査	23
審査所見	27
生産計画	165

生産部品	18
生産部品承認	239
製造工程監査	196
製造フィージビリティ	127、221
製品安全	80
製品監査	197
製品承認プロセス	140、239
設計FMEA	267、273
設計・開発	129
先行製品品質計画	211
測定システム解析	106、313
ソフトウェア	132、151

[た行]

タートル図	49、51
第二者監査	113、153
段取り替え	161
知覚区分数	333
チャレンジ部品	205
直線性	316、328
適合書簡	27
適用範囲	18、76
手直し製品	183
統計的工程管理	283
特殊特性	126、136
特性マトリクス	223、235
特別採用	182
トレーサビリティ	103、166
トレードオフ曲線	134

[な行]

内部監査	57、193
内部監査員の力量	68
内部監査プログラム	58、194
内部試験所	107
認証プロセス	22

[は行]

バルク材料	249
品質方針	85
品質マニュアル	116
品質マネジメントシステム監査	195
品質マネジメントの原則	16
品質目標	96
不安定な工程	285
不適合品率管理図	295
不適合製品の廃棄	185
部品提出保証書	248
部門横断的アプローチ	130、213
プロセス	46、50
プロセスFMEA	267、273
プロセスアプローチ	45、50
プロセスアプローチ監査	57
プロセスオーナー	53、83
プロセスフロー図	54
プロセスマップ	52
ブロック図	274、278
平均値－範囲管理図	290
変更管理	144、173
ポカヨケ	204
補償管理システム	205

[ま行]

マネジメントプロセス	50
マネジメントレビュー	198
問題解決	203

[や行]

有意水準	325、329
有効性	48、64、82
予知保全	163
予防処置	93
予防保全	163

[ら行]

リーダーシップ	81
リスク	47、90
リスクおよび機会	90
リスク分析	92
レイアウト検査	178

著者紹介

岩波 好夫
いわなみ よしお

経　歴　名古屋工業大学 大学院 修士課程修了(電子工学専攻)
　　　　株式会社東芝入社
　　　　米国フォード社開発プロジェクトメンバー、半導体LSI開発部長、米国デザインセンター長、品質保証部長などを歴任

現　在　岩波マネジメントシステム代表
　　　　JRCA登録 ISO 9000 主任審査員 (A01128)
　　　　IRCA登録 ISO 9000 リードオーディター (A008745)
　　　　AIAG登録 QS-9000 オーディター (CR05-0396、～2006年)
　　　　現住所：東京都町田市
　　　　趣味：卓球

著　書　『ISO 9000 実践的活用』(オーム社)、『図解 ISO 9000 よくわかるプロセスアプローチ』、『図解 ISO/TS 16949 コアツール－できる FMEA・SPC・MSA』、『図解 ISO/TS 16949 の完全理解－要求事項からコアツールまで』(いずれも日科技連出版社) など

図解 IATF 16949 の完全理解
―自動車産業の要求事項からコアツールまで―

2017年4月23日　第1刷発行
2019年5月8日　第7刷発行

著者　岩　波　好　夫
発行人　戸　羽　節　文

検印省略

発行所　株式会社　日科技連出版社
〒151-0051　東京都渋谷区千駄ヶ谷 5-15-5
DS ビル
電　話　出版　03-5379-1244
　　　　営業　03-5379-1238

Printed in Japan

印刷・製本　河北印刷株式会社

© Yoshio Iwanami 2017
URL http://www.juse-p.co.jp/

ISBN 978-4-8171-9614-9

本書の全部または一部を無断で複写複製(コピー)することは、著作権法上での例外を除き、禁じられています。